U0211108

重回荒野

野生世界不可预知的未来

[美]
莫拉·R.奥康纳／著
靳园元／译

Resurrection Science

conservation, de-extinction and the precarious future of wild things

人民文学出版社

著作权合同登记号 图字 01-2024-4865

图书在版编目(CIP)数据

重回荒野：野生世界不可预知的未来 / (美) 莫拉·R.奥康纳著；靳园元译. -- 北京：人民文学出版社，2025. -- ISBN 978-7-02-019035-5

Ⅰ. Q16-49

中国国家版本馆 CIP 数据核字第 2024JE6844 号

责任编辑 付如初
装帧设计 李思安
责任印制 张 娜

出版发行 人民文学出版社
社 址 北京市朝内大街 166 号
邮政编码 100705

印 刷 侨友印刷(河北)有限公司
经 销 全国新华书店等

字 数 322 千字
开 本 880 毫米×1230 毫米 1/32
印 张 13.25 插页 3
印 数 1—5000
版 次 2025 年 1 月北京第 1 版
印 次 2025 年 1 月第 1 次印刷

书 号 978-7-02-019035-5
定 价 52.00 元

如有印装质量问题，请与本社图书销售中心调换。电话：010-65233595

献给我野蛮生长的儿子华金

“灭绝是真正的万劫不复。种群在形成的过程中，经历了无数无法预测的阶段。一个物种一旦消亡，之前经历的那些阶段都不可能再次精确复现。”

——斯蒂芬·杰·古尔德《暴风雨中的海胆》(Stephen J. Gould , *An Urchin in the Storm*)

“我们通过剖腹产得到了一只形态正常的布卡多小母羊。但由于肺部的先天性缺陷，新生小羊在出生几分钟后不幸死亡。核DNA鉴定显示，该克隆体与布卡多供体细胞的基因完全一致。”

——摘自《首次通过克隆技术复活已灭绝布卡多山羊亚种》。2009 年 1 月 23 日刊登于杂志《动物繁殖学》(*Theriogenology*)

目　录

序　言

1

20 世纪 90 年代，年幼的我时常觉得这个世界就要完蛋了。那时，我就读于加利福尼亚一所公立学校，学校的老师教导我们刷牙时节约用水，因为要应对干旱。我在新闻里见识了许多环境危机，比如热带雨林的森林大火和酸雨。不过，在我的小脑袋瓜里，这些问题都没有正在上演的“第六次物种大灭绝”来得严重。20 世纪 90 年代初，肯尼亚知名古人类学家理查德·利基（Richard Leakey）提出了“第六次物种大灭绝”的概念，描述的是物种正在慢慢消失的现象。这一概念很快被公众广泛接受，媒体报道和环境保护运动对待环境问题的态度也愈加严肃而紧迫。我初中时曾听过很多科学预言，比如英国环境学家诺曼·迈尔斯（Norman Myers）认为，现存物种的半数会在 21 世纪之内灭绝；哈佛大学生物学家爱德华·威尔逊（Edward O. Wilson）预计，每年都会有多达 27,000 个物种灭绝。这些数字夸张得超乎想象，还是孩子的我实在理解不了每小时就有 3 个物种消失不见是怎么一回事。我不明白到底哪来的这么多物种，也不明白为什么会失去这么多。但是，我把这些数字记在了心底，并且开始关注物种的命运。这种关注源于两个信念：第一，物种灭绝是坏事；第二，拯救濒危物种是好事。

几年前，我曾在布朗克斯动物园①两栖爬行动物馆后身的一个房间外面，透过一块小小的玻璃窗，凝视着房间里面满屋子的育养箱。箱壁上挂满了冷凝水，我只能勉强从绿色的苔藓上辨认出几十只形状模糊的箭毒蛙。我想看得更清楚一些，但是这个房间禁止入内，只有负责照顾蛙类的爬行动物学家可以进去。即便是他们，进去之前也需要用漂白水给鞋底消毒。这间生物安全实验室里的箭毒蛙极其稀有，全世界仅存两个种群，都处于人工圈养之下，这里的便是其中一个种群。它们原本生活在坦桑尼亚热带雨林的瀑布边上，那里现在建起了水电站大坝，于是它们被关进了这些玻璃育养箱。管理员精心地照顾着它们，通过人工喷水系统给育养箱保持湿度，给它们喂食专门饲养的昆虫。我站在房间外面向里望，感觉自己仿佛是在窥视病房中靠仪器维持生命的病人。

人类为拯救濒临灭绝的蛙类付出了巨大的努力，这激发了我浓厚的兴趣。一年后，我有幸前往坦桑尼亚，采访致力于拯救奇汉西喷雾蟾蜍的几位核心人物。我本以为这次采访会学到很多保护生物学方面的知识，然而，我其实似乎是上了一堂关于国家政治、发展经济学、种族特权、官场手腕和环境伦理的速成课。之

① Bronx Zoo，位于美国纽约市的布朗克斯公园中，世界十大动物园之一。——译者注。以下若无特别说明，脚注均为译者注。

前，我一直坚信保护环境合情合理，认为这种合理性简直不言而喻，但是经过这次采访，我意识到这样的观念不过是一种社会文化偏见。当我来到坦桑尼亚偏远的森林，亲眼看到那些珍稀蛙类曾经繁衍生息的地方，心中忽然冒出一个念头：或许应该放弃拯救，就让这些蟾蜍消失。这种想法在以前的我看来无疑是野蛮的、未开化的。凝视着它们曾经生活过的地方，那片仅有两公顷的湿地，我发现奇汉西喷雾蟾蜍似乎是物种进化过程中异想天开的杰作，它们完美地适应了这里的瀑布环境，数量极其稀有，拥有着无与伦比的珍稀之美。但如今，它们好像被关进了小小的潜水球，在灾祸横生的世界里随波逐流。这样真的比灭绝要好吗?我无法断言。东非乡村极端贫困的现状，让花费在保护这种蟾蜍上的数百万美元显得近乎残酷。事实证明，拯救濒危物种没有那么简单，不是英雄打败恶龙迎来大团圆的童话故事。

完成坦桑尼亚的报道之后，我开始关注其他的濒危物种，并留意人类为了保护它们做出了哪些努力。然而，值得关注的濒危物种千千万，所有相关的保护工作都有着引人入胜的科学价值，同时，错综复杂的伦理问题也如影随形。本书无意详细讲解物种保护领域的方方面面，仅聚焦于一部分濒临灭绝或者已经消失的动物，为大家介绍一些充满戏剧性的案例。通过这些极端案例，我们可以具体地看到，在不断演变的道德观念以及人与自然的关系中，究竟存在哪些核心问题。现代社会中，人类与其他物种的生存时常存在冲突，在这样的前提下，我们应当如何与其他物种共存？人类正向着科技支配生物的未来迈进，与此同时，我们又应当如何保护原始的荒野地带？我们应当把大自然视为服务于人类的存在，还是保护其独立性？人们往往认为生物学已经被研究透了，但我发现事实恰恰相反，科学家依然不断在这一领域提出惊人的新发现。正因如此，我们才能对基因、生态学和进化之间的复杂关系管窥一二。当下，工业化、全球化和人类的无序扩张让地球环境急剧变化，这些新发现不仅是知识探索上的奇迹，更为我们提供了一丝线索，告诉我们怎样做或许可以避免扼杀其他物种的生存空间。

我们真正开始关心物种的存亡，不过是最近的事。渡渡鸟、大海雀、二十四射线海星、海滨灰雀、班克斯岛苔原狼……历史上，人类的冷漠罄竹难书。在人类文明的大部分时间里，没有人相信物种真的会消失不见。就在一个世纪之前，大多数人还坚信丰饶的地球就是为了人类而存在的。或许在他们看来，那些我从小深植于心的环境行为准则，简直不可理喻。直至 20 世纪初，在约翰·缪尔、亨利·戴维·梭罗、奥尔多·利奥波德①等学者的努力下，现代人中才终于萌

① 约翰·缪尔（John Muir，1838—1914），美国早期环保运动领袖。亨利·戴维·梭罗（Henry David Thoreau，1817—1862），美国作家、哲学家、超验主义代表人物、废奴主义及自然主义者，有无政府主义倾向，曾任土地勘测员，代表作《瓦尔登湖》。奥尔多·利奥波德（Aldo Leopold，1887—1948），美国享有国际声望的科学家和环境保护主义者，美国新环境理论的创始者、生态伦理之父。首次提出荒野保护的概念，被认为是土地伦理学、生态美学、生态文学和集水区管理学科的奠基人。著作自然随笔《沙城年鉴》被誉为“绿色圣经”。

生了重视物种的伦理观念。20 世纪 60 年代，环境保护运动吸引了全世界的关注，当时倡导拯救物种的关键论点在于——物种有可能灭绝。可以说，保护生物学言必称灭绝。作为一门学科的“灭绝学”形成于 20 世纪 70 年代末，那时，人类破坏地球生态系统的恶果正在慢慢显现，科学家将这些一一记录了下来。从此刻开始的这一时期被认为是一个全新的地质时代，名曰“人类世”（Anthropocene Age）。在人类世，人类被视为大自然中的一股力量，而保护生物学家就是这个时代的诺亚，他们毕生都致力于保护物种。

保护生物学是一门危机学科，该学科的创始人之一迈克尔·索雷（Michael Soulé）指出，保护生物学之于生物科学，如同外科手术之于生理学、战争之于政治学。保护生物学家会在面对第六次物种大灭绝时陷入悲观情绪，这毫不奇怪。他们自己也承认，学界滋生出了一种绝望的文化，这种消极的情绪有时甚至会让物种保护事业土崩瓦解。生物学家罗纳德·史威斯故德（Ronald Swaisgood）和詹姆斯·谢帕德（Jamcs Sheppard）在 2010 年发表的论文中指出：“长期以来，科学家和媒体把环境破坏的严峻性描述得骇人听闻。如果这已经让全社会感到麻木了，就需要更严重的灾难打击才能激发人们采取行动。”

事实上，我小时候听到的那些关于第六次物种大火绝的可怕预言，几乎无一应验。通常来说，一个物种的平均存活时间约为 100 万年，科学家估算的当前物种灭绝速度①超过了这一背景速率②，进而得出我们正处于第六次物种大灭绝时期的结论。2000 年，联合国千年生态系统评估③报告指出，物种灭绝速度为“正常”背景速率的 1000 倍，并且有可能进一步扩大到 10，000 倍。然而，在此前的 500 年中，彻底消失的物种，即“真正灭绝物种”不超过 900 种。有分析表明，鸟类和哺乳动物的灭绝速度在 18 世纪至 19 世纪达到峰值，之后有所放缓。根据科学家的计算，1900 年鸟类和哺乳动物的灭绝速度为每年消失 1.6 种，而现在已经下降到每年 0.2 种。

所以，真相到底是什么？如果我们真的正处于第六次物种大灭绝时期，那么为什么没有更多的物种消失？科学家注意到了估算的灭绝速度与实际的灭绝速度之间存在差异，他们将其归结为“灭绝债务”。“灭绝债务”是指物种会因为栖息地退化或种群数量减少而“被宣判”灭绝，但其实距离真正的灭绝可能还有一段时间。然而，数年前，生态学家何芳良和斯蒂芬·哈贝尔④发

---

① extinction rate，亦称灭绝率，指一定时间内灭绝物种占所有生存过的物种的比例。

② background rate，指正常的生物衰减速率。

③ The Millennium Ecosystem Assessment，2000 年时任联合国秘书长的科菲·安南提出的有关人类对环境影响的一项重要评估，于 2001 年启动。该项目推广了“生态系统服务”的概念，即人类从生态系统中获得的所有利益。译者查证资料所示，该报告 2005 年公布，所以文中的 2000 年应为 2005 年。

④ Fangliang He（1962— ），华裔生态学家，加拿大阿尔伯塔大学教授，中山大学生命科学学院教授。斯蒂芬·哈贝尔（Stephen Hubbell，1942— ），国际知名美国生态学家，加利福尼亚大学洛杉矶分校教授。

现，造成这种差异的部分原因在于数学模型的缺陷。常用来估算物种减损的公式与栖息地受破坏程度相关联[①]，而这可能导致计算出的灭绝速度是实际的1.6倍。2011年，何芳良和哈贝尔在《自然》杂志上刊登了这个棘手的研究成果，引来了不小的争议。 5

以前，人们普遍相信，有数不清的物种在被发现或被命名之前就已经消失了。之所以存在这样的观点，部分原因在于一个被频繁引用的统计数据，即地球上有着多达3000万至1亿个物种。在何芳良和哈贝尔发表研究成果的几年之后，刊登在《科学》杂志上的一篇论文进一步对此前的观点提出疑问，指出地球上很可能只有大约500万个物种。文章中写道："在保护生物学家或者生态学家参加的会议上，如果没有人对物种的灭绝速度或是数百万尚未被发现的物种表示担忧，又或者没有人因为从事分类学的劳动力正在减少而烦恼，那么这个会议就是不完整的……不可否认，我们正处于人类导致物种大量灭绝的阶段，许多物种面临着灭绝的风险。但是，实际灭绝的物种数量比理论推算出来的要少。只要我们切实努力，相信大多数物种都可以在本世纪内被命名。"

科学家高估了当前的物种灭绝速度，物种灭绝的速度并没有我们以为的那么快。毫无疑问，这是一个好消息。但是，这个事实可能会干扰我们对生物栖息地退化问题的理解。原始

① 一般来说，灭绝率随生物物种所存在的空间面积的增加而减小。

的、未被破坏的区域正在消失，随之消失的还有未受人类影响的野生生物。2009 年，欧盟委员会和世界银行共同发表研究报告，称距离城市 48 小时以上车程的“偏远地区”仅占地球总土地面积的 10%。人类足迹遍布全球，我们到处开采资源、种植作物、建设城市、铺设道路，让成千上万的物种被迫挤到原有栖息地的一隅，种群之间相互隔绝，几乎没有向外扩张的余地。此外，它们还面临着渐渐失去遗传适应性的危险，在气候变迁、疾病和自然灾害面前变得愈加脆弱。举例来说，老虎现有的栖息地面积不到一个世纪前的 7%；北美驯鹿在过去的 100 年中失去了一半的生存空间。根据世界自然基金会的估算，自 1990 年以来，各类脊椎动物的数量平均减少了一半。人类造成的全球变暖加剧了生物栖息地的退化和物种数量的减少。如今，世界上已经几乎找不到不曾受到气候变化影响的地貌。如几千年来一样，气候变化给物种带来了选择压力[1]。那些无法承受环境变化、无法及时迁徙或者不能适应环境的动物，往往需要仰赖人类的干预才能够生存。科学家预计未来 200 年中，有 4000 至 6000 种脊椎动物需要依靠人工圈养来规避灭绝的风险。面对如此危急的情况，我们迫切地需要做些什么来拯救物种，而这种紧迫性似乎为我们干涉物种的行为提供了极好的道德依据。然而，我们的所作所为会对物种进化造成深远的

---

① Selective pressure，亦称进化压力，指外界施与生物进化过程的压力，会改变该过程的前进方向。

影响。

1859年，达尔文的《物种起源》出版，他认为自然选择之下的物种进化历时数百万年，是一个循序渐进的过程。但是，我们近年在不少物种案例上看到，自然选择也可能在短短几十年内迅速完成，比如本书后面提到的新墨西哥州白沙蜥等。这个事实告诉我们，人类正在进行一场无法规划的实验，这场实验会影响地球生物多样性的演变进程。人类造成了全球变暖、栖息地退化、过度开发、疾病肆虐、外来物种入侵，这些都会导致物种灭绝，同时也在塑造物种进化的轨迹。优先保护哪些动物、如何保护它们，我们的一举一动都将影响整个生物圈。

长期以来，保护生物学的主流观点认为，我们要做的只是防止物种灭绝，尽力让物种恢复到完全得到保护（不需要人类直接管理）的状态。如今，气候的剧烈变化让自然资源保护主义者意识到，这样的愿望已经变得不切实际。如果真的曾经存在未被人类染指的原始荒野，我们也回不去了。保护遗传学家布拉德·怀特（Brad White）告诉我：“未来几百年的事很难说，但很遗憾，我认为这颗星球上的生命都会被管理起来，这就是我们的未来。我们或许不会像动物园或农场里的动物那样处于彻底的管理之下，但也正朝着这个方向发展。”[7] 进化生态学家迈克尔·金尼森（Michael Kinnison）向我解释道：“最初，我们的目标是拯救大自然中的生物。我们以为把它们圈养起来，善待它们，营养不要太失衡，就不会有问题。但现在，我们更多地认识到生物会适应环境。在试图拯救它们的过程中，我们也改变了它们。”人类干预得越多，动物往往就越缺乏“野性”，变得越发依赖人类。这是我们这个时代的讽刺。

在意识到人类对物种进化造成的影响之后，我们现在是否应该开始有意识地引导或设计进化进程，使其朝着自己希望的方向发展？这是一个亟待解决的伦理问题。人类影响下的进化有时被称为“规范性进化”或“定向进化”，具体形式可以是为某个物种添加一些更容易在未来的环境变化中存活下来的特性，也可以是迁移物种，或者是创造出新的、耐受性更强的杂交品种。自然资源保护主义者习惯把人和自然割裂开来，在他们看来，改造生物是在和魔鬼做交易。而生物学家兼当代进化研究所创始人斯科特·卡罗尔（Scott Carroll）在接受采访时说：“我们谈论人类扰乱物种进化的问题时，实际上谈论的正是我们这颗星球最核心的特别之处。”作为应用进化生物学新兴领域的领军人物，卡罗尔在回应对规范性进化持怀疑态度的人时表示，其实无论如何，我们总会在影响着进化。“只要我们活着，我们呼吸的每时每刻都在无计划、无意识地干预着物种的进化。规范性进化是一种更成熟的方式，我们的意识层面也需要进化，否则无法与地球建立可持续的关系。”

反灭绝（de-extinction，亦称物种复生）或许是人类生物工程学最为直观的表现形式。反灭绝是指复活已经消失的物种，并期待着有朝一日可以把它们重新放归原生栖息地。反灭绝技术真实存在，离我们并不远。科学家不仅已经成功克隆了欧洲盘羊和非洲野猫等濒危动物，还在致力于复活已经灭绝的动物。2009 年，西班牙科学家通过代孕羊体的子宫成功复活了布卡多山羊，尽管新生的小羊只存活了几分钟。此外，国际社会还在努力让猛犸象复活。把已经灭绝的动物引入现代环境，这种尝试基于一个耐人寻味的伦理观点：远古和近代的人类祖先对地球过度开发，而我们有义务对此做出弥补。

8

以旅鸽为例。旅鸽潜在的复活可能性，既象征着我们在利用科学技术解决生态问题上展示出惊人的信心，也代表了一种形而上学的困境。实验室里人工孕育出的鸟类和野外自然选择下诞生的鸟类是一样的吗？或许，这就是社会学家口中的“生物对象化”，生命已经被人类变成了客观存在的对象？1982 年，澳大利亚阳光海岸大学哲学教授罗伯特·埃利奥特（Robert Elliot）发表了一篇题为《伪造自然》（Faking Nature）的论文，指出受人类干扰或破坏的生态系统不可能复原，也无法回到同等于原始荒野的价值状态。埃利奥特认为，大自然“是不可替代的，除非关于大自然的起源或历史变得不再有价值”。今天，我们似乎必须做出抉择——野生起源究竟值不值得珍视。

一些科学家认为，反灭绝与真正为了物种存续而战的艰苦奋斗风马牛不相及。一位生物学家告诉我：“旅鸽的话题其实是物种保护工作者的逆鳞。宣传复活旅鸽不过是媒体搞出来的噱头。”他们担心，反灭绝的可行性会削弱公众及决策者对濒危物种和栖息地的保护意愿。

我发现参与反灭绝工作的人都非常优秀，不乏一些佼佼者，但还是没有多少人能说清楚，在人类已经几乎无法与现有物种共存的今天，我们又该如何让复活的物种重返荒野。20世纪中叶，人们一度以为佛罗里达美洲狮已经灭绝，直到传奇捕兽师罗伊·麦克布莱德（Rocky McBride）在佛罗里达州南部发现了残存的美洲狮种群。麦克布莱德曾耗时数十年去追踪美洲狮和其他猛兽。当时，那里的美洲狮已经出现了严重的近亲繁殖特征。20 世纪 90 年代初，随着基因拯救行动的开展，佛罗里达美洲狮的数量有所恢复。不过，它们被佛罗里达州蓬勃发展的人口包围了起来，现在的栖息地仅仅是从前的一小部分。麦克布莱德告诉我："这是基因拯救的一个成功案例，那些美洲狮长得很结实，只不过是在笼子里长大的。"

9 深入地了解过物种灭绝的故事，就会发现"第六次物种大灭绝"的概念苍白无力，它对理解当今生物多样性减少的规模和本质毫无帮助。这是一个整体性的大问题。很多人都意识到地球上的生物正在遭遇什么可怕的事，但是问题的复杂程度超乎想象。大规模的物种灭绝确实让人难以接受，我们会内疚、会恐惧，以至于当它最终成为一个无能为力的事实时，我们又变得麻木，就像死亡数高达百万时，这个数字的统计学意义就大于它的悲剧色彩了。生物多样性减少的问题似乎一直萦绕在我们意识的边缘，但我们很少有机会直接触碰它。我希望可以用实例把这个问题有血有肉地呈现出来。我要讲述的是寥寥数种正受到人类保护的动物，以及一些已经消失的物种，还有那些发现、研究、追踪、捕捉、热爱、痴迷、思考、拯救和复活它们的人的故事。

第1章　蟾蜍方舟

非洲胎生蟾蜍

11

烈日炎炎的午后，金·豪威尔（Kim Howell）坐在达累斯萨拉姆大学的研究室里，周围堆满了他这40年来生物研究的旧资料。他从堆在架子上的几十个瓶瓶罐罐中抽出了一个玻璃罐子，喃喃自语道：

“就是这个，它看起来没什么特别的。”

浅琥珀色的液体中漂浮着一只小青蛙的标本，褐色的皮肤，尖尖的鼻子，外观平平无奇。豪威尔身材高大，头发花白，鼻梁上挂着瓶底厚的眼镜，看上去和蔼可亲。他的研究室里还有其他很多更有意思的东西，比如泡在罐子里的蝙蝠和蛇。豪威尔在生物学研究上好奇心旺盛，涉猎广泛，这些罐子里的每样东西都是他的研究课题。不过，或许没有什么比这只小青蛙更珍贵的了。这种小青蛙被列进了《濒危野生动植物种国际贸易公约》物种名录的附录I，明文规定禁止交易。附录I中列出的都是世界级珍稀、极度濒危的物种，比如犀牛、老虎等。眼前这种微型两栖动物的发现者正是豪威尔本人，他将其命名为

Nectophrynoides asperginis（奇汉西喷雾蟾蜍），*asperginis*（名词）源自拉丁语*aspergo*（动词或形容词），意为“喷雾”。

12 这不是豪威尔发现的第一个物种。“我发现过蜘蛛、绦虫的新亚种，还有一些物种是以我的名字命名的。”以豪威尔名字命名的物种包括一种地鼠和一种鸟的亚种。“还有什么来着？”他大声地自言自语着，试图唤醒几十年前的记忆，“还有一种蜥蜴，叫金氏柳趾虎。还有，我记得我发现的那种鸟被命名为黄纹旋木鹎。”我问豪威尔发现一个新物种是什么感觉，他说：“发现新的东西会让人非常兴奋。我未必是第一个见到这个物种的人，但从来没有人描述过或者拍下它的照片，也没有人指出‘没错，这可能是一个新物种’。”不过，豪威尔也表示，新奇感是会消失的，“对于研究小型动物的生物学家来说，发现新物种是一件稀松平常的事。昆虫学家可能会找出几百种新的螨虫或者扁虱，而研究大象和水牛的人自然很少有这种机会。”

豪威尔出生于美国马萨诸塞州中西部的工业小镇皮茨菲尔德，距离达累斯萨拉姆大学非常遥远，宛如隔着一个宇宙，康奈尔大学的一纸录取通知书让他远走他乡。豪威尔在学校的自然声音实验室勤工俭学，实验室里保存着 20 世纪初从非洲收集来的鸟鸣录音档案。靠着这份工作，他完成了脊椎动物学的学士学业。读完四年大学之后，豪威尔一心想要亲赴非洲。这与当时正值越南战争不无关系，良心拒服兵役者[①]的替代服役

① 通常指因种族或宗教信仰拒绝拿起武器服兵役的人。

行为需要美国政府的批准。1969 年，他“把宝押在了不毛之地赞比亚”，前往那里一所偏远的小学教自然科学。在那里工作一年后，他又北上移居至坦桑尼亚，先是在一所专为受到南非种族隔离制度迫害的难民儿童开办的学校里工作，后来决定定居在那里。此后，豪威尔一直在坦桑尼亚的大学执教，和妻子一起养育了一个女儿。

20 世纪 90 年代初的一天，豪威尔翻阅当地报纸时，注意到了一则不同寻常的招聘广告——一家名为北方咨询（Norconsult）的挪威工程公司正在招募环境顾问。豪威尔告诉我：“当时有一个水电站项目即将开工，他们需要人去研究那里的鸟类。那个地方太远了，我从来没去过，连它到底在哪儿都不清楚。”豪威尔给这家公司写了信，但在将近两年的时间里都没有收到任何回音。后来，突然有一天，一个人来到豪威尔的研究室，问他对乌德宗瓦山脉水电站大坝相关的研究是否感兴趣。乌德宗瓦山脉（the Udzungwa Mountains）位于坦桑尼亚东部弧形山脉（the Eastern Arc Mountains）的最南端。“我说‘当然感兴趣’，”豪威尔回忆道，“一个人一生能有几次机会去一个从来没有人去过的地方？况且还能拿到报酬。”

13

当时，从达累斯萨拉姆前往乌德宗瓦山脉需要走一整天的土路，路线大致与坦赞铁路平行。坦赞铁路铺设于 1968 年，是中国在非洲建设的早期开发项目之一。得益于这条铁路，当地村民能够穿过香蕉林和甘蔗田，跨过基隆贝罗谷地（Kilombero Valley）郁郁葱葱的洪泛平原。东部弧形山脉由前寒武纪时期的基底岩石形成，部分岩石的历史可以追溯到32亿年以前。大约3000万年前，地壳运动导致地质结构出现裂缝，形成了断层，岩层被挤压成新月形的山脉，横亘在整片东非大地上。隆起的山脉把弧形山脉与非洲中西部的刚果雨林（Guineo-Congolian forest）主脉分隔开来，形成了类似群岛的原始森林，附近的印度洋提供了恒定的温度和高降雨量，让这里的气候万年如一日。

这片山脉也被称作非洲的“加拉帕戈斯群岛①”，因为这里有13个山峰“小岛”，每个小岛上的物种和生物栖息地都各具特色，但同时又属于同一气候类型，并且诞生于同一原始地质事件。这些小岛与世隔绝，形成了独一无二的物种进化轨迹，成了自然选择的实验室，拥有无与伦比的地区独特性。至今，生物学家已经在东部弧形山脉一带发现了96种脊椎动物和800多种当地特有的植物（其中仅非洲紫罗兰就多达31种）。根据目前在森林中发现的古老基因物种的数量，科学家推算出了这里的物种灭绝速度。或许由于气候稳定，这里的物种灭绝速度相对缓慢。科学家还对东部弧形山脉的部分森林鸟类进行了DNA鉴定，结果显示这些鸟类的血统可以追溯到中新世早期，距今大约2000万年。比起非洲大陆，这里很多动物群与

14

① Galapagos Islands，又称科隆群岛，赤道附近太平洋中与世隔绝的一群小岛。群岛隶属南美洲的厄瓜多尔，这里生活着种类繁多的奇异物种，是全球最为令人向往的生物研究基地和野生动物观赏地。

马达加斯加的亲缘关系更为紧密，而一些鸟类则与起源于东南亚的亚种显示出相似性。因为在遥远的过去，整个地球上的陆地都是一整块“盘古大陆”①。

在乌德宗瓦山脉深处，有一条河穿过茂密的森林，越过陡峭的峡谷，形成了飞流直下的瀑布。这就是奇汉西河(Kihansi River)。瀑布所在的峡谷全长约2英里，纵深近3000英尺。与坦桑尼亚绝大多数的河流不同，奇汉西河在旱季也不会枯竭。峡谷内的瀑布全年水势澎湃，透过青翠茂密的雨林，从几英里外就能看到倾泻如注的水流，雄伟壮观，气势逼人。1984年前后，坦桑尼亚政府开始研究借助瀑布地势修建水电站的可行性。他们发现这个瀑布似乎完美地具备了水力发电所需要的各种条件，可以提供超高的发电量，从而大幅缓解他们电力匮乏的现状。水资源专家拉菲克·哈吉里（Rafik Hajiri）表示：“水力发电有两大关键因素，其一是稳定的水文，其二是落差，奇汉西兼而有之。在我们的已知范围内，奇汉西河的水文条件是坦桑尼亚最稳定的，而且这里的落差也大得惊人。”

在世界银行的资助下，坦桑尼亚政府的水电站项目聘请了包括豪威尔在内的生物学家小组前来进行环境影响评估（简称“环评”)。然而，专家们甫一抵达，便意识到事情不太对劲。

① 德国地质学家阿尔弗雷德·魏格纳（Alfred Lothar Wegener，1880—1930）提出的概念。1912年，他提出“大陆漂移说”，设想全世界的大陆在古生代石炭纪以前是一个统一的整体，即盘古大陆，它的周围是辽阔的海洋。

约翰·格斯特尔（John Gerstle）——前面提到的那个1994年的某一天突然来到豪威尔的研究室向他发出邀请的人——负责为北方咨询公司提供现场评估。格斯特尔回忆说："我们的研究只比推土机快一步。"他解释道，通常，如此大型的开发项目是不会在环评完成之前动工的。其实，世界银行在1991年就已经委托专家做过一次环评，但是那次环评被认为做得完全不充分。

那份只有50页的评估报告出自一位来自肯尼亚的博士生之手。他在奇汉西一带进行了两次为期10天的考察。他走访村民，向他们展示野生动物图鉴中的鸟类和哺乳动物图片，以了解森林中有哪些动物。在报告的最后，那位博士生总结道："受水电站工程影响的区域很小，不会造成严重的环境破坏，也不会导致任何特有物种灭绝，因为它们还存在于乌德宗瓦山脉林区的其他地方。相较于水力发电带来的经济效益，部分动物失去栖息地只是一个很小的代价。"时任坦桑尼亚国家环境管理委员会高级官员的安娜·马恩贝（Anna Maembe）解释说，当时坦桑尼亚还没有环评相关的法律规定，"当时做环境影响评估，只是为了向银行申请贷款，既没有政府支持，也没有法律基础"。

世界银行内部对环评有具体的政策规定，他们把奇汉西项目评为"A类"，要求全面评估。世界银行驻坦桑尼亚高级环境专家简·基巴萨（Jane Kibbassa）说："世界银行曾试图这样做（评估），但问题是，做出来的评估没有我们预期的那么全面。”1994 年，世界银行董事会决定为该水电站项目提供资金，部分基于环评的结果，他们批准向坦桑尼亚政府提供 2 亿美元贷款用来启动项目建设。一年后，欧洲银行以及挪威、瑞典和德国的发展机构加入到投资者的行列，但是环评的结果让他们犹豫不决。作为参与投资的条件，他们要求坦桑尼亚提供新的环评报告。“不过为时已晚，”格斯特尔说，“因为坦桑尼亚政府已经决意建设这个项目。他们迫切地需要新的电力，当时坦桑尼亚各地一直轮流停电，情况非常糟糕。”

多年来，坦桑尼亚全国的大部分地区有很长的时间处于黑暗之中。在达累斯萨拉姆的购物中心，停电不期而至，人们排在百货公司的收银台前，周遭陷入一片漆黑，直到不知哪台发电机突然赏脸地恢复运转。停电不仅非常烦人，还会导致产业停摆、学校停课。每周都有很多次临时停电，没有事先通知，停电时间可能长达几个小时。2009 年，连接桑给巴尔（Zanzibar）群岛半自治区与坦桑尼亚大陆电网的海底电缆由于年久失修而出现故障，导致桑给巴尔断电长达三个月之久。16 桑给巴尔的村民说，小时候他们能用上比现在更稳定、更便宜的电（也用得上自来水和冰箱）。坦桑尼亚的电力问题非常严峻，据联合国开发计划署的统计数据显示，坦桑尼亚 73%的人口每天的生活费不足 2 美元，城市地区的供电人口约为 39%，而农村地区只有 2%的人用得上电。即便按照亚撒哈拉[1]地区

① 又称撒哈拉以南非洲，泛指撒哈拉大沙漠中部以南的非洲。

的水平而言，坦桑尼亚的人均用电量也异常的低。刚果民主共和国几十年来内战不断，但国民用电量依然高于坦桑尼亚，朝鲜的发电量更是远远在此之上。

世界银行负责坦桑尼亚、乌干达和布隆迪事务的前任代表约翰·麦克因塔尔（John McIntire）说："长期以来，坦桑尼亚在现代能源方面的投入严重不足。这意味着，生活在那里的人无法使用冷链保存商品或是储存药品。此外，电力匮乏还会带来其他很多间接的影响。人们的夜间工作需要电力保障，这在炎热的气候环境下尤为重要；电力还能节省劳动力，有些工作就是人手再多也无法完成。"然而，保护生物多样性和消除贫困之间存在冲突，而且这种冲突异常激烈。麦克因塔尔指出："国际社会必须清楚，这些国家需要电力。富裕的发达国家不能说：'哼，我们可以拥有充足的电力，但你们不可以，因为你们的国家环境条件不允许。'"麦克因塔尔把电力短缺与低下的生产力水平联系在一起，而有些专家的态度更为尖锐，他们认为非洲的贫困根源就在于电力的匮乏。美国经济学家保罗·罗默[1]认为，非洲并不是因为贫穷才缺电，"事实上，供电稳定对教育、生产以及创造就业机会都至关重要。所以，准确来说，非洲是因为没有电才如此穷困"。

---

① Paul Romer（1955— ），美国经济学家，新增长理论的主要建立者之一。2018 年与威廉·诺德豪斯一起，凭借在创新、气候和经济增长方面研究的杰出贡献，共同获得诺贝尔经济学奖。

半国营的坦桑尼亚电力公司（Tanesco）一直因为管理不善、效率低下而臭名昭著。1990 年，世界银行制订了一项名为“坦桑尼亚电力六期项目”的发展援助计划，旨在帮助坦桑尼亚的电力公司向市场导向型转变。世界银行称，该计划将提高坦桑尼亚电力公司对个人投资者的吸引力，改善该公司的基础设施，并且有助于消除这家公司的陈规陋习，正是这些陋习让坦桑尼亚的贫困阶层无电可用。世界银行非常乐于向坦桑尼亚提供这笔贷款，坦桑尼亚自 1962 年加入世界银行之后，多年来已经获得了 62 亿美元的贷款。位于乌德宗瓦山脉的奇汉西瀑布水电站项目是这项新发展援助计划的重要组成部分，一旦竣工，坦桑尼亚的发电能力将提高四成以上。在奇汉西瀑布一带，生物学家就是在与坦桑尼亚电力公司的推土机抢夺时间，而购买这些推土机的费用是世界银行支付的。

17

实地考察动植物群期间，金·豪威尔和负责新环评的生物学家小组住在森林中的帐篷里。在距离他们营地不远的地方，水电站项目的建设规模不断扩大，成千上万来自世界各地的人会聚于此。来自中国的工人修建了一条连通山脚到未来大坝所在地的道路；工地的临建设施像一个小城市一样完善，药房和酒吧里挤满了来自意大利、葡萄牙、南美、西班牙和瑞典的工人；挪威人负责建造地下厂房；毛里求斯人负责管理食堂。南非人在山顶挖了 1300 英尺深的竖井，把水引向位于山中腹地的涡轮机，通过水力供电。他们亲手用工具一点一点地敲碎岩石，一桶一桶地把碎石运出去。修建大坝给当地的环境带来了直接影响：不计其数的坦桑尼亚人蜂拥而至，就像淘金热一样，每个人都希望从中分一杯羹。与此同时，这项工程也赶走了原有的野生动物。参与大坝建设工作的挪威工程师斯泰纳·埃文森（Steinar Evenson）说："以前，这里的洪泛平原上到处都是河马，现在一只也见不到了。"他一边说，一边做出举枪连续射击的动作，"它们被杀光了，但没有人在乎。它们太大，太危险了。"埃文森告诉我，为了保护日益增多的村民，从坦桑尼亚米库米国家公园（Mikumi National Park）请来的野生动物保护员在施工期间杀死了 3 只雄狮。

生物学家小组在地上埋设水桶陷阱，捕捉蛇、老鼠和两栖
18
动物，但他们没有发现任何新的或是当地特有的物种，所有掉进陷阱里的动物都能在东部弧形山脉的其他地方找到。尽管专家们辛勤劳作，可是有一个地方他们始终无法靠近，那就是瀑布本身。这个事实令人沮丧，因为这时刻提醒着他们，无论最终新的评估报告写成什么样，都是不完整的。参与环评工作的南非昆虫学家彼得·霍克斯（Peter Hawkes）说："从生态学的角度来说，瀑布底部是整个峡谷中最重要的部分。我们在旱季末去了那里，当时依然可以看到大量的水雾。"事后看来，对于无法接近瀑布喷雾区的原因，生物学家之间在看法上存在矛盾。霍克斯说，当地的向导不希望他们看到村民正在那里非法砍伐，所以故意误导。而豪威尔认为，无法靠近是因为没有清晰的路线通向那里，"我们能听到瀑布的声音，也能看到它，就是到不了。我的笔记里有记录，我在尝试进入喷雾区时摔倒

过两次”。

1995年12月，生物学家小组发布了他们的评估报告，一份三卷的大部头。“虽然峡谷干涸会造成一些损失，不过我们并不认为修建大坝有多么糟糕。”豪威尔总结道，“但是，我们附加了说明，我们没能进入喷雾区进行实地考察。”尽管环评已经完成，但格斯特尔认为环评小组应该继续留在奇汉西，以便长期监测。1996年12月，环评小组召开了规划研讨会，然后在营地安顿了下来。格斯特尔建议小组成员研究一下他们能走到离瀑布多近的地方，结果，他们惊喜地发现了一条新的通道，那条通道很可能是坦桑尼亚电力公司为了在瀑布附近安装雨量计而开辟的。

喷雾区的情况完全出乎他们的想象。霍克斯说：“当我们真的到了那里，我们发现水雾太大了，足以淹死周围100码①以内的所有树木。在我们眼前的是一大片草地倾坡，阳光普照，一览无余。那里和我们想象的截然不同，比我们想象的还要特别。”一到那里，豪威尔就把手伸进了一堆潮湿的植被，掏出了一只小青蛙。“我说：‘没错，这是一只黄色的青蛙。这一定是个新物种。’我们看了又看，把它带了回去，然后又在我的显微镜下看了又看。我认定这是一个科学意义上的新物种，因为我认得坦桑尼亚的所有其他物种。”　19

大坝启用在即，研究小组马上意识到，这种青蛙将会面临

① 1码（yd）= 0.9144米（m）（编者注）。

怎样的遭遇。“我们一下子就明白了，一下子明白了，”豪威尔说，“它会灭绝的。”

*　　*　　*

一个物种的价值究竟有多高？据世界自然保护联盟统计，在过去的500年中，大约有900个物种已经灭绝或者野外灭绝[①]。物种为什么重要？这是环境伦理学的核心问题。20世纪70年代初，环境伦理学作为一门哲学学科，在欧洲、澳大利亚和美国的一些大学里横空出世。当时，在民权、女性解放等进步社会活动的推动下，关于物种和环境保护的立法运动正在蓬勃发展。1973年，美国通过了《濒危物种保护法》，该法案承认了动植物面临的威胁，认可了动植物“在审美、生态、教育、娱乐以及科学方面，为国家和人民带来的价值”。

随着人们的生态危机意识渐渐提高，环境伦理学家不断尝试论证美国自然资源保护主义者奥尔多·利奥波德提出的观点，即现代环境危机的根源是一个需要用哲学来解决的问题。遗憾的是，从哲学的角度来看，新兴的环保运动和物种保护在立法进程上存在严重的逻辑缺陷。我们保护自然的理由在于自然对人类具有价值，那么如果一个物种没有明确的价值呢？如果一个物种与人类存在直接的利益冲突呢？没有通顺合理的论

---

① Extinct in the Wild，指某个物种在自然环境下已经无法生存的状况。

证可以回答这些问题。与此同时，美国的《濒危物种保护法》刚刚颁布不久，就在美国最高法院受到了挑战。人们在小田纳西河（the Little Tennessee River）中发现了一种3英寸长的淡水鱼，俗称蜗牛鱼。这种鱼在洄游时恰好途经一个斥资1.19亿美元的大坝，会给民用和企业的供电造成阻碍。美国最高法院裁定终止该大坝的建设，但是后来被美国国会豁免，而蜗牛鱼被安置到了另外一条河里。可见，在巨大的经济利益面前，对稀有的、不知名的物种的保护，依然显得无足轻重。

20

在美国通过《濒危物种保护法》的同一年，澳大利亚环境哲学家理查德·西尔万（Richard Sylvan）发表了一篇文章，题为《我们是否需要一种新的、关于环境的伦理？》(Is There a Need for a New, an Environmental, Ethic?)。作为哲学家和环保主义者，西尔万认为西方的主流思维范式有着人类沙文主义特征。他认为，纵观历史，我们判断大自然是否完美的最终检验标准，在于符合人类的目的与否。即便是像信徒崇敬教堂一般崇敬大自然的超验主义者，也表现出以人类为中心的态度。拉尔夫·沃尔多·爱默生[1]在书中写到，大自然“天生是为人类服务的。它接受人的主宰，驯服得像一头任由救世主跨骑的

---

[1] Ralph Waldo Emerson，(1803—1882)，美国思想家、文学家、诗人，确立美国文化精神的代表人物，新英格兰超验主义最杰出的代言人。著有《论自然》《美国学者》等，其中《论自然》被认为是新英格兰超验主义的“圣经”，而《美国学者》被誉为“美国思想文化领域的独立宣言”。

毛驴”①。

西尔万在文中提出了一个思想实验，他称之为“最后一人论证”。假设世界已经崩溃，地球上只剩下你一个人，你在死前毁掉了世界上所有的生物，什么都没剩下。这种时候，你的行为是不道德的吗？如果认为自然的价值在于对人类有益，那么答案就是否定的。但是，我们直觉上认为毁灭世界是大错特错的行为，这种直觉就是西尔万的论据。他认为我们需要一种全新的伦理观——大自然具有价值，既不是因为它是原始的、神秘的或符合审美的，也不是因为它可以服务于经济或科学。西尔万写道：“人类的利益也好、偏好也罢，这些都过于狭隘，在判断什么是理想环境时，这些不足以作为依据。”大自然有自己的价值，值得我们在道德层面上给予关注，物种本身也应当是道德关注的对象。后来，这一观念被称为“自然的内在价值”。西尔万很早就在文章中阐述了这一理念，在后来数十年间，他的理念一直是环境伦理学领域的基调。

大自然不是为**人类**设计的，它的价值不在于经济或者科学，甚至也不在于精神层面。这种思想在今天看来依然相当激进，我们从约翰·缪尔②的身上可以看到这种思想的痕迹。缪

① 出自《论自然》第5章。译文摘自赵一凡译《论自然·美国学者》（生活·读书·新知三联书店，2015年）。

② John Muir，（1838—1914），早期环保运动的领袖。他的大自然探险文字，包括随笔、专著，特别是关于加利福尼亚的内华达山脉，被广为流传。缪尔帮助保护了约塞米蒂山谷（Yosemite Valley）等荒原，并创建了美国最重要的环保组织塞拉俱乐部（Sierra Club）。他对待自然的价值观，帮助人们善待自然。

尔说过："人们总说世界是专门为人类创造的，然而这种假设毫无依据。"然而，直到20世纪70年代，西尔万口中的人类沙文主义几乎不曾遭到过质疑。美国著名环境伦理学家贝尔德·卡利科特（J. Baird Callicott）指出，论证自然的内在价值已经成了大多数环境哲学家的"理论追求"。

21

自然内在价值论最坚定的拥趸是美国南部长老会①的一位年轻牧师，名叫霍尔姆斯·罗尔斯顿（Holmes Rolston III），他后来被誉为环境伦理学之父。罗尔斯顿的思想在今天宛如一块绕不开的巨石，就连极力反对他的人也无法对他这些革命性的道德理论避而不谈。在罗尔斯顿看来，自然的价值是客观的，独立于人类的价值观，先于我们而存在，也将比我们存在得更久。他在1994年发表的论文《自然的价值与价值的本质》（Value in Nature and the Nature of Value）②中这样写道：

> 也许，没有科学家就没有科学，没有信徒就没有宗教，没有被抓痒的人就没有抓痒。但是，法律可以没有立法者，历史也不需要史学家；没有生物学家、物理学家也会有生物学、物理学；创造不依赖创造者而生，有些故事没有传颂者，有些成就没有成就者，同理，没有价值的评

---

① 亦称归正宗、加尔文宗等，基督教新教的三个原始宗派之一。

② 中国自然辩证法研究会主办的杂志《自然辩证法研究》1999年第2期中刊有摘译。

判者，价值依然存在……从更客观的观点来看，如果地球已经面临着生态危机的时代，而我们仍然把自己看得至高无上，对自然中其他一切事物的评价全都视其是否能为己所用，那是很主观的，这在哲学上是天真的，甚至是非常危险的。

如今，年届耄耋的罗尔斯顿依然笔耕不辍，还时常周游世界，毫无保留地展示着自己对大自然的热爱。2003 年，他荣获了邓普顿奖[①]，近年同样获此荣誉的还有德斯蒙德·图图大主教（Desmond Tutu）等。罗尔斯顿出生在谢南多厄河谷[②]（Shenandoah Valley）的一个牧师世家，祖父和父亲都是牧师。童年正值大萧条时期，一直生活在美国弗吉尼亚州的乡下，本科期间攻读了物理、天文和数学专业，之后在英国苏格兰爱丁堡大学取得了神学博士学位。罗尔斯顿在美国科罗拉多州开启了自己的教师生涯，举家迁至科林斯堡[③]，在科罗拉多州立大

① Templeton Prize，由已故的美国著名投资人约翰·邓普顿（John Templeton，1912—2008）于1972年创办的基金会，2001年以前称为宗教促进奖（Progress in Religion）。邓普顿基金会宣称他们资助的核心领域是科学与“重大问题”，但事实上资助项目中大部分都与宗教相关，资助对象非常不平衡。该基金会的宗教倾向已受到不少外国学者的批评，指责其挂羊头卖狗肉的行为对学界造成了不良影响。他们在中国的资助项目也表现出明显的宗教化意图，值得引起注意。

② 美国阿巴拉契亚大山谷的一部分，位于东部的弗吉尼亚州，是美国著名的风景区。

③ Fort Collins，美国科罗拉多州拉里默尔县的县府，同时也是一座中等规模的大学城。

学担任哲学和宗教学教授，在那里工作了 50 年。他在环境伦理学基础课程的教学大纲中是这样描述这个专业的："这是一场关于生命意义的冒险，地球生命共同体中每一个负责任的个体都应当参与其中。"

22

我为了更好地理解类似奇汉西喷雾蟾蜍这样的物种灭绝和保护案例，决定去听一听环境伦理学家的看法。科学家兼作家斯蒂芬·杰伊·古尔德[①]说过："如果我们保护生物只是因为把它们当作人类的装饰物，那么我们为保护所做的一切努力都没有道德价值可言；如果我们对疙疙瘩瘩的癞蛤蟆和滑不溜秋的蠕虫也能抱有人文关怀，那才是真的了不起。"古尔德指出，学会欣赏物种原本的样子，并且从它们身上了解大自然的多样性，"我们最终会理解赫胥黎所说'人类在自然界中的位置'[②]，而这对我们的实践和精神都大有裨益"。然而，那些生活在电力极度匮乏的坦桑尼亚的小蟾蜍，让我对环保事业的同理心产生了动摇。与我交流过的伦理学家都建议我去问问罗尔斯顿怎么看。

我第一次见到罗尔斯顿时，他刚从印度回到美国。他在印度看到了野生的孟加拉虎，全世界仅存不到 2500 头的濒危物种。

---

① Stephen Jay Gould（1941—2002），美国著名进化论科学家、古生物学家、科学史学家和科学散文作家。

② 指英国生物学家托马斯·赫胥黎（Thomas Henry Huxley，1825—1895）发表于 1863 年的著作 *Evidence as to Man's Place in Nature*，中文译本有科学出版社 1971 年出版的《人类在自然界的位置》等，书中详细讨论了人类与次于人类的动物之间的关系。赫胥黎家族人才辈出，在生物学、人类学、文学等诸多领域作出了卓越的贡献，详见本书第 4 章。

他说这次的经历让他脊背发凉。罗尔斯顿带着浓重的美国南部口音说道："我喜欢看野生动物。我去过丹佛动物园，很同情那里的动物。或许它们在那里的栖息地很舒适，但是没有足够的空间闲逛，也不能捕猎。动物园里的老虎已经不是真正的老虎了，因为它们不能遵从自己的本能。"很快我就发现，"遵从自己的本能"是罗尔斯顿时常挂在嘴边的一句话。他说得很随意，几乎不假思索，但包含着深刻的道德思想。在罗尔斯顿看来，每个生命都有自己的**终极目的**（*telos*①），在生态系统中有着自己的独特功能，即生物在与世界的关系中所扮演的角色。罗尔斯顿的环境保护伦理论立足于保护生物的终极目的，无论是一头在野外狩猎的老虎，还是一株绽放在加拿大落基山脉的白头翁。"我们需要关心、尊重物种本身，它们本身就值得拯救和保护。终极目的或内在价值是环境伦理发挥作用的必要条件。"

罗尔斯顿认为，价值不仅存在于每一个生命的个体层面，

23 也存在于物种、生态系统和整个进化过程之中。举例来说，蜜蜂的内在价值在于个体繁衍，"从蜜蜂—到蜜蜂—再到蜜蜂"，绵延不息。在岁月的长河中，历史的血脉联系通过个体得到传承。前面提到的罗尔斯顿发表于1994年的文章中这样写道："一个种系是一个**有活力的**生命体系，是一个整体，个体生物是其中重要的组成部分。每个物种都捍卫着自己特定的生命形式，在世间追寻着一定的生存路径，抵御死亡（亦即灭绝），

① 目的论中的哲学概念，指并非有意去达到的目的，而是事物自然而然的趋向。

并通过繁衍再生，在漫长的时间推移中保持着规范的同一性（normative identity）。可以说，个体是物种的繁衍方式，就像胚胎或卵子是个体的繁衍方式一样。个体继承了这种动态形式的价值，并将其作为范式，一代一代地传递下去。”

20世纪80年代初，内在价值已然成为环保运动的术语。1982年联合国通过的《世界自然宪章》指出，每一种“生命形式都是独一无二的，无论对人类而言的价值如何，它们都应当得到尊重”。1992年，罗尔斯顿出席了在巴西里约热内卢召开的联合国环境与发展会议，在随后签署的《生物多样性公约》中，与会国承认了“生物多样性的内在价值”。总的来说，在20世纪90年代，公众越来越担心全球变暖、环境污染和资本主义发展会带来大规模的生态崩溃，同时，人们对环境问题的关注以及对环保事业的支持也与日俱增。或许罗尔斯顿走在街上不会被欧美的普通民众认出来，但是他提出的**全体**生态系统和生物多样性（20世纪80年代出现的术语）都值得保护的观点却渐渐成为主流。环保主义者、自诩生态战士的戴夫·佛曼[①]（Dave

① 指William David Foreman（1946—2022），Dave为David的昵称。戴夫提出了“再野化”（rewilding）的概念，主张维持或增加生物多样性，恢复自然生态系统的荒野属性。北美再野化的经典案例是1995年美国黄石国家公园对狼的重新引入。戴夫还发起了包括“地球优先！”(Earth First! 亦称“地球第一！”）在内的多个环保组织。准确来说，“地球优先！”是一场跨国的社会政治运动，于20世纪70年代末由美国一群激进的环境主义团体共同参与。“地球优先”参与者的口号是：“保卫地球母亲，决不妥协！”（No Compromise in the Defense of Mother Earth!)，他们作风极端，会通过安置树钉和炸弹等激进的对抗方式来阻挠砍伐树木。

Foreman）总结了影响20世纪90年代生态保护运动的四大事件，其中学术哲学名列首位，其后是保护生物学、地方环保组织和由他本人发起的激进团体“地球优先！”。

当然，和其他所有理论一样，内在价值的理念也面对着众多反对的声音。道德多元论者认为内在价值论是单一而泛泛的环境伦理；深层生态学家对自然或荒野独立于人类存在的观念心怀抵触；社会建构主义者坚信自然观与文化紧密相关；而生态女性主义者反对既压迫自然也压迫女性的男权，坚持要在哲学学科领域内探讨环境伦理。还有人认为，环境伦理学领域是一座象牙塔，与真正解决生态危机的繁重工作严重脱节。20世纪90年代初，一些哲学家发起了一个名为“环境实用主义”的新阵营，致力于通过哲学的方法来解决“现实世界”的危机。（其中有一位名叫布莱恩·诺顿（Bryan Norton）的哲学家，他担心环境哲学家“不论过去还是现在，都在与笛卡尔主义的幽灵共舞①，而将燃烧中的热带雨林弃之不顾。”）

---

① 此处化用了著名英国哲学家吉尔伯特·赖尔（Gilbert Ryle，1900—1976）的比喻。赖尔在著作《心的概念》（*The Concept of Mind*）中，把笛卡尔的身心二元论学说形象地概括为“机器中的幽灵”（Ghost in the Machine）。笛卡尔在《第一哲学沉思集》（*Meditations on First Philosophy*）中明确提出把人的身体看作机器，但是如果把身体简化成机器，那么无处不在又踪迹难觅的精神就变得难以解释。所以，赖尔将身心二元论中的精神比喻为“幽灵”。笛卡尔热衷于把身体和心灵区分为两种存在，同时又认为心灵也应该遵循物理的因果律。赖尔用语言分析的方法清除了身心二元论的谬误，指出物理对象的逻辑类型同心理对象的逻辑类型范畴不同，两者不能混淆。简而言之，文中提到的哲学家诺顿担心的是环境哲学家沉迷于形而上的理论探讨，而忽视现实中的问题。

尽管环境实用主义者做出种种努力，但我们不得不承认，环境伦理与应用科学之间从未能成功地架起沟通的桥梁。今天，当我们面临巨大的压力，必须在物种遭受更大的威胁之前**做些什么**的时候，哲学却似乎显得与政策制定毫不相关，反而会分散我们的注意力，甚至妨碍我们应对真正的政治和经济窘境。澳大利亚新英格兰大学环境科学家约翰·莱蒙斯（John Lemons）在2007年发表的一篇文章中指出："从环境专业的角度来看，我们的环境伦理既不够成熟，也无法在制定政策和作出决策时充分发挥作用。"在回答我们应当如何以及何时去保护物种的问题时，没有公园管理员或者野生生物学家会选择使用哲学的概念，政治家就更不用说了。

环境伦理学自诞生起的40年来，研究重点也发生了变化。对生态危机问题的探讨，已经超出了诸如如何保护荒野和地貌等早期伦理学家和自然资源保护主义者的关注范畴，开始涉及贫富差距、国际人权以及环境正义的概念。此外，还有一个颠覆环境伦理学认知的事实：气候变化是人类造成的，是地球上70亿人口造成的，会影响地球的每一个角落。罗尔斯顿对我说："现在的问题是，鉴于这个世界终将由人类主导，那么，我们是否有必要修正我们的伦理观？很多人认为，我们正处于'人类世'，所以环境伦理学必须把关注的焦点调整到主导一切的人类身上。因为我们很难想象，在100年或者50年之后，还有什么地方不受全球变暖的影响，也很难想象那个时候还能有原始荒野存在。世界会变成一个大型的动物园。"显然，

25

他并不看好这一前景。或许有些人认为，既然人类已经掌握了卓越的技术，那么主宰地球就是我们必然的乌托邦式宿命。但是，罗尔斯顿不这样想。“我们向来不擅长管理地球的方方面面。我希望今天的大自然可以尽可能地保持原样，所有动物各自遵从自己的本能，自然选择也继续发挥作用。”

越来越多的物种正在走向濒危的边缘，现代人与自然的关系中还有着许多悬而未决的固有道德难题。物种保护是否应该凌驾于人类的需求之上？科学家应当在多大程度上去努力防止物种灭绝？我们拯救的物种真的能够重新回归荒野吗？

当金·豪威尔在坦桑尼亚热带雨林的瀑布底部拽出了那只黄色的小青蛙，从那一刻起，这些进退维谷的难题便横陈在了我们的面前。

* * *

这种小青蛙被发现的两年之后，国际学术期刊《非洲爬行动物学杂志》（*African Journal of Herpetology*）正式将其命名为奇汉西喷雾蟾蜍（*Nectophrynoides asperginis*，学名非洲胎生蟾蜍）。这种蟾蜍的颜色并不鲜艳，算不上可爱，但也不丑，看上去平平无奇。芥黄色的皮肤光泽暗淡，体形非常小，大约只有一枚 5 美分硬币的大小①。奇汉西喷雾蟾蜍为胎生，不产

---

① 5 美分硬币的直径约 2 厘米。

卵，没有蝌蚪期。新生的小蟾蜍全身泛着紫红色，非常小，只有钢笔尖那么大。奇汉西喷雾蟾蜍最神奇的地方在于它们对栖息地的适应性：在那片5平方英亩的湿地上，倾泻而下的瀑布砸在岩石上形成水雾和气流，打造出一种前所未见的小型生态环境。后来，人们在调查瀑布水量时发现，这里每天产生的水雾多达约75万升。为了在轰鸣的瀑布声中捕捉彼此的声音，奇汉西喷雾蟾蜍进化出了一种独特的听觉交流方式。它们没有外鼓膜，也就是说，它们没有耳朵。但是有内耳，能够探测超声波，可接收的频率范围远超人类听觉的上限。生物学家认为，在震耳欲聋的摇滚音乐会现场一般的生活环境中，这种将超声波和视觉交流结合起来的生存机制，可以帮助它们寻找配偶。这种蟾蜍对湿地环境的完美适应，还意味着它们的生存完全依赖于那里成千上万的细小水滴，这些水滴在森林中央形成了持续不断的降水。豪威尔说："大多数蟾蜍都有着顽强的生命力，是典型的两栖动物，也就是amphibian，amphi意为两个，bios意为生命，代表它们拥有两种生活方式——水域之外和水域之内。但是，奇汉西喷雾蟾蜍并非如此，它们很不幸。"

26

之后的新物种考察显示，这里有成千上万只这样的蟾蜍。在厚厚的水雾保护下，它们没有什么厉害的天敌，甚至周围森林里的鸟类也飞不进来。但水雾的存在让研究工作变得极其艰难。坦桑尼亚首屈一指的爬行动物学家查尔斯·姆苏亚（Charles Msuya）在东部弧形山脉地区考察了数十年，他说："那里太可怕了。"在陡峭潮湿的岩石上移动是非常危险的。脚下的地面软绵绵的，像凝胶一样，一脚踩下去，地面的震动会传到 1 码以外。而且，瀑布水温很低，实地考察时会冻得发抖。彼得·霍克斯说："我当时经常去森林的树荫下取暖。我们什么都试过，潜水服、无拉链潜水服、叠穿 6 层紧身衣、潜水服外面套防水服。只有你想不到的，没有我们没试过的。但即便如此，在湿地待上一天还是很冷。而湿地外面的温度高达 95 华氏度①。"

约翰·格斯特尔说："我们一发现（这种蟾蜍），就立即通知了世界银行、坦桑尼亚电力公司和相关的工程师，并告诉他们：'如果无法确保这个物种的生存环境，就不能继续施工。'"但所有人都明白，不论是否存在此处独有的珍稀蟾蜍，都无法阻止这个大坝继续建设，它会按计划在 2000 年内完工。大坝工程在坦桑尼亚电力公司的推动下持续推进。当时，坦桑尼亚出现了全国范围的干旱，坦桑尼亚电力公司正在削减电力负荷，以避免电力系统不堪重负。早在 1998 年，挪威的发展机构北方计划（Norplan）就已经意识到，这种蟾蜍可能会是一个关键问题，并着手研究拯救它们的方法。该机构的管理人员讨论了各种方案，比如把部分种群迁移到其他地方、安装人工喷水系统、人工圈养，或者从瀑布引出足够多的支流，以维持蛙类的生存。坦桑尼亚电力公司只拥有这处瀑布的临时用水权，他们可以把河水引向大坝用于发电，但必须保证瀑布的水流量维持在不低

① 约相当于 35 摄氏度。

于每秒7.7立方米。坦桑尼亚电力公司对这个流量要求存在异议，一直游说各方，试图把流量下限降到每秒1.5立方米。可见，对他们而言，为奇汉西喷雾蟾蜍引流的每一滴水都是电力和金钱的损失。因此，当坦桑尼亚电力公司接到北方计划提出的物种保护建议时，他们认为奇汉西生态系统的独特性被严重夸大了。

讽刺的是，就在专家发现这一新物种的几个月之后，坦桑尼亚正式加入了《生物多样性公约》，该公约从法律层面要求签署国保护境内生物的多样性。在东非，这类立法和环保运动本身就存在争议，因为这里的环保史中充斥着外国家长专制、种族主义和被殖民的屈辱。1903年，英国殖民者在东非成立了早期的动物保护组织"大英帝国野生动物保护协会"（后来的"动植物保护协会"[1]）。人类学家珍妮特·切尔内拉（Janet Chernela）称，该组织旨在保护专门用于休闲狩猎的国家公园里的动物，这类狩猎公园可以有效地杜绝以营利为目的的狩猎行为。切尔内拉表示，这最终促成了20世纪20年代初坦桑尼亚塞伦盖蒂国家公园（Serengeti National Park）的落成（而原本生活在那里的马赛人于1959年遭到了英国政府的驱逐），为世界自然保护联盟等机构的成立和《濒危野生动植物种国际贸易公约》的颁布奠定了基础。坦桑尼亚32%的土地被划为国

① 大英帝国野生动物保护协会（Society for the Preservation of the Wild Fauna of the Empire）即后来的动植物保护协会（Fauna and Flora Preservation Society），现更名为"国际动植物保护协会"（Fauna and Flora International, FFI）。

28 家公园和保护区，该占比在全世界位居前列。但是，坦桑尼亚一直在努力实现土地保护与使用之间的平衡，尤为关注使用权的归属，到底**谁**能使用土地。比如 2014 年坦桑尼亚政府宣布，计划在塞伦盖蒂以东划出一块 1000 平方英里的土地作为“野生动物廊道”①，禁止马赛牧民在此放牧，却对一家总部位于阿联酋的游猎公司开放使用权。

基于种种原因，东非的自然保护问题天然地带有强烈的怀疑和讽刺意味。环境保护服务于谁的利益？在过去几年中，一些自然资源保护主义者试图解决保护生物多样性与贫困现实相脱节的问题，他们主张国家公园和保护区不应该只服务于全球精英阶层的利益，试图将消灭贫困和经济发展作为环境保护的手段，并提倡发展林业和农业。他们相信改善贫困阶层的生活水平，最终有利于环境保护。这种观点有时被称为“新环保运动”（new conservation），然而这一运动遭到了环保领域奠基人之一迈克尔·索雷等守旧派的猛烈抨击。2013 年，索雷在发表于期刊《保护生物学》（*Conservation Biology*）上的文章中指出：“仅仅因为人类的生态足迹②与消费增长成正比，就

---

① wildlife corridor，林学名词，指在野生动物的重要活动区域，为保障野生动物迁徙和扩散等活动而建造或保留的通道。

② ecological footprint，社会学术语，也称“生态占用”，指维持一个人、地区、国家的生存所需要的空间，或者指能够容纳人类排放废物、具有生物生产力的地域面积。通过生态足迹需求与自然生态系统的承载力（亦称“生态足迹供给”）进行比较，可以定量地判断某一国家或地区可持续发展的状态，以便对未来人类生存和社会经济发展做出科学规划和建议。

认为人们更富裕时会对自然更友好，这种假设毫无依据……需要注意的是，新环保运动一旦实施，势必加速全球生态系统崩溃，会给不计其数的动植物物种带来毁灭性的打击。长此以往，必将给人类造成不可估量的伤害。”索雷担心，只有当大自然对人类存在物质价值时，人本主义驱动的自然资源保护主义者才会主张保护大自然。这一担忧似乎合情合理，然而，西方白人科学家总是要求像坦桑尼亚这样的发展中国家不要走西方国家自己世代发展过来的老路，这让发达国家与发展中国家之间关系紧张。

就罕见的奇汉西喷雾蟾蜍而言，保护它们似乎不符合任何人的利益，至少一开始是这样的。世界银行不愿意采纳北方计划提出的紧急缓解措施，直到 1998 年 3 月召开的出资方会议，世界银行才正式承认他们发现了奇汉西喷雾蟾蜍。豪威尔说，他在这次会议上发表的言论被认为是危言耸听。“他们直白地问我：‘你怎么知道其他地方没有呢？’……我们当然在发现这种蟾蜍之后马上就在其他地方也找过了，这是基本的科研素养。我们想知道，它真的只存在于这个足球场大小的区域里吗？还是说，其他地方也有呢？我们找了很久，但真的没有找到。在其他地方找不到这种蟾蜍的原因显而易见，这和坦桑尼亚电力公司选择奇汉西河的原因是一样的。因为即便在旱季，奇汉西河的水流量也非常稳定。”对豪威尔来说，世界银行的做法不可原谅。世界银行对这种小青蛙的漠视，反映出他们在非洲国家遇到不方便的规则时，会采取怎样轻率的态度。

29

水电站的建设仍在继续，然而，世界银行的态度突然发生了转变。1999 年 11 月，时任世界银行行长的詹姆斯 · 沃尔芬森（James Wolfensohn）收到了一封来自环保组织“地球之友”的谴责信。有人向“地球之友”透露了奇汉西喷雾蟾蜍的消息，于是该组织写信给世界银行，指责世界银行违反了自己制定的环境政策。世界银行害怕这会引来公关危机，于是立刻对奇汉西喷雾蟾蜍的保护工作重视了起来。

卷入这场纷争的还有美国著名生物学家比尔 · 纽马克（Bill Newmark）。纽马克是野生动物廊道方面的专家，于 2000 年来到世界银行担任顾问。野生动物廊道是用于连通国家公园等保护区的通道，方便各个孤立的保护“岛”之间往来流动。20 世纪 80 年代，纽马克还是一名在读研究生时便初露锋芒，他在美国西部考察时发现，野生动物保护区并没有预想中那般可以保护生物多样性，反而造成了物种的减少。特别是哺乳动物，因为国家公园空间太小，不足以让它们自由地生长。纽马克的研究成果发表在 1987 年的《自然》杂志上，他也因此成为颇具影响力的自然资源保护主义者。为了在国家公园之间建起大象迁徙廊道，纽马克曾深入非洲各地考察，并研究坦桑尼亚鸟类的灭绝模式。因此，世界银行聘请纽马克来研究拯救奇汉西喷雾蟾蜍的方法。纽马克告诉我，25 年前他第一次来到东部弧形山脉地区，“那是我到过的最偏远、最贫穷的地区。那里人迹罕至，不曾被考察过，所以我们才会在那里发现这么多的新物种”。

30

纽马克认为："大坝已经设计得对生态环境非常友好了。所有的水都会流回河里，只不过是分出一条5公里长的支流河段。但结果就是那5公里，恰恰是喷雾蟾蜍的栖息地。"2000年，3台用于大坝建设的涡轮机开始运转。6个星期之后，纽马克发现瀑布的喷雾区面积缩小了98%，他在峡谷里看到蟾蜍成群结队地挤在瀑布底部。几周之内，他们估算蟾蜍的数量已经从20,000只骤降到12,000只。纽马克直接向世界银行行长办公室报告了他的发现，建议立即安装人工喷水系统，并着手安排人工圈养。喷水系统很快投入使用，该系统由橡胶软管和数十个洒水喷头组成，利用重力进行灌溉，设计巧妙，结构简单。但是，人工圈养奇汉西喷雾蟾蜍需要坦桑尼亚的出口许可证，然而当地政府拒绝签发。坦桑尼亚政府的环境官员安娜·马恩贝称，他们担心如果这种小青蛙可以用于研发疫苗或药物，那么批准出口就会让坦桑尼亚失去对这种潜在的宝贵自然资源的控制。她解释道："我们——我是说坦桑尼亚政府——宁愿把它们留在这里，在这里研究，而不是让别人替我们保管。"

美国布朗克斯动物园（隶属于国际野生生物保护协会）和托莱多动物园[1]都表示愿意为奇汉西喷雾蟾蜍提供保护。但据内部知情人士的消息，坦桑尼亚一直坚持己见，直到被威胁说如果坦桑尼亚不合作，世界银行可能会停掉未来的发展项目资

① Toledo Zoo，位于美国俄亥俄州托莱多市。

金。2000 年是坦桑尼亚的大选年，时任坦桑尼亚总统的本杰明·姆卡帕（Benjamin Mkapa）接到了一位世界银行官员的电话，电话中说："我不希望世界银行行长向你致电时，不是祝贺你赢得大选，而是问你这些蟾蜍的情况。"于是，坦桑尼亚政府批准了出口许可，而姆卡帕赢得了连任。之后，布朗克斯动物园的生物学家杰森·塞尔（Jason Searle）来到坦桑尼亚，把蟾蜍从峡谷空运回了美国。塞尔告诉我："很多坦桑尼亚的政客都不理解：'这有什么大不了的？你们竟然把这些小青蛙和我们全国人民的用电需求相提并论？'我觉得，没有人会为这些蟾蜍争辩，说它们比供电更重要。"塞尔在奇汉西瀑布一带收集了 500 只蟾蜍，将它们装在铺着锡箔纸和湿纸巾的箱子里，带回了美国，途中只死了一只。坦桑尼亚公众并不支持由世界银行贷款资助的圈养繁殖计划，当地报纸的一篇文章提出了疑问："坦桑尼亚还有成千上万的孕妇、退休老人和 5 岁以下的儿童正在因为物资匮乏而失去生命，把那么多钱花在这些名叫喷雾蟾蜍的微小爬行动物上，这值得吗？"甚至一部分自然资源保护主义者也怨声载道，他们中的一位对我说："我想很多群体都乐于见到这种蟾蜍灭绝，因为这样他们终于有了正当的理由，可以起诉世界银行。"

* * *

作为保护措施的一种，人工圈养不是什么新鲜事，却一直饱受争议。几十年来，动物园和水族馆一直是濒危物种的庇护所。加州神鹫、美洲鹤、黑脚鼬、阿拉伯大羚羊和扬子鳄能够摆脱濒临灭绝的威胁，都是因为生物学家把它们带到了可控的环境中，管理它们的种群和基因库。1973 年美国颁布《濒危物种保护法》之后，“很多人开始不满足于仅仅做一个管理藏品的动物园馆长，他们对其他工作产生了浓厚的兴趣。人们对可以拯救野生动物的想法充满了热情”。史密森尼国家动物公园[①]的前荣誉科学家克里斯·韦默（Chris Wemmer）如是说道。但韦默也指出，大多数情况下，人工圈养的倡导者显得过于狂热。“他们没有仔细评估不同物种的需求，完全把人工圈养当成了目标。这让那些关注野生动物和自然栖息地的人非常恼火。”

何况这种“方舟”本身也并非总是有效。遗传适应性通过存活到繁殖年龄的个体所产后代数量来衡量，而人工圈养的种群有可能在短短几代里迅速丧失遗传适应性，导致繁殖率降低、夭折率上升。人工圈养可以通过在繁殖过程中选择性状来提高人工圈养条件下的存活率，但不一定能提高它们在野外的存活率——当然，前提是如果它们真的能够回归野外的话。虽然大多人工圈养的最终目的都是把动物重新引入原来的栖息地，但是成功案例非常少见，很少有人工圈养的动物真正实现自立或者重拾野性。比如，美洲鹤需要人类飞行员引导它们迁

32

① Smithsonian’s National Zoological Park，位于美国华盛顿特区。

徙；两栖动物重归荒野的概率异常低。有一项研究表明，在人工圈养后放归野外的58个物种中，只有18个物种成功在野外繁殖，其中13个物种实现了自立。最能说明问题的是，人工圈养的110个物种中，有52个物种根本没有放归野外的计划——因为它们赖以生存的生态系统已经不复存在。主张**原地保护**，即在原生栖息地保护动物的人认为，这正是人工圈养最具破坏性的地方。人工圈养努力降低物种灭绝的危险，但拯救的只是动物，没有拯救环境。美国田纳西州奥斯汀佩伊州立大学环境伦理学教授马克·迈克尔（Mark Michael）表示："我们完全没有把握是否可以把这些动物放归野外。很多环保主义者认为，'如果某个物种放归野外的可能性很小，那就不应该把它从野外带回来'。"但人工圈养的支持者认为，让物种存活下去，总比任由它们灭绝要好，即使这些动物园里的动物就像迈克尔形容的那样，只不过是"博物馆里的藏品"。

与其他许多物种的情况一样，人工圈养喷雾蟾蜍是防止其野生种群出现意外而采取的保险措施。装上人工喷水系统之后，在最初的一段时间里，峡谷中的蟾蜍数量从大约1250只回升到超过17,000只。由6位当地坦桑尼亚人组成的监测团队负责喷水系统的日常维护，他们每天把补给品带入森林，驻扎在那里。纽马克回忆说，蟾蜍太多了，多到监测员难免踩到它们。与此同时，养在美国动物园里的蟾蜍开始出现死亡的情况，动物园管理员顶着巨大的压力，尽力维持着圈养种群的数量。布朗克斯动物园的爬行动物馆负责人爬行动物学家珍妮·普拉穆克（Jenny Pramuk）说："两栖动物可用的药品远远落后于鸟类和哺乳动物。"这些蟾蜍很容易生病，而且动物园管理员发现，这些通常繁殖能力很强的蟾蜍停止了生育。它们被养在生物安全房里，远离其他物种，动物园管理员也只有在消毒后才能进入。管理员花了几个月的时间寻找问题的所在，他们尝试更换过滤系统和食物，最后，他们更换了灯泡。紫外线灯光的照射让蟾蜍体内的维生素水平得到提升，它们重新开始繁殖。但是，人工圈养蟾蜍的总数已经骤减至70只，基因库不断缩小。这种小规模种群的生死只能听天由命。它们的生存能力以及对疾病和不利条件的适应能力都大打折扣，还有可能患上生物学家所说的近亲繁殖抑郁症，繁殖率和存活率都会降低，并携带较高的遗传负荷，即种群中有害遗传因子的数量会增多。

33

就在美国的动物园管理员努力维持圈养种群生存的时候，奇汉西出现了最糟糕的情况。纽马克说："我们一直非常担心，万一喷水系统失灵了怎么办。"至少需要引过来多少水才能维持住这片栖息地？2003年6月，科学家做了两次测试，他们向瀑布引水，让瀑布恢复了从前丰沛的水量。一周后，喷雾蟾蜍的数量开始下降。到7月，数量减少到150只左右。8月时就只找到了两只。大家的担心变成了现实：奇汉西喷雾蟾蜍在野外灭绝了。那里究竟发生了什么，至今仍是一个谜。有一种猜测，或许是因为引过来的水流经上游农场，所以冲来了被杀虫剂污染的土壤。有人在喷雾区湿地发现了狩猎蚁，可能是这些食肉蚂蚁把小青蛙吃光了。不过，可能性最高也最为复杂的原因是一种可以引发两栖动物壶菌病（chytrid fungus）的神秘病菌——“蛙壶菌”（*Batrachochytrium dendrobatidis*）。20 世纪 90 年代，两栖动物专家注意到了这种病菌的存在，但直到 1999 年才将它作为一种新病原体发表出来。在全世界的潮湿土壤和落叶中，存在着上千种真菌变种，其中只有这一种会对两栖动物造成影响。蛙壶菌攻击两栖动物的表皮，让它们的皮肤变硬、变厚，而两栖动物需要依靠皮肤上的气孔输送氧气、钠离子和钾离子，因此一旦皮肤上的气孔堵塞，它们的心脏就会停止跳动。

在第一次全球两栖动物评估中，有 400 多个物种被列为极度濒危，122 个被列为可能灭绝，而这很多都是拜这种真菌所赐。华盛顿国家动物园[1]的科研人员布赖恩·格拉特维克（Brian Gratwicke）说：“我们讨论的是一个种群中所有个体的消亡。我们说的喷雾蟾蜍和其他人说的大象、大熊猫，还有那些毛茸茸的小动物是一样的，都是指一个种群。有些人想把所有青蛙当作一个群体，但是事实上青蛙有 6000 种。从统一的基准上来说，巴拿马金蛙应当和大熊猫相提并论。”在所有做过蛙壶菌检测的国家和地区中，只有新几内亚和婆罗洲[2]没有

---

[1] 指 National Zoological Park，全称为史密斯索尼娅国家动物园（Smith Sonian National Zoological Park），位于美国华盛顿特区。

[2] 新几内亚（New Guinea）位于南太平洋岛国巴布亚新几内亚北部。婆罗洲（Borneo）又称加里曼丹岛，属于印度尼西亚、马来西亚和文莱三个国家共同管辖。

发现蛙壶菌。（2015年之前，马达加斯加也没有发现。）在中美洲的流行病学地图上，蛙壶菌的传播宛如海啸一般向北蔓延，造成大量两栖动物死亡，有时在短短几周之内就能让一个物种灭绝。一些科学家认为蛙壶菌突然变得致命与全球变暖有关，因为物种数量减少与空气及海洋表面温度变化的时间相重合。气温升高削弱了青蛙对真菌的免疫力？或是让真菌变得更致命了？还有一些科学家认为蛙壶菌与干旱有关。总之，没有人说得清这种疾病。南非爬行动物学家切·韦尔顿（Ché Weldon）说："它改写了流行病学的历史。"

韦尔顿相信，弄清这种疾病的起源，可以帮助我们解开蛙壶菌之谜。为此，他开始在南非检测两栖动物博物馆里的标本。结果发现，这种真菌在一个世纪前就已经存在了。"不仅如此，在南非几乎找不到任何物种染病的证据。如果是因为这里的动物都对蛙壶菌有免疫力，那这说明了什么？说明这里的动物与这种真菌一起进化了。"韦尔顿认为，最有可能把蛙壶菌从非洲传播到全世界的是非洲爪蟾（Xenopus laevis）。非洲爪蟾为水生，有爪形趾，注射孕妇的尿液会引发排卵，所以这种蛙曾被用于验孕。1934年，非洲爪蟾的这一特性被发现，之后数以万计的野生非洲爪蟾被捕获并运往世界各地。40多年之后，非洲爪蟾在英国、美国和智利的野外生存了下来。"我们看到的只是冰山一角。"韦尔顿告诉我，"很多病原体都具有**物种**特异性，但蛙壶菌在两栖动物中却完全没有特异性。从这一点来说，它绝对是独一无二的。"

35 2007年，一位名叫凯文·齐佩尔（Kevin Zippel）的爬行动物学家为了应对这种传染病，发起了一个名为“两栖动物方舟”（Amphibian Ark）的国际环保组织。齐佩尔希望把500种濒危青蛙隔离起来，直到找出解决蛙壶菌的办法。他希望可能募集到至少5000万美元，对于保护两栖动物来说，这是一笔惊人的巨款。这种隔离策略正在改变人们对人工圈养的关注点。对于齐佩尔和其他许多自然资源保护主义者而言，他们在和时间赛跑，全然无暇回答应当原地保护还是非原地保护、人类干预对物种是否有益之类的伦理问题。齐佩尔说：“是我们最先承认，这已经是我们最后的手段了。”

* * *

春天的一个星期六，我和坦桑尼亚爬行动物学家查尔斯·姆苏亚一起，乘车从达累斯萨拉姆前往奇汉西地区。姆苏亚说，桑杰地区（Sanje）和乌德宗瓦山脉的大部分地区一样，直到20世纪80年代才受到生物学家的关注。（直到1985年，东部弧形山脉才正式被命名。）专家们很快就在那里发现了一种新的濒危猴类——桑杰河白眉猴（Sanje mangabey）。随后，坦桑尼亚政府迫于压力，开始修建国家公园来保护这片森林，然而原本生活在那里的村民却不得入内。村民以前在那里的森林中伐木采药，举行祭祀和葬礼。如今，当地政府尝试做出让步，每周对村民开放森林一到两天，以便他们前往森林获取所需要的东西。有些村庄还拥有部分森林的使用权，供村民在那里修建家族墓地。

我们行驶了10个小时，其中7个小时车都开在坑坑洼洼的土路上，肉桂色的路面看起来很松软。一个急转弯，我们拐进山麓，驶上了一条柏油路。盘山而上，路边可以看到建造精良的水泥房屋。最后，我们来到一所很大的家庭旅馆，里面有游泳池和酒吧，纯平电视上正在播放足球赛。住在这里的是坦桑尼亚电力公司的员工和家属、相关工程师以及外国游客。几天后，包括比尔·纽马克和珍妮·普拉穆克在内的生物学家团队乘坐的飞机即将在这附近的简易机场降落。之后，我们将一起徒步前往峡谷。当天晚饭后，我和50岁出头的挪威工程师斯泰纳尔·埃文森（Steinar Evenson）闲聊，他问我："你是来找那些小青蛙的吗？它们可金贵了，是世界上最贵的青蛙。"我告诉他，确切说我不是来找青蛙的，而是来采访找青蛙的人。这位工程师已经在东非工作了30年，20世纪90年代这里修建大坝时，他曾在奇汉西住过3年半。他问我："这种青蛙到底有什么特别的？"我坦白地对他讲，它们除了生活在瀑布下面以外，没什么特别的。埃文森似乎对此非常反感。"是谁花钱让那些科学家和生物学家飞过来找这种小青蛙的？太荒唐了。他们应该拿这些钱去搞第四台涡轮机。"

36

第二天，为了给即将抵达的生物学家团队采购物资，我乘坐越野车前往离这里最近的小镇——姆林巴（Mlimba）。不知什么时候，我和同行的翻译走散了，于是接下来的几个小时，我、司机还有一个小男孩不得不坐在树下的窄木凳上，分享着我们买的烤玉米穗和菠萝块，等翻译过来会合。我们语言不通，百无聊赖，于是我开始观察周围的村落：一群男人正在树荫底下下棋；一个女人在给一个小女孩扎辫子；一个身形伛偻的老人正吃着玉米；一位看上去九旬有余、头发枯黄的老人步履蹒跚地从我们身旁经过，走得比乌龟还慢。我注意到街对面有一位年轻的母亲，怀里抱着一个出生不久的婴儿。我们离开的时候，她希望我们顺便载她一程。她从家徒步走了 12 英里，来这里买止咳药。她用一个装马铃薯的塑料袋当手提袋，袋子上开了两个孔当提手，袋子里面垫着毯子，上面放着用报纸精心包起来的药盒。

我们驱车返回奇汉西时，我第一次看到了那里的瀑布。当时恰好发电站的三台涡轮机中有两台停机维修，所以瀑布的水流量比较大，与大坝建成前的样子很接近。我原以为这里的瀑布是隐秘地藏在森林中的细流，但事实上，它在阳光下熠熠生辉，从几英里外就能看见，气势磅礴，雄伟壮观。

37

转天早上，生物学家团队抵达旅馆，午餐后，我们动身前往奇汉西。我们先在山脚下用漂白剂给登山靴消了毒，以免把任何病原体带进去。蛙壶菌究竟是怎么进入峡谷的，至今仍是一个未解之谜。2007 年，坦桑尼亚举行了一个关于奇汉西保护计划的会议，会议的内容颇为敏感。一位坦桑尼亚生物学家指出，是美国的爬行动物学家把蛙壶菌带进了峡谷。全世界范围内喷雾蟾蜍种群的总数约为 500 只（目前人工圈养的总数约为 6000 只），全部都在美国。美国人因为被指控要对喷雾蟾蜍的野外灭绝负责而勃然大怒。

乌德宗瓦山脉地区有着极其丰富的生物，这里有蝴蝶、蜈蚣、蜗牛、蜜蜂、蚂蚁、犀鸟以及各种灵长类动物。我们沿着陡峭的山路前行，地上到处都能看到非洲小爪水獭丢弃的豪猪毛和螃蟹壳。我们爬过倒在地上的大树干，绕过满是荧光绿苔藓的巨石。这些巨石是 30 多亿年前的前寒武纪保存下来的遗迹，用纽马克的话说，“这些是世界上最古老的岩石”。几个小时之后，我们来到了奇汉西考察站。那是一个宽敞的小木屋，阿迪朗达克[①]式的建筑风格，整体漆成绿色，外围绕着一圈门廊。这里驻扎着一个坦桑尼亚人团队，他们在峡谷中收集数据，负责人工喷水系统的日常维护，喷水系统全天 24 小时不间断地运行着。

纽马克告诉我，“在全世界所有的物种恢复计划中，这里可能是工程化程度最高的”。每个人心中都抱有这样一个疑问：经过近 10 年的人工维护，将来这里真的能够维持蟾蜍种群的生存吗？蟾蜍放归野外将是两栖动物保护领域史无前例的胜利，但所耗成本可能高达几千万美元。人工圈养的青蛙可能会把未知的病原体带进峡谷，也可能在条件不可控的野外死亡。10 年的圈养无疑让自然选择出现了预期之外的走向，利于它

---

① Adirondack，位于美国纽约州，是美国最大的一片荒野。这里指阿迪朗达克山脉大营的建筑风格，是北美地区乡村建筑风格的一种，以使用当地建筑材料、外观原始而质朴为特点。

38

们在动物园环境下生存的特征得到了强化。普拉穆克说：“奇汉西喷雾蟾蜍个体仅剩 72 只，这就是它们的基因快照。被圈养之后，它们的进化方向其实就是人工选择的，因为它们生活的水箱和水质都是我们决定的。我甚至觉得我们（布朗克斯动物园）饲养的种群和安迪（托莱多动物园的喷雾蟾蜍饲养员安迪·奥杜姆）饲养的种群之间也存在些微的差别。我们明白，我们不可能重现与峡谷中完全相同的基因库，但我们正在努力恢复峡谷的生态。或许圈养蟾蜍的适应能力更强，或许它们和从前差不多，也或许更弱。一切都要等到真相大白的那一刻才能揭晓。”

当晚，普拉穆克带领着托莱多动物园的奇汉西喷雾蟾蜍饲养员蒂姆·赫尔曼（Tim Herman）和安迪·奥杜姆（Andy Odum）、兽医克里斯·汉利（Chris Hanley）、美国地质调查局的大卫·米勒（David Miller）、坦桑尼亚的峡谷勘测员穆图加巴（Mutuguaba），还有我，一起前往森林。我穿着黄色的雨衣，脚上是雨靴，戴上头灯，在狭窄的小路上缓慢前行。我们时不时停下脚步，用头灯照着树叶，争论它们究竟是什么科属。奥杜姆希望可以在这里找到剧毒的绿曼巴蛇或者蟒蛇，但遍地都是壁虎、变色龙、竹节虫、蚱蜢、蜗牛和蜘蛛，他唯一发现的蛇是一条腹部呈白色的蛇，大约 2 英尺长，头上有绿色的条纹。普拉穆克认出这是一种后毒牙蛇[①]，但没人能确定具

① 蛇类中的特殊群体，有毒牙和毒液，但毒腺特殊，无法储存大量毒液，被定义为无毒蛇。多以蟾蜍为食。

体是什么品种。之后我们又发现树上挂着一条这样的蛇，这次我凑到1英尺近的地方，拍下了一张照片。

直到这时我才明白，为什么我们要打扮成戈登（Gordon）水产品公司商标上渔夫的样子。而且，越靠近奇汉西瀑布下方的湿地，也就是喷雾蟾蜍很久以前的栖息地，这个原因就越清晰。伸手不见五指的夜幕下，瀑布远在我们探照灯的光线范围之外，但是在瀑布的轰鸣声把我们的谈话声淹没之前，我就已经全身湿透了。我们来到人工喷水系统的位置，橡胶管排布在峡谷湿漉漉的陡坡上。脚下的地面松软得像布丁一样，一脚踩下去，会陷进去6英寸。穆图加巴是这里7人小队的负责人，他的团队负责每天监控喷水系统的喷头，记录湿度和温度等数据。他脚踩在两块岩石之间，整个下半身都陷进了松软的地面。瀑布现在的水流量仅有原来的一小部分，从飞流直下的水声可以推断，在大坝建成之前，站在瀑布旁边的感觉想必非常骇人。我们所有人都用手电筒照着闪闪发亮的巨石，那里曾经聚集着成千上万只喷雾蟾蜍。“哎呀？没有喷雾蟾蜍吗？”蒂姆·赫尔曼故作惊讶地说。

39

回到营地后，我和奥杜姆坐在厨房的餐桌旁，翻开了金·豪威尔与别人合著的一本东非野生两栖动物图鉴。奥杜姆倒吸一口凉气，指着书对我说：“是藤蛇。杀人的蛇。真不敢相信我竟然没认出它来。这种蛇可是赫赫有名。”我读了书上的介绍：“蛇的毒液毒性很强，会导致全身出血。目前尚未研制出抵抗这种蛇毒的血清。”我问奥杜姆：“全身出血是什么意思？”他答道：“就是你会七窍流血而亡。”

第二天一早，大家重新穿上雨衣和雨靴，准备攀登峡谷。透过树丛望过去，峡谷的峭壁若隐若现，高耸入云。我们站在人工喷水装置下面，脚下一沉，无情的水雾又把我们淋得浑身湿透。奇汉西喷雾蟾蜍的命运取决于它们能否有朝一日被重新放归这里，同时，这也会成为供其他保护性干预措施参考的先例。湿地干涸时长进来的部分植物和灌木物种已经没那么茂密了，这让纽马克心情大好。而珍妮·普拉穆克显得忧心忡忡，她头上罩着蓝色的雨衣兜帽，紧紧地盯着一块巨石，那里曾经诞生过成千上万的蟾蜍。“温度怎么样？”她问了一个问题，却并不具体在问谁。没有了瀑布冲过来的冰冷水流，峡谷本身的温度已经有所升高。那些蟾蜍还能适应吗？这里原本的环境是否已经不复存在了？

“如果蟾蜍不能成功放归野外，我们又应该在什么时候和它们说再见？”她如是说。

* * *

真相到来之前，还有着漫长的等待。2012 年 7 月，我随纽马克和普拉穆克徒步进入瀑布地区的 3 年之后，生物学家将第一批喷雾蟾蜍带回乌德宗瓦山脉，在人工喷水区放归野外。媒体将喷雾蟾蜍重返非洲视为一个历史性的时刻，这是人类首次成功地将两栖动物物种重新引入其原有的野生栖息地。

40

事实上，喷雾蟾蜍重返坦桑尼亚的过程非常复杂，没有人可以保证它们能在森林中存活下来。生物学家把第一批喷雾蟾蜍关在笼子里，对它们进行监控，保护它们免受捕食者的伤害。后来，生物学家又放归了2000只喷雾蟾蜍，并用染料给其中的四分之一做了标记，以便追踪它们的存活率。喷雾蟾蜍的存活率持续降低，特别是成年蟾蜍。参与放归工作的生物学家库尔特·布尔曼（Kurt Buhlmann）说："这些成年蟾蜍往上数50代，可能都是生活在布朗克斯或是托莱多动物园里。我们把它们带了回来，即便这里是它们的原生栖息地，它们还是无法适应。"未来几年内，这个物种的数量可能仍然需要依靠人工圈养来维持。布尔曼说："没有现成的做法可供参考。我们一直都在强调，第一次可能会失败。哪怕效果甚微，我们也需要不断投入更多的精力。"

自环境伦理学诞生以来，关于为什么要保护荒野以及荒野中的物种，人们给出了各种各样的观点。有些人把大自然和物种视为自然资源，有些人认为它们具有潜在的药用价值。大自然对人类非常重要，大自然可以净化空气，还能为我们提供锻炼身体和洗涤心灵的场所。物种具有美学价值，可以为个人或群体带来灵感，还可能蕴含着超凡脱俗的道德真理；物种还记录着生命进化的过程，我们需要通过这些信息去了解地球上的生命、启迪人类的智慧。**荒野是人类的起源，是我们作为一个物种的历史，我们需要通过荒野来理解人与世界之间的关系。**有人认为野生动物有权在不受人类干扰的前提下生存，也有人认为我们应该为了子孙后代去保护它们。在霍尔姆斯·罗尔斯顿看来，我们应当保护荒野和物种，只因为它们存在着。保护它们不需要任何理由，它们本身就是价值，它们的价值与人类是否认定无关。然而有些时候，就像奇汉西喷雾蟾蜍一样，麻烦可能就是从保护开始的。

41 从奇汉西回来之后，我想起之前和年逾古稀的金·豪威尔的一次对话。那天，我们约在达累斯萨拉姆大学。在古朴葱郁的校园里，我们坐在室外一张水泥桌前，旁边是一棵法国梧桐。豪威尔提起世界银行的所作所为时仍然一脸不屑。“我常说，真希望我没有发现过这些蟾蜍。”把蟾蜍移去人工圈养，世界银行得以继续修建大坝，最终破坏了整个生态系统的完整性。豪威尔说：“东部弧形山脉地区的任何开发行为，都会让某种特有物种消失不见。不用说无脊椎动物，凭我对多足类的研究，我断言那里每座山上都有自己独有的种群，甚至每片森林里都有独属于自己的种群……我在这里工作了 40 年，我知道，奇汉西还有很多很多动物等待被发现。”

第2章　在法喀哈契追寻奇美拉[①]

佛罗里达美洲狮

美洲狮（puma），猫科动物，也被称作山猫（catamount）、东部美洲狮（cougar）、山狮（mountain lion）等。其中，栖息于美国东南部的美洲狮被称为佛罗里达美洲狮（panther）。20世纪70年代初，生物学家为这一亚种是否已经绝迹而争论不休。他们分成了两大阵营，其中一派认为该亚种已经彻底灭绝。自西班牙人征服美国东南部这片土地开始，所有生活在这里的殖民者都把美洲狮视为威胁，大肆捕杀。当时，猎杀美洲狮并剥下美洲狮的头顶皮就能领到赏金。1887年，一只美洲狮价值5美金。与此同时，肆意狩猎、私自开荒和农业的野蛮发展导致鹿的数量锐减，而鹿是美洲狮的主要食物。曾经，美洲狮身披光滑的皮毛，漫步在广袤的美国东南部大地上，东起

---

① 法喀哈契森林（Fakahatchee Strand），位于美国佛罗里达州南部，是美国的国家自然地标。奇美拉（Chimera），最早见于《荷马史诗》，希腊神话中狮首、羊身、蛇尾的喷火怪兽，亦用于指代嵌合体（chimeras），即自发产生或人工产生的、由不同基因型细胞构成的生物体。

南卡罗来纳州洼地，北及田纳西州，西至阿肯色州、路易斯安那州。然而，及至19世纪末，漂亮的**佛罗里达美洲狮**（*Puma concolor coryi*）几近消亡。1898年，波士顿自然历史学会期刊上的一篇文章指出，"我们现在无法判断该亚种确切的活动范围，毗邻佛罗里达州东北部的区域已经完全找不到美洲狮的踪迹，我相信佛罗里达州北部也是同样的情况"。文中还表示，"美洲狮已经很多年没有在佐治亚州东部出现过了"。

44

而另一派生物学家认为，大约幸存着数量在300只的佛罗里达美洲狮，它们生活在佛罗里达州南部的森林和沼泽地带，以野猪为食。该地区土壤呈酸性，几乎不可能发展农业，热带地区的酷暑和潮湿也限制了人类的开发。有一些事实可以佐证这个观点。1969年，佛罗里达州中部的因弗内斯镇附近，一名副警长杀死了一只约100磅重的雄性美洲狮。3年后，奥基乔比湖东部，一名高速公路巡警击毙了一只被汽车撞伤的美洲狮。基于此，我们有理由相信，佛罗里达州的荒野上可能还有很多美洲狮在竭力求生。

1972年前后，世界自然基金会决定找出这个问题的答案，恰巧翌年美国国会通过了《濒危物种保护法》。1958年以来，佛罗里达州一直严禁猎杀美洲狮，但是依据新联邦法的标准，这种猫科动物究竟应该算受威胁物种、濒危物种，还是灭绝物种呢？世界自然基金会咨询了佛罗里达州的一位分类学家，这位分类学家又找到了罗伊·麦克布莱德（Roy McBride），得克萨斯州的传奇捕兽师。

忧心美洲狮生存状况的自然资源保护主义者居然会聘用麦克布莱德，这实在匪夷所思。麦克布莱德一直不愿意出现在公众视野里，不过，作家唐纳德·舒勒（Donald Schueler）在1991年出版的《老鹰牧场事件》（*Incident at Eagle Ranch*）一书中，对麦克布莱德鲜为人知的形象有所描述。舒勒写道："年轻的麦克布莱德给得克萨斯州濒危山狮带来的威胁比任何人都大。他耐力非凡，饲养的猎犬也无比勇猛，狮子一旦被他盯上，就'几乎无法逃脱'。"每当出现发狂的凶兽需要抓捕时，"让麦克布莱德来"是大家奉行的金科玉律。

麦克布莱德抓捕野兽的方法五花八门，没有称手的工具时，他还会自己发明。20世纪70年代，一匹出没在牧羊场附近的郊狼曾一度让他感到有点棘手。当时他想，要是被攻击的绵羊脖子上有捕兽器，就百分之百能抓住这头饥饿的郊狼了。当然，羊脖子上放不了捕兽器，于是他做了一个带毒的项圈，套在羊脖子上，想毒杀郊狼。麦克布莱德还在他的老家得克萨斯州阿尔派恩附近，把这种项圈专利发展成了家族产业。后来，理查德·尼克松总统签发行政令，禁止在美国使用"1080"农药。"1080"农药（氟乙酸钠）无色无味，是一种常见的有毒化合物，一直用于毒杀大型猛兽。麦克布莱德在项圈上用的正是这种东西，于是他就把项圈卖给墨西哥、加拿大、阿根廷以及南非的牧场主。

45

除了在美国的工作外，麦克布莱德还是一名职业野狼猎人，多年来穿梭于墨西哥各地。他操着一口流利的西班牙语，受需要保护牲畜的牧场主所托，骑着马追捕墨西哥灰狼。麦克布莱德曾花了 11 个月的时间在墨西哥猎杀一匹狼，这个故事在美国西南部的猎人和博物学家之间口口相传。20 世纪 90 年代，科马克·麦卡锡[①]（Cormac McCarthy）创作的“边境三部曲”的第二部《穿越》（*The Crossing*），正是从麦克布莱德的故事中得到了灵感，他在书中描述了一个身世波折的 16 岁少年试图捕获一匹母狼的故事。

麦克布莱德在墨西哥耗时 11 个月去猎杀的是一匹公狼，名叫拉斯马格里塔斯（Las Margaritas）。这匹狼曾被捕兽器所伤，左前爪少了两个脚趾。20 世纪 60 年代末，在墨西哥杜兰戈州和萨卡特卡斯州交界的牧场上，拉斯马格里塔斯袭击了数十只 1 岁多的小牛崽。1980 年，麦克布莱德在一份政府报告中写道：“狼极少从同一条路往返，如果它从原木路溜进牧场，就会从土路离开。我曾坚信自己一定能抓住拉斯马格里塔斯，但我甚至无法让它靠近陷阱。”麦克布莱德尝试过诱饵也试过盲套[②]，试过用橡树叶煮捕兽器来上色，也试过用仔细筛过的泥土把捕兽器盖起来。全都没有用。他努力了几个月，可狼只靠近过陷阱 4 次。麦克布莱德骑着马跟踪了几千英里，试图搞清楚为什么这匹狼总能神奇地避开他的抓捕。他在报告中

---

① 原名查尔斯·麦卡锡（Charles McCarthy，1933—2023），美国小说家，被誉为“海明威与福克纳的唯一后继者”。代表作有《路》《老无所依》《血色子午线》以及“边境三部曲”等。

② 即没有诱饵的捕兽器。

写道："过了将近一年，我不得不承认，我永远也抓不到这匹狼。我至今都不清楚它到底是怎么辨认出陷阱的。"然而，麦克布莱德注意到，拉斯马格里塔斯曾多次经过路边的篝火，那是运输原木的卡车司机沿途停车做饭的地方。"我在它猎食的必经之路上设置了陷阱，在陷阱上生起火，直到火烧尽。"麦克布莱德在烧剩的灰烬中放了一块干臭鼬皮，然后开始耐心地等待。终于，3 月的一天，这匹狼似乎嗅到了什么，上前打探，就在这时，捕兽器夹住了它残废的前爪。

46

这个故事可能会让爱狼人士和自然资源保护主义者不寒而栗，因为被猎杀的是现在颇为稀有的墨西哥灰狼。麦克布莱德的传奇还不止如此。美国政府曾试图根除墨西哥灰狼，但 1976 年，依据美国的《濒危物种保护法》，墨西哥灰狼被列为濒危物种，美国鱼类及野生动植物管理局濒危物种办公室聘请麦克布莱德，调查墨西哥灰狼在墨西哥是否尚有幸存。麦克布莱德在墨西哥境内的杜兰戈州发现了大约 12 匹灰狼，又在奇瓦瓦州发现了 6 匹左右。他估计墨西哥全境约存活有 50 匹灰狼，在野外拯救这个物种是不可能的。翌年，他顺利诱捕到 6 匹，其中 2 匹是在奇瓦瓦州尼多山脉，另外 4 匹是在杜兰戈州科内托附近。他把抓到的灰狼交送到亚利桑那州图森市政府的人工圈养工程，以期该物种重返自然。他对我说："至少政策有所变化。他们曾经对灰狼赶尽杀绝，现在则试图重新引入。"经过多年的政治论战和政策更迭，加上狼群数量自身的波动，如今大约有 80 匹墨西哥灰狼游荡在美国西南部。自 1998 年美国政府重新将它们引入野外以来，灰狼的数量达到了峰值。这些狼可以追溯出 7 个共同的祖先，代表着 3 个圈养谱系：阿拉贡，幽灵牧场，以及用传奇捕兽师命名的麦克布莱德。其中，麦克布莱德一脉的遗传变异更丰富，个体数量占当今狼群总数的 70%以上。

当然，1972 年世界自然基金会聘请麦克布莱德的时候，他还没有因为拯救濒危物种方面的卓越贡献而名声大噪，那时47 他还只是一个传奇捕兽师。如果说有什么人能查明美洲狮在漫长的 500 年大捕杀之后是否尚有幸存，那这个人一定是他。

麦克布莱德带着他的猎犬小队来到佛罗里达，从高地县[1]伊斯托克波加湖（Lake Istokpoga）附近出发，一路向南，几个星期后抵达了大柏树湿地保护区[2]。他没有找到美洲狮，但发现了一些踪迹，后来据他自己说："数量不多，但是有几只。" 翌年，他在奥基乔比湖[3]西南的食鱼溪（Fish Eating Creek）一带做了同样的调查，他的猎犬发现了一只美洲狮。那是一只年迈的雌性美洲狮，状态很差，身上满是虱子，看起来从未孕育过幼崽。

麦克布莱德指导当地的生物学家克里斯·贝尔登（Chris

---

① Highlands County，美国佛罗里达州中部的一个县。

② Big Cypress National Preserve，位于美国佛罗里达州西南部，以佛州鳄鱼等珍贵野生动物的栖息地而知名。

③ Lake Okeechobee，美国境内仅次于密歇根湖的第二大淡水湖。在佛罗里达州东南部，大沼泽地以北。

Belden）追踪美洲狮，教给他一些技巧，比如怎样辨别美洲狮的爪印、尿痕和粪便。1974年，他们在法喀哈契森林发现了两只美洲狮的踪迹。根据调查的结果，麦克布莱德和贝尔登一致认为，在奥基乔比湖附近和南边的大沼泽地（the Everglades）一带，应该仍然栖息着二三十只美洲狮，它们以鹿和野猪为食。1994年，麦克布莱德说："这个发现让我非常惊讶。我是说，在人口这么稠密的地区，居然还能有美洲狮。"

基于麦克布莱德的发现，1976年佛罗里达政府成立了一个美洲狮拯救小组。这个小组的任务是制订佛罗里达美洲狮的拯救计划，防止它们灭绝。

* * *

一个雾蒙蒙的冬日清晨，在佛罗里达州科利尔县那不勒斯机场的停机坪上，我第一次见到了达雷尔·兰德（Darrell Land）。他的发型有点夸张，像是新剪的，中等身材，绿色工装短裤配登山鞋。他讲话时拖着故乡北卡罗来纳州特有的长音，显得彬彬有礼，稳重而专注。兰德从背包里拿出一台银色的笔记本电脑，然后把包扔到了飞机后排的座位上。我们乘坐的是塞斯纳182Plus，一架单引擎轻型飞机，机身尾部画着一只蓝色的美洲狮。等到日光足够驱散雾气，飞行员便带着我们向东飞去。我们的目标是搜寻佩戴了无线电项圈的美洲狮，机翼下面安装了接收无信电信号的天线。30年来，兰德一直这

48 样乘坐塞斯纳飞机，监听这些无线电信号。他从佛罗里达大学研究生毕业之后，马上加入了佛罗里达鱼类和野生动物保护委员会，负责监测和保护栖息在佛罗里达州的美洲狮狮群。兰德在校时主要研究在湿地松人工林的枯树上筑巢的洞巢鸟，而现在，在佛罗里达美洲狮的日常管理方面，没有人比他更有经验。

塞斯纳 182Plus每周巡逻三天，我们沿着常规巡逻航线，在鳄鱼巷①南北约 40 英里的范围内搜寻无线电信号。鳄鱼巷是美国 75 号州际公路的一段，将大沼泽地一分为二。兰德的追踪工作效率很高，他定位到地面上的美洲狮之后，会用手势指挥飞行员绕着美洲狮转两圈，这个手势被戏称为“达雷尔的专利手势”。兰德根据无线电信号判断美洲狮是否活着，然后把信息录入电脑，有时还会用手机把信息发给地面上的小组。无线电项圈连续稳定地为研究人员提供狮群的数据，包括它们的移动和死亡情况，从而可以了解种群的整体情况。佛罗里达州大约有 30 只美洲狮佩戴着这样的无线电项圈，其中 10 只由美国国家公园管理局负责监测。天气好的时候，兰德和飞行员可以在两个半小时内往返那不勒斯机场，在 2500 平方英里的范围内完成对大约 20 只美洲狮的定位工作。

9 点，阳光正好，适合起飞。热情的年轻飞行员内森·格里夫（Nathan Greve）向我介绍了飞行安全注意事项：“两侧

① Alligator Alley，位于大沼泽地（the Everglades）的一条东西走向的公路。

的门是紧急出口。”随后，我爬进后座，紧挨着兰德的背包坐了下来。这架塞斯纳 182Plus出厂于 1975 年，散发着温暖的乙烯基和铁锈味道，跟旧皮卡的味道很像。格里夫启动了飞机的发动机，250 马力的发动机牵动着螺旋桨，不断发出轰鸣。飞机滑向跑道，我看到旁边地上立着两只穴小鸮，它们一脸漠然地看着我们的飞机。穴小鸮是佛罗里达州体形最小的猫头鹰，身长只有 9 英寸。随着人类社会的开发范围不断拓展，它们的栖息地不断遭到蚕食，穴小鸮的数量也在急剧减少。这两只小猫头鹰似乎是在跑道之间的草坪上安家落户了，每天都在这里观察着一架架私人飞机和小型包机起起落落。格里夫把油门拉杆一推到底，不断加速，飞机腾空而起，那不勒斯的拖车停车场和高尔夫球场渐渐在我们的脚下铺陈开来。

49

成年美洲狮背部的皮毛呈红褐色，下腹部呈浅灰色。最大、最强壮的雄狮体长可达 7 英尺，体重超过 160 磅。美洲狮是一种孤独而神秘的动物，它们独自狩猎、独自睡觉。雄狮和雌狮在锯棕榈树下交配，一起生活 3 到 5 天，而后分道扬镳。它们厌恶人类，喜欢藏进茂密的植被里。尽管如此，在人类文明带来的危险面前，它们依然格外脆弱。对它们来说，公路尤其危险。当时刚刚 2 月初，可对这些大猫来说，这一年已经非常糟糕了。佛罗里达有 100 至 150 只美洲狮，其中两只在 41 号公路上被汽车撞死，一只死因不明，还有一只雌狮因分娩期并发症丧命，它的孩子也没能幸免。2012 年，18 只美洲狮被汽车撞死，占狮群总数的 12%。2014 年，被汽车撞死的美洲狮多达22只，是有记录以来最多的一年。自从美洲狮被重新发现并加强保护之后，数量有所增加，但种群的规模越大，就意味着它们与城郊范围扩张之间的竞争也越发激烈。每只美洲狮都需要非常开阔的生存空间，雄性美洲狮需要250平方英里的活动空间，雌狮需要150平方英里。现存的美洲狮都挤在3500平方英里的范围之内，所以它们在不断寻找新的领地。美洲狮越来越频繁地穿越公路，向住宅区和农场逼近。兰德说："现在美洲狮的数量，是1985年我来到这里时的5倍。但对它们来说，现在的佛罗里达比以前更危险了。"

除了监测佩戴了无线电项圈的美洲狮之外，兰德大部分时间都在尽力避免美洲狮与人类接触。迄今为止，佛罗里达州还从未发生过美洲狮伤人致死的事件，甚至连美洲狮袭击人的事件都不曾有过。兰德解释道："对美洲狮来说，人类不是什么好吃的食物，我们根本不在它们的美食列表上。"他喜欢指着办公室里的一张照片，对别人说："这就是美洲狮的未来。"照片上是一只黄褐色的美洲狮，端坐在庭院里供小鸟戏水的水盆旁边。"喜欢美洲狮的人很多，他们在电视上看过《动物星球》50或者《国家地理》，觉得美洲狮很干净、很酷。但是，如果照片里的水盆旁边有一个沙坑，他们3岁的孩子正在沙坑里玩耍，他们就不会这么觉得了。"兰德相信，只有当人们可以接受美洲狮出没在他们的日常生活环境里，美洲狮才能好好地生存下去。目前，我们还没有这种接受度。尽管猎杀美洲狮在佛罗里达州是重罪，但是连续5年来，每年都有一只美洲狮被射杀。2011年，一位猎人用弓箭射死了一只美洲狮，被处罚款并获罪入狱。那位猎人说："我讨厌那些该死的东西，它们会伤人的。"

至少要存在两个可存活种群（指有95%的概率可以存活100年的种群），而且每个种群都至少包括240只美洲狮，我们才能把佛罗里达美洲狮从《濒危物种保护法》的濒危物种名单中抹掉。政府的美洲狮拯救计划以扩大当前种群规模和栖息地面积为目标，他们希望美洲狮的活动范围可以扩展到克卢萨哈奇河[①]以北。克卢萨哈奇河自东北流向西南，大体上将佛罗里达的中部和南部地区分割开来。河宽1英里，美洲狮可以横渡，所以时不时就有雄狮穿过与克卢萨哈奇河平行的州际公路，游到对岸去寻找新的领地。但是30多年来，人们从未在河流北岸见到过任何雌狮。如果美洲狮的可存活种群可以在佛罗里达州南部以外的地方生活，那么克卢萨哈奇河以北最有可能成为拯救计划的目标地。一个包括240只美洲狮的种群需要12,000平方英里的栖息地，然而我们很难想象当地的居民、牧场主或地产开发商会对这种大型食肉动物的到来表示欢迎。美洲狮曾经的一些栖息地也是种群迁移的候选地，比如阿肯色州，以及佛罗里达州与乔治亚州的交界处。2008年，一只佛罗里达美洲狮路途迢迢地来到佐治亚州特鲁普县，结果被猎鹿人开枪射杀。正如一位政府官员向我解释的那样，"没有任何

① Caloosahatchee River，位于佛罗里达半岛西岸。

利益相关主体主动联系佛罗里达州，没有哪里愿意主动要求引入美洲狮。很遗憾，但这就是事实。人们认为美洲狮会把所有的鹿和在公交车站等车的孩子都吃掉”。另外，负责保护美洲狮的政府机构时不时会搞出一些颇具争议的举措，这直接地损害了他们宣称的保护目标。2010年，《坦帕湾时报》（*Tampa Bay Times*）连载了3期系列报道，详细地描述了一个“肮脏的故事”，指控美国鱼类及野生动植物管理局无视他们自己组建的专家小组（包括罗伊·麦克布莱德在内）提出的建议，一再对在美洲狮栖息地内建造购物中心、开矿以及郊区开发项目开绿灯。报道中指出，有一项关键性建议从未被美国鱼类及野生动植物管理局采纳，建议提出：划定一条43平方英里的廊道，将美洲狮的活动范围扩展至佛罗里达州北部。

51

格里夫操控着飞机，把飞行高度降至500英尺。我们离地面很近，足以看清地面上的泳池陈设是什么颜色，还能看清高尔夫球场上划过的开球弧线。几分钟后，兰德接收到从地面发出的无线电信号，开始进入追踪模式。他指示格里夫向东，朝着皮卡尤恩滨水州立森林（Picayune Strand State Forest）飞去。那里因为一场骇人听闻的房地产骗局而臭名昭著，1.7万人受骗从海湾美国土地公司（Gulf American Land Corporation）购买了沼泽地，20世纪80年代政府被迫回购他们购买的沼泽地。之后，那里的原始柏树林、松林泥炭地和湿地草原渐渐恢复原貌，但在那之前，南美毒贩已经把这里当成了走私毒品的通道。格里夫说：“在佛罗里达丰饶绵长的历史里，毒品走私也是其中一部分。”

兰德用手势告诉我们，附近有一只美洲狮。格里夫把飞行速度降到 80 迈，他说：“找到狮子了。”格里夫操纵着这架塞斯纳 182Plus，机身呈 40 度倾斜，在一片灌木丛生的松林泥炭地上方绕着小圈飞，透过松树之间的空隙，锯棕榈和三芒草若隐若现。从距离地面 500 英尺的高空就能够看到地面上的美洲狮，特别是 6 月至 9 月的雨季，美洲狮更容易被发现。因为季风带来降雨形成积水，美洲狮不得不游走在阔叶林高地之间，寻找没有被积水淹没的地方。虽然我们发现的这只美洲狮一直尽力躲藏，但兰德只花了不到 1 分钟就把它找了出来，并将位置信息录入了电脑。然后，我们继续向东，前往佛罗里达美洲狮国家野生动物保护区和法喀哈契保护区州立公园。

就在我们脚下的某个地方，罗伊·麦克布莱德曾带着他的猎犬小队追踪美洲狮，从黎明到黑夜，日复一日。最初，麦克布莱德在佛罗里达州寻找美洲狮时，徒步穿梭在错综复杂又泥泞不堪的沼泽和森林中；如今，他和孙子库戈尔（Cougar）开上了沼泽越野车和全地形车。麦克布莱德计算过，如果一只步长 19 至 22 英寸的美洲狮一晚上移动 6 至 7 英里，那么它可能会留下 19,000 到 38,000 处痕迹。麦克布莱德要找的就是美洲狮在不知不觉中留下的痕迹，这些痕迹证明了它们的存在。1994 年的一次会议上，他解释说：“无论在哪里研究美洲狮，方法都大同小异。我们并不指望真的亲眼看到美洲狮，我们要找的是那些蛛丝马迹。美洲狮大多在夜间行动，它们很神秘，

52

很难被发现。”他说的痕迹可能是带有毛发或者碎骨头的粪便混合物，也可能是尿液的印迹——美洲狮用后腿刨出来的小土堆里，往往可能混有几滴尿液。如果有秃鹫从头顶掠过，那说明美洲狮可能就在附近，因为秃鹫会被美洲狮刚刚吃剩下的食物残渣吸引。当猎犬发现美洲狮时，麦克布莱德会叫来一组生物学家和一名兽医，确认美洲狮的状态，判断是否可以给它打一针麻醉并进行身体检查。冬季是捕捉美洲狮的最佳季节，这一时期的美洲狮不容易体温过高。要是发现了一窝美洲狮幼崽，麦克布莱德就会给每只幼崽植入芯片，悉心照料，并采样进行基因分析。

现在这里的美洲狮和 1972 年麦克布莱德发现的那只不同，至少基因上存在差异。当时，麦克布莱德、克里斯·贝尔登和其他一些领域的研究人员一起，花了很长的时间跟踪观察美洲狮，他们从佛罗里达美洲狮身上发现了一些不同寻常的特征。与美国其他地区的美洲狮不同，佛罗里达美洲狮的后颈背脊上长有毛旋，而且尾巴末端呈 90 度弯曲。20 世纪 90 年代初，有研究表明 80%的雄性佛罗里达美洲狮患有隐睾症（即有一只睾丸未从腹腔正常降至阴囊），而且精子质量低下。种群DNA分析显示，这里的种群个体之间基本不存在差异，每只个体的基因都几乎完全相同。1994 年，一组生物学家在《哺乳动物学刊》（*Journal of Mammology*）上发表了一篇文章，他们通过对雄性佛罗里达美洲狮的生殖分析，得到了雄狮精子畸形率高达 94%的结果。综合来看，这些特征都表明近亲繁殖导致美洲狮健康水平下降，进而带来幼崽死亡率高、雄狮繁殖成功率低的现象。这个发现并不让人意外，因为 25 代之内的佛罗里达美洲狮都面临着个体数量少、与世隔绝、栖息地面积不断缩小的困境。距离它们最近的美洲狮种群远在 2000 英里之外的得克萨斯州，这就意味着它们之间没有杂交的机会。根据种群生物学家用计算机模型推算出的结果，佛罗里达的美洲狮种群几乎必定会在 40 年内灭绝。

53

20 世纪七八十年代，保护生物学家已经意识到，人工圈养种群亲缘关系过于紧密，导致其健康水平低下。小规模自交植物研究以及引入新植物个体的实验表明，解决这个问题的一个可行方法是引进具有不同基因的新个体，以提升变异性。1990 年，保护生物学家尝试交换濒危鸟类的遗传物质，他们把相距约 40 英里的两群草原松鸡的蛋进行了互换，但是实验以失败告终。4 年后，伊利诺伊州只剩下 50 只草原松鸡，于是他们采取了更为激进的措施，从明尼苏达州、堪萨斯州和内布拉斯加州引进了 518 只草原松鸡，终于，伊利诺伊州草原松鸡的数量恢复了增长。

1992 年，一众专家聚集在佛罗里达州和佐治亚州交界处的著名野生动物保护区白橡树保护中心（the White Oak Conservation Center），召开会议讨论基因管理和美洲狮的未来。30 多名与会者都是动物学家或各界学者，其中包括史蒂芬・奥布莱恩（Stephen O' Brien）和克里斯・贝尔登。奥布莱恩是美国国家癌症研究所基因组多样性实验室的负责人，曾研究过世界各地的猎豹和狮子的遗传多样性。与会的专家们一致认为，美洲狮的种群数量和基因都非常不稳定。他们相信，就像伊利诺伊州的草原松鸡那样，基因扩增，即模拟添加新的遗传物质，是确保东部美洲狮仅存种群得以延续的唯一途径。专家们讨论了各种各样的方案，比如人工授精，或者把人工圈养的美洲狮放归佛罗里达南部。最终，他们确定了最佳方案，决定把其他地区的野生美洲狮带到佛罗里达，让它们与佛罗里达美洲狮的基因混合到一起。但是，对于佛罗里达美洲狮这种备受学界和公众关注的物种，官方此前从未批准过这类保护措施。专家中唯一持反对意见的是戴夫·梅尔（Dave Maehr），佛罗里达狩猎和钓鱼委员会[①]美洲狮野外监测小组的负责人。梅尔作为一位生态学家，后来因为给佛罗里达州的土地开发商提供咨询服务而饱受非议。2008 年，梅尔在飞机失事中不幸丧生，当时他正在研究黑熊。在美洲狮保护方面，梅尔的观点存在局限性，但也具有一定的前瞻性。梅尔认为，生物学家和官僚对佛罗里达美洲狮的衰退状态抱有巨大的误解。在他看来，美洲狮不需要基因扩增，只要有更多、更适合的栖息地，它们就可以重获新生、繁衍生息。1997 年，梅尔就这一主题写了一本书，题为《佛罗里达美洲狮：正在消失的食肉动物的生与死》（*The Florida Panther: Life and Death of a Vanishing*

54

① 佛罗里达州鱼类和野生动物保护委员会前身之一，另一个是佛罗里达州海洋巡逻署。

Carnivore）。他在书中写到，美洲狮的管理与保护是“一个典型案例，从中可以看出我们面对更大的问题时，治标不治本的做法会带来怎样的结果”。将美洲狮引入“佛罗里达州南部潮湿的森林”，能够“快速解决这个复杂的问题，但很快我们就会发现，佛罗里达美洲狮变成了另外一种动物，不再是我们费尽心思想要拯救下来的那个了”。

不过，和梅尔一样忧心的人只是少数。正如克里斯·贝尔登告诉我的，“尽管 1992 年佛罗里达州全域都开放为美洲狮的栖息地，但是美洲狮的遗传基因依然非常单一，这个种群仍然会走向灭绝”。当时，白橡树保护中心的与会者建议，从得克萨斯州西部向佛罗里达引进几只美洲狮，以“恢复因人为隔绝而消失的基因流动”。他们建议引入的亚种名为得克萨斯美洲狮（*Puma concolor stanleyana*），至少从 19 世纪开始，这个亚种的活动范围一直都和佛罗里达美洲狮相毗邻。就这样，佛罗里达美洲狮保护项目的策略从“基因扩增”变为了“基因恢复”。

3 年后，全美国最出色的捕兽师罗伊·麦克布莱德接受聘用，在得克萨斯州捕获了 8 只雌狮，将它们带到佛罗里达州放归野外。

*　*　*

保护生物学领域的经费申请和宣传竞争异常激烈，一个物

55 种被描述得越高级，对它的保护工作越有利。在这个领域，没有比“**最稀有**”更高级的形容了。吉尼斯世界纪录将“最稀有爬行动物”的殊荣授予了全世界仅存的一只平塔岛象龟，人称“孤独的乔治”。1971 年，百岁高龄的乔治在厄瓜多尔的加拉帕戈斯群岛（Galápagos Islands）被发现，人们上一次见到它的同类还是整整 60 年以前。乔治还被吉尼斯冠以“最濒危物种”的称号，成为野生动物保护以及加拉帕戈斯群岛的标志。为了不让平塔岛象龟遗传谱系消失，生物学家绞尽了脑汁。他们为乔治悬赏求偶，给乔治找到配偶的人可以得到一笔奖金，然而年复一年，所有的努力都石沉大海。最后，平塔岛象龟以一种非常与众不同的灭绝方式规避了彻底的灭绝：人类让乔治与另一个亚种的象龟交配，把它的DNA保存在更大的基因库中。生态学家称之为“人为杂交”导致的灭绝。

诚然，杂交是一种进化，自然界中这样的例子比比皆是。北美洲蓝翅虫森莺和金翅虫森莺的繁殖地有所重合，因而杂交繁殖出了布鲁斯特莺；斑横斑杂交林鸮是西北太平洋地区斑林鸮和横斑林鸮杂交的后代。对植物和鱼类来说，杂交在保证生物多样性方面更是发挥着重要的作用。我们对自然界杂交的了解，有赖于基因技术的问世。在基因技术诞生之前，生物学家主要依靠肉眼可见的形态特征，去鉴别自然界中的杂交物种。但是，杂交个体并不会均一地表现出亲本①的性状，而且有时

① 指参与杂交过程的动植物雄性和雌性个体。

性状的呈现方式很难通过肉眼辨别。掌握遗传基因分析技术之后，生物学家“看到”了大量的杂交生物，它们的DNA来自不同的亲本物种或亚种。

但是，对自然资源保护主义者来说，遗传学的出现并没有让杂交的问题变简单。恰恰相反，杂交问题变得更加费解了。如果杂交物种如此普遍，那么我们是否还需要保护他们，这成了一个有争议的问题。直至 20 世纪 90 年代初，美国联邦政府尽管没有官方声明，但一直态度强硬，认为物种或亚种之间的杂交物种不受《濒危物种保护法》的保护，不论杂交物种的亲本是否收录在保护物种名录中，也不论杂交物种是自然产生的还是人工繁育的。1991 年，美国国家癌症研究所分子生物学家史蒂芬·奥布莱恩和哈佛大学生态学家恩斯特·迈尔①在《科学》杂志上发表了一篇颇具影响力的文章，对政府的立场提出疑问。文章中写道：“这些亚种可能具有（与生态相关的）适应性，加之，它们可能成为一个独特的新物种，这些理由足以让我们去保护它们，阻止它们灭绝。”奥布莱恩说，美国鱼类及野生动植物管理局得知他们要发表这篇文章，提前撤销了“杂交政策”。因此，物种保护范围切实地得到扩大，至少当时两个存在争议的物种——灰狼和郊狼杂交的红狼，以及佛罗里达美洲狮——被纳入了保护范围之中。科学家指出，如果佛罗

56

① Ernst Walter Mayr，20 世纪非常重要的演化生物学家，同时也是分类学家、热带探险家、鸟类学家、博物学家与科学史家。

里达美洲狮能够与得克萨斯美洲狮杂交，近亲繁殖的种群现状将会得到改善。

美国政府虽然转变了态度，但并没有为保护杂交物种提供具体的指导，对于如何保护、何时保护杂交种的问题，至今依然没有明确的说法。红狼一直是生物学家争论的焦点。红狼究竟是几千年前由杂交而来，还是几百年前的猎杀和栖息地退化让动物出现了新的行为和形态？一部分人认为，如果红狼是几千年前的杂交产物就有保护的价值，因为这是犬科动物在进化过程中留下的“更纯粹”的遗产。但如果红狼是由于几百年前人类出现在狼群栖息地，导致灰狼与郊狼杂交，那么这一基因种群可能就不值得保护。然而，自然杂交和人为杂交之间的界线非常模糊。比如浅色鲟鱼，称得上是鱼类中恐龙一般的存在，寿命长达百岁，原栖息于密苏里河和密西西比河下游的盆地流域。1990 年，人类活动让浅色鲟鱼逐渐失去了原有的栖息地，它们面临着不得不与更小的种群扁吻铲鲟杂交的危险，被列为濒危物种。但随后的基因研究表明，这两个物种的基因极为相似，很难把它们认定为不同的进化谱系。换言之，在漫长的繁衍和进化过程中，这两个物种很可能早就发生过基因交换。如今，路易斯安那州的阿查法拉亚河（Atchafalaya River）里生活着一个结构完整的鱼群，科学家称之为浅色鲟鱼和扁吻铲鲟的“杂交群”。那么，扁吻铲鲟是否也应该受到保护？携带濒危鱼类基因的杂交种群是否应当被排除在受保护对象之外？我们要保护的究竟是基因，还是个体？

57

有时，物种保护政策要求我们不惜一切代价地去防止物种杂交。2011 年，美国新墨西哥州鱼类及野生动植物管理局发现了一窝小狼崽，那是一匹非常稀有的墨西哥灰狼和狗的杂交后代，他们对这窝狼崽实施了安乐死。之后，他们发现那匹母狼再次试图接近狗，于是他们把母狼也处死了。在印度，生物学家发现人工圈养的亚洲狮（Asiatic lion）基因被非洲狮（African lion）污染了，于是叫停了欧洲和美国的亚洲狮繁殖项目。然而，对类似“孤独的乔治”那样的物种而言，杂交是唯一的存续手段。很遗憾，最后一只平塔岛象龟对其他亚种的伴侣不感兴趣，即便它（有时在爬行动物学家的帮助下）提起兴致，雌龟产下的蛋也无一孵化成功。2012 年 6 月 24 日，乔治永远地离开了我们，平塔岛象龟的进化图谱也随之湮灭。不过，后来出现了转机。乔治去世几个月后，研究人员宣称来自附近岛屿的 17 只象龟拥有与乔治一致的遗传基因。生物学家表示，通过反向繁育①，也许能在两三代内培育出和乔治一样的“纯种”复制品。考虑到这类巨型乌龟的寿命，该实验可能需要花费几十年的时间。至于这些后代是否算得上是“真正的平塔岛象龟”，就取决于我们如何看待这种人为的修补。这究竟是自然还是非自然？是真实还是人造？

对杂交物种的认知以及保护政策上的不统一，反映出我们

---

① back breeding，反灭绝的实现方式之一，指通过后代之间的选择性繁育，把祖先的某些性状集中到个体上，实现对祖先性状的重现。

对物种的身份认同存在更深层次的矛盾心理。生物学告诉我们，杂交物种是存在于大自然中的事实，它们和非杂交物种之间没有明确的界线，杂交有利于物种的进化拯救①。尽管如此，我们看待物种的观点依然非常僵化，不符合我们固有思维的反例向来被视为违反自然规则的异类。荷马在《伊利亚特》中描绘的奇美拉（Chimera）是一种狮首羊身蛇尾的喷火怪物，更重要的是，它是“永生之物，并非人类”。纵观历史，奇美拉一直被认为是怪物、是神灵或者是天使，总之，它不属于这个世界。

58 干细胞研究正引领我们迈向一个新纪元，嵌合体会越来越频繁地出现在我们的视野之中。科学家已经成功将人类脑细胞移植到小鼠体内，创造出了第一只转基因灵长类动物——一只转基因恒河猴。这只恒河猴携带着从水母中提取的绿色荧光蛋白，科学家把这只猴命名为“ANDi”，即“插入DNA”（inserted DNA）的倒序拼写。生物伦理学家指出，我们之所以对这类技术进步感到不安和生理性不适，是因为不同物种之间的嵌合体和杂交体，特别是使用人类遗传物质创造出来的嵌合体和杂交体，威胁了我们立于自然规则顶端的、不容置疑的特权地位。拥有人类大脑的老鼠**到底算什么**？这个问题引发了

① evolutionary rescue，又称进化救援。面对极端的环境变化，生物想要生存下去，就必须在遗传上发生适应性改变。进化拯救是指物种通过基因频率的变化，恢复种群增长，摆脱灭绝的命运。

强烈的道德困惑。它是人类吗？我们是否要像对待其他人类一样对它负责？当我们开始插手物种的进化，开始创造出杂交体和嵌合体时，我们也在干预着道德的秩序。

*　　*　　*

1995年，8只来自得克萨斯州的雌性美洲狮被引入大柏树湿地保护区，它们看上去和佛罗里达州美洲狮没有太大的区别。佛罗里达美洲狮除了近亲繁殖导致的毛旋和扭曲的尾巴之外，独有的特征并不多。与其他茶褐色的美洲狮相比，佛罗里达美洲狮毛色更深、腿更长、头骨更扁平。很多人质疑这两个种群到底算不算是不同的亚种，就连麦克布莱德也曾有过这样的疑问，他和他的猎犬都分辨不出两个种群的习性有什么不同。1946年，博物学家斯坦利·杨（Stanley Young）和埃德·戈德曼（Ed Goldman）根据美洲狮的形态特征和地理位置，描绘出存在于全美洲的大约30个亚种，其中15个亚种分布在北美洲。但是1999年，兽医美乐蒂·勒克（Melody Roelke）向美国遗传学协会提出证据，根据她对300个美洲狮样本的分析结果，美洲狮只有6种基因亚种，其中5个在南美洲，而整个北美洲的美洲狮都属于另外同一个基因亚种。勒克建议把北美洲的15个亚种合并，统称“北美美洲狮”（*Puma concolor cougar*）。美洲狮亚种的分类依然存在争议，但正如有人向我解释的那样，不论你是否认为佛罗里达州和得克萨斯

59

州的美洲狮是两个独立的亚种，都改变不了它们曾经比邻而居的事实，而且在人类聚居地造成地理阻碍之前，它们之间显然有过基因流动。

不过，通过引入来修复基因存在双重的潜在风险。一方面，新种群可能出现远交衰退（overbreeding depression）的遗传现象，即不同种群杂交繁殖出来的后代，可能呈现出更低的健康水平。另一方面，新种群的基因也可能彻底取代原有种群的基因，因为新种群的健康水平可能远远高于原有种群，从而加速原有种群的基因灭绝。这就意味着，佛罗里达美洲狮独有的特征也将随之不复存在。但是，如果不进行基因修复，据生物学家估算，截至 2010 年，该种群的个体数量有 70%的概率会减少到 10 只以下。

被引入佛罗里达的得克萨斯雌狮中，有 3 只在产崽前死亡，其余 5 只成功与佛罗里达雄狮交配，产下了健康的幼崽。此前，佛罗里达美洲狮的总数一直在 19 只到 30 只上下波动，而 2008 年总数达到约 104 只。拥有得克萨斯血统的杂交美洲狮中，仅 7%的杂交美洲狮在尾巴上有折角，而且没有一只被查出隐睾症，之前生物学家还担心隐睾症会让这个亚种灭绝。于是，这些大猫很快焕发了新生。美国鱼类及野生动植物管理局的研究员戴夫 · 奥诺拉托（Dave Onorato）说："有人把它们说成美洲狮中的阿诺德 · 施瓦辛格，猎人说它们的攻击性更强，这全都是无稽之谈。统计数据显示，它们现在比以前更容易逃避追捕。确实，它们比以前更强壮、更有活力，的确更容易逃跑。”奥诺拉托解释说，佛罗里达州有一小部分人仍然认为美洲狮是非常危险的猛兽，不应该受到保护。“很多枪杀美洲狮的案件至今仍是悬案。还有人认为它们现在其实是得克萨斯美洲狮，不应该留在佛罗里达。”

毫无疑问，基因修复延长了种群的存续时间，也改善了美洲狮的健康状况。生物学家希望第一代杂交美洲狮的得克萨斯血统不超过20%，因为他们相信这个比例既能迅速改善种群的体质，消除不利的遗传物质，即“遗传负荷”，又不会把原来的基因一扫而光。亚利桑那州立大学保护遗传学家菲利普·赫德里克（Philip Hedrick）曾广泛地研究过狼的种群，并深入考察过佛罗里达美洲狮。他指出，在如今的佛罗里达美洲狮中，得克萨斯基因的比例已经超过了20%。“生物学家之所以不希望得克萨斯基因的比例高于20%，是因为佛罗里达美洲狮的基因中可能存在某些不同寻常或者非常独特的部分，这些基因需要保护。这些特殊的基因可能已经分化或适应了它们的生存环境，如果得克萨斯基因的比例不超过20%，这些适应性变异就可以保留下来。”目前，佛罗里达州南部的美洲狮种群中得克萨斯基因和佛罗里达基因究竟各占多少，尚未有精确的分析。有研究表明，即使基因修复让佛罗里达美洲狮发生变化，其特有的头骨形状也不会改变。说到底，我们还不清楚这个基因占比究竟意味着什么。这是否意味着一个新的亚种已经诞生？尽管现在它们生活在佛罗里达州南部的柏树林里，在那里狩猎、繁衍、休憩，可是究竟需要原有DNA占比达到多高，

60

它们才能被称为佛罗里达美洲狮？麦克布莱德没有多少耐心去区分什么是得克萨斯美洲狮、什么是佛罗里达美洲狮。他对我说："这群人坚信我们用马和驴造出了斑马，以为这就是实现了物种的跨越，其实根本不是。美洲狮就是美洲狮，或者说是山狮。"他告诉我，他从十几岁就在得克萨斯州大转弯地区①狩猎，那时其实没有人把它们称作美洲狮，都叫它们黑豹。原本，生物学家打算每5年从得克萨斯州引进一批新的美洲狮，持续补强美洲狮的基因库，但是政府并不打算引入更多的美洲狮。原因之一可能是再次引入美洲狮会在佛罗里达州引发争议，官方对此存在强烈的抵触。在佛罗里达州，人们对美洲狮的看法有着激烈的冲突，除非美洲狮再一次濒临灭绝，否则引入美洲狮将面临极其巨大的政治阻碍。

在未来的物种保护政策中，类似这样的基因"拯救"可能

61 会越来越多见。生物栖息地没有变小，但越来越分散。动物种群之间更加孤立，栖息地之间互不渗透，也不存在供种群间遗传物质流动、防止近亲繁殖的通道。赫德里克举出了皇家岛②灰狼的例子。20世纪40年代，灰狼横跨20英里长的冰川桥，来到苏必利尔湖上的一个孤岛，在那里建立了自己的种群。狼群在岛上以捕食驼鹿为生，存续了几十年。但是1980年，家养犬给岛上带来了一种疾病，让灰狼的数量锐减到12只，基

① Big Bend，美国得克萨斯州西南，一片近似直角的峡谷地带。

② Isle Royale，又译罗亚尔岛，位于美国东北部和加拿大交界处、美国五大湖之一的苏必利尔湖西北部，岛上无人定居。

因库规模也随之缩小。1997 年，一匹孤独的公狼跨越了日益罕见的冬季冰川桥，来到皇家岛，成了狼群的头领。这匹狼性情凶猛，领地意识极强，岛上原有的 4 个狼群中的一个被它驱逐了出去，不出几年，被驱逐的那群狼便死光了。这匹头狼被称为“93 号”或者“老灰”，它在岛上传播自己的基因，繁衍出体质更强的后代。在某种意义上，是老灰拯救了这个基因羸弱的种群。不过，后来皇家岛上再也没有来过新的狼，该种群 56%的基因都来自老灰，近亲繁殖让这个种群再一次徘徊在灭绝的边缘。皇家岛上的灰狼和驼鹿是关于捕食者与猎物关系方面非常著名的研究案例，也是有史以来持续时间最长、受关注度最高的一项研究，同时，针对什么才是正确的做法引发了的激烈讨论。我们是否应该维持“自然”进程，任由狼群灭绝？我们可以管理或干预到什么程度？皇家岛应该算是荒野，还是实验室？

*　　*　　*

正午时分，炙热的阳光伴着塞斯纳飞机引擎的轰鸣，让我昏昏欲睡。我们已经抵达了法喀哈契保护区的上空，脚下是长满了落羽杉和王棕的沼泽，乌黑的水面波光粼粼，一缕香甜的气息从窗户缝钻了进来，那是阳光炙烤下的泥土散发出的味道。达雷尔·兰德指挥着飞行员，让我们盘旋在另一只美洲狮的上空。我们乘坐的小型飞机倾斜得很厉害，我能直接看到下方的地面。那只美洲狮躲在一片茂密的植被下面。我们自鳄鱼巷以北向东飞去，越过大柏树湿地保护区北部，直奔劳德代尔堡[①]。大柏树湿地保护区的北面就是大柏树塞米诺尔印第安人保留地（Big Cypress Seminole Indian Reservation），那里的地貌没什么特别之处，至少不像约塞米蒂或者黄石的国家公园那样令人称奇。

62

约翰·缪尔等早期美国环保主义者提出了荒野保护的基本理念，主张采用国家公园的形式，但是，他们的主张并不是基于物种保护的需要。荒野因为能够满足人类的审美观照（aesthetic contemplation）、供人类独处以及恢复精力而被赋予了价值。按照环境伦理学家贝尔德·卡利科特的说法，国家公园选址的标准之一就是那片土地没有实际用途，要么贫瘠，要么偏远，不适于用作农耕或工业用途。法喀哈契保护区（Fakahatchee Strand）就是这类早期自然资源保护伦理的典型一例，虽然我想象不出它有哪一点可以被当成精神避难所。即使从空中俯瞰，这里也显得十分荒凉。在多雨的夏季，高温高湿相叠加，大柏树湿地保护区的温度会超过100华氏度[②]。成群的蚊子让人难以忍受，鳄鱼、蛇和蝎子的存在也令人不安。我们的飞行员内森·格里夫是土生土长的南佛罗里达人，以前经常开着全地形车穿越沼泽地，但他也一直都适应不了这里残

① Fort Lauderdale，位于美国佛罗里达州南部布罗沃德县的一个城市，号称“美国威尼斯”。

② 约37.8摄氏度。

酷的夏季。他说：“我讨厌这里的夏天。”尽管这里现在开辟出了露营地和很多通路，大柏树湿地保护区和周围的大沼泽地依旧让人感觉很不友好，这里并不适合休闲娱乐。在那不勒斯机场，另一位在美国鱼类及野生动植物管理局工作的飞行员拉里·哈里斯（Larry Harris）给我讲了一个小故事。几个月前，他协助警方抓获了一名杀人嫌疑犯。当时，路易斯安那州纳基托什堂区的警方正在搜捕一名被指控背有 3 起命案的犯罪嫌疑人，在逃嫌疑人向东逃往佛罗里达州，在奥乔皮镇遗弃了租来的汽车，徒步进入了这片荒野。哈里斯就像是“空中警长”，他发现嫌疑人在沿着大柏树湿地保护区 41 号公路行走，随即向警方通报了情况。警察逮捕了嫌疑犯，将他押送回了路易斯安那州。哈里斯说，那个人只在沼泽地里待了几天，就被沼泽“吐”了出来。

抛开物种保护的需要，我们还有什么理由去保护这个地区呢？没有多少美国人去过法喀哈契保护区，人们未必能直观地感受到它正在消失，尽管这里也和佛罗里达州的其他荒野一样，会被开发商的推土机和橘林[1]蚕食殆尽。但是，许多美国人都向往着理想中的“真正的荒野”，民意调查的结果也显示，人们乐于见到更多的联邦土地得到保护。既然实地体验的人越来越少，那我们为什么还要保护这样的地方呢？

63

1974 年，罗伊·麦克布莱德正在追踪消失了几代的佛

---

① 佛罗里达盛产柑橘。本章末尾也有提及。

罗里达美洲狮，与此同时，一位名叫马克·萨戈夫（Mark Sagoff）的年轻哲学家在《耶鲁法学杂志》（*Yale Law Journal*）上发表了一篇论文，题为《论保护自然环境》（On Preserving the Natural Environment），文中就自然资源保护的问题提出了令人信服的观点。这篇文章基于萨戈夫的信念：我们必须保护野生环境和野生物种，因为它们是美国文化和政治传统的象征。伦理学家对这篇论文的讨论持续不断，因为文中提出了该领域的关键论点：大自然和国家公园中的象征性体验，不仅满足了人类的欲望，也塑造了我们的欲望。美国作为一块新发现的大陆，是一片无拘无束的荒野，与旧大陆截然不同，这里孕育着美国人自由、独立以及自力更生的理念。我们失去的荒野之地和野生物种越多，这种象征性的体验就越稀少，主流文化的价值观也会随之发生转变，也许主流价值观会转向由消费主义或者由休闲偏好所定义的另一种伦理。这意味着，我们不再重视动物象征的理想含义，而灭绝是对这一事实的妥协。克里斯·贝尔登与美洲狮打交道的时间不亚于罗伊·麦克布莱德，他告诉我，美洲狮对他来说是“荒野指示物种”，一旦美洲狮灭绝了，那就意味着美国东部的荒野也消失了。他认为，从他一生的经历来看，人们对保护荒野的兴趣越来越低，一部分原因在于很少有人知道这里在人类之前曾经有过什么。“大多现代人是在城市或市郊长大的，他们以为的荒野就是州立公园或者国家森林。从美洲狮的立场来说，这个范围可能不太够。直到 20 世纪 60 年代，大柏树地区对人类来说一直难以涉足。人们把福特T型汽车改装成沼泽越野车，但也只能开到汽油够开到的地方。现在有了75号州际公路和各种道路，从前无法踏足的地方，现在很容易就能进去。”

64 我目不转睛地盯着飞机下方的地面，试图捕捉美洲狮闪亮的皮毛。但我清楚，能看到美洲狮的机会微乎其微。贝尔登说他飞行了几千个小时来追踪美洲狮，也只有两次成功地从空中看到一只。那些孤独的大猫就生活在我们脚下的灌木丛里，这个事实让我内心惊叹不已。尽管它们目前的生存状况非常脆弱，令人担忧，但它们顽强的生命力依然让人自惭形秽。我从上空看到，它们的生存空间正在被四面八方围过来的高尔夫球场、机场和高速公路挤压着。更严重的问题是，基因修复给佛罗里达美洲狮带来的优势可能即将消失，整个种群的大约七成都是引入的5只得克萨斯美洲狮中2只的后代。尽管基因修复在短期内改善了种群的数量和体质，但这些雌狮的后代以后可能遭遇“瓶颈”。最重要的是，这些美洲狮在地理位置上仍然与其他美洲狮处于种群隔绝的状态，基因上也是如此。戴夫·奥诺拉托说：“单是它们仍然与世隔绝的事实，就意味着随着时间的推移，它们的遗传多样性会不断减弱。”2008年，罗伊·麦克布莱德发表了一篇文章，文中介绍了佛罗里达美洲狮种群规模的估算方法，并指出美洲狮的数量可能已经达到了当前环境承载能力的上限。被美洲狮捕杀的牲畜不断增多，机动车导致美洲狮死亡的数量也在上升。从得克萨斯州引进更多的美洲狮，或许会让美洲狮的数量再次变多，但这只会进一步激化问题的本质：美国东南部没有足够的空间供美洲狮生存。兰德说："我们不能把一群美洲狮装进箱子，再带到阿肯色州放生。（阿肯色州的人）已经几百年没见过美洲狮了。我并不看好在佛罗里达州以外的地方重建美洲狮种群。"

能够重塑佛罗里达美洲狮遗传多样性的自然机制只有两个，那就是变异和迁徙。因此，在基因库有限的情况下，美洲狮种群自身能否自由地重建部分固有栖息地，决定了这个物种的未来。如果它们可以做到，那么自然资源保护主义者和政府就不需要面对给它们划定新的关键栖息地（critical 65 habitat）时的政治、社会以及法律上的阻碍。有人对我说，如果能有几只雌狮冒险北上，生下几窝幼崽，那将是这个亚种40年来最大的喜讯。美洲狮当前的栖息地北临克卢萨哈奇河（Caloosahatchee River），无论现实上还是象征意义上，那里都成了佛罗里达美洲狮在历史长河中的重要渡口。然而，30多年来，河对岸从未出现过一只雌狮。没有雌狮，游到河对岸的几只雄狮就不过是掉队的流浪者。

我相信，有一个人一定能看懂佛罗里达美洲狮的行为，并且能够洞悉这个物种的未来。事实证明，这个人有点难以捉摸。除了几篇学术论文和一些发表在小杂志上的文章之外，对于50多年来自己在墨西哥灰狼和佛罗里达美洲狮的命运中扮演了怎样的角色，罗伊·麦克布莱德公开发表看法的次数屈指可数。他的态度让他在自然资源保护主义者和政府决策者之间显得格格不入。1984年，麦克布莱德在接受《牧场杂志》

(*Ranch Magazine*) 的采访时表示："我认为生活在遥远的城市或是其他地方的人，不应该把自己的意志强加到牧场主身上。同时，捕杀郊狼也不是纳税人的责任，那是牧场主的事，应该由他们自己解决，但他们不应该被干涉。这就是我的看法，仅此而已。"有人问过麦克布莱德，是否认为自己是自然资源保护主义者。据说，他大笑着回答："绝对不是。"但是，他在公开发表评论时，又对大型食肉动物从我们的土地上消失的事实隐约地流露出惋惜，尽管它们的灭绝有他出的一份力。2012年，麦克布莱德在杂志《得克萨斯公园与野生动物》(*Texas Parks and Wildlife*) 上谈到了得克萨斯州红狼的灭绝。"它们没留下任何痕迹。没有留下看得见的建筑，没有挖一个大坑或者筑起堤坝。我猜，最后一匹红狼被抓住之后，一场雨就把它所有的足迹都冲刷掉了，而那大概是它们存在过的唯一证明。我们永远地失去了它们。"

知名作家瑞克·巴斯 (Rick Bass) 在著作《九英里的狼群》(*The Ninemile Wolves*) 中，提到了1990年由亚利桑那州狼保护组织 (Preserve Arizona's Wolves，P. A. WS.) 召开的研讨会，描述了麦克布莱德在座无虚席的礼堂里进行演讲的情形。

> 麦克布莱德平静地说："我什么都干过。"（略）他没有演讲稿，手里只拿着他的大帽子。麦克布莱德身形消瘦，小腹平坦，下巴端方，个子高高的，像个大男孩。我

66

们很难指责他什么，很难把他当成敌人，他不符合我们的刻板印象。麦克布莱德环视了一周，继续谦逊而坚定地说道：“我在墨西哥追踪过狼群。对狼感兴趣的人很多，却很少有人从事相关的工作，这让我很难过。我认为这是我做过的最好的工作。（略）追寻它们的踪迹，亲眼去看它们做过的一切，这很有意义。我很难想象没有它们的日子。”

兰德告诉我，他认为麦克布莱德之所以参与佛罗里达美洲狮的保护工作，正是因为他一开始是一名捕兽师。“某一刻，我们可能会突然对这些动物心生敬意。或许他是在用这种方式赎罪，因为他觉得自己对这些物种有所亏欠。”

一个深冬的夜晚，我收到了麦克布莱德的语音留言。之前大约半年的时间里，我一直试图联系他，但没有得到任何回音。联系困难的部分原因在于麦克布莱德根本不用电脑。每星期都有专人帮他把电子邮件打印出来，转交到他手中。等他作出回复，再由那个人带回去，敲进电脑，发送出去。麦克布莱德用浓重的得克萨斯口音说：“邮件还是比蜗牛都慢。”不过，我很快就意识到，耗时如此之久的真正原因是麦克布莱德借着工作之名故意逃避。他解释说：“我只不过恰巧是第一个抓到它们的人罢了，这没什么好吹嘘的。”接下来的一年，我一直与麦克布莱德保持联系，甚至去了他在奥乔皮附近的家中拜访，和他分享我写的关于美洲狮的文章。他告诉我：“我没有做什么别人做不到的事情，只不过美洲狮发生这些事的时候，我碰巧在它们旁边。这只是巧合，是我无法改变的事实。”麦克布莱德向来和蔼可亲，谈吐风趣，但他对野生动物的保护工作一直三缄其口，只说这项工作经常充满争议，而且政治色彩浓厚。他说：“事情并不总是一帆风顺，不如意事常八九。”人们以拯救美洲狮为己任，却很少花时间与它们相处，很少有人真正和它们打过交道。“我总是要问上几句，才能知道他们是否有与美洲狮相处的经验。”在他看来，参与这项工作的人各执一词是另一个重要的问题。“就好像一场车祸的目击者，每个人看到的都不一样。现在情况就是这样，其中有些根本就是彻头彻尾的谎言。”

67

麦克布莱德建议我和他的儿子洛基聊聊。这费了一点功夫。当时，小麦克布莱德因为一项种群研究的需要，正在巴西追踪美洲豹。洛基曾在蒙古和哈萨克斯坦捕捉雪豹，在苏联远东地区寻找西伯利亚猞猁，还在南北美各地追踪过美洲狮。不过，美洲豹是他的最爱。大约20年前，洛基在巴拉圭买下了一块超过12万英亩的土地，带客户去那里猎杀这些线条优美的猫科动物。1年后，巴拉圭加入了《濒危野生动植物种国际贸易公约》，禁止出口狩猎的美洲豹。与此同时，巴拉圭的经济开始蓬勃发展，畜牧业蒸蒸日上。在洛基的牧场周围，多达80%的森林被开垦成了牧场，美洲豹成了被悬赏猎杀的对象。回顾美国东南部发生过什么，洛基清楚地知道如果不赶紧采取措施，美洲豹将要面临怎样的命运。他开始关注物种保护政策，与私人土地所有者以及政府展开合作。洛基认为，野生动物丧失栖息地的原因在于经济，也只有经济刺激才能保住栖息地。“对南美洲的人来说，1 头美洲狮会让他失去 10 头奶牛，这就像一场瘟疫。如果没有任何措施或激励，那么包括现存的美洲豹在内，这些需要大片土地才能生存的大型猫科动物，就只能流落到国家公园之类的地方。”洛基认为，立法禁止捕杀美洲豹注定不会成功，因为这种全面保护政策在巴拉圭完全没有可行性。他认为，应当建立一个可持续的全国性合法狩猎计划，这与南非的狩猎保护模式非常类似。“我认为最伟大的自然资源保护主义者就是猎人。”洛基说道，“那些非政府组织一会儿要保护这个一会儿要拯救那个，他们说我们正面临着危机，以此为由筹集了很多钱，资金有的是。他们根本不打算解决危机，只想维持现状。”

洛基说，他父亲在保护佛罗里达美洲狮的时候，不想触碰的就是这些政治问题。“我父亲做的，就是去捕捉那些猫科动物。”洛基给我讲了他父亲的故事。他父亲在大学毕业拿到野生动物生物学学位之前，已经在政府的捕兽师监管机构谋得了一份工作，取得了在得克萨斯州狩猎的资格。洛基从记事起就常常骑在马或骡子上，坐在父亲身后，跟着父亲一起工作，就连猎杀拉斯马格里塔斯的时候，父亲也带着他。“我记得当时我看到了那匹狼的足迹，它沿着一条路朝陷阱走过去。但不知道为什么，它没有掉进陷阱。”洛基说，“这很有挑战性，我父亲一直喜欢挑战。”洛基 17 岁时，父亲把他送到佛罗里达寻

68

找美洲狮；如今，洛基的儿子库戈尔在佛罗里达全职追踪美洲狮。在这个日渐销声匿迹的领域，血脉传承还在继续。“这是一个非常小众的领域。”洛基说道。

几十年来，这些猫科动物变得健壮不少，但洛基认为它们的未来不容乐观。“佛罗里达州中部开发成了柑橘园，建起了迪士尼乐园，还有很多其他的开发项目。那里没有真正供美洲狮栖息的地方。佛罗里达州北部和佐治亚州南部有一些栖息地，但除非人为干预，这些猫科动物根本无法迁徙。情况正在变得越来越糟糕。”

第3章 疯狂进化的沙漠鱼

白沙鳉

69 在新墨西哥州南部，我沿着奇瓦瓦沙漠（Chihuahua desert）的一条小溪，跟着痕迹追寻一匹郊狼。这匹郊狼曾在夜间经过这里，先前，它的四爪踩进了含硫的泥土，脚掌和脚趾之间的凸起上沾满了白色的粉尘。起初，我以为那是从附近的白沙国家公园吹过来的石膏灰[①]，但其实是盐，地下渗出的盐分被冲进了小溪里。这条小溪名叫“迷河”（Lost River），溪水的盐度非常高，比海水还要咸好几倍。小溪约1英里长，部分水域的含盐量曾高达每升水100克（而每升海水的平均含盐量才35克）。阳光下，我的影子倒映在水面上，惊扰了成群结队的小鱼，吓得它们四处游来游去。这些小鱼能在沙漠里存活，实在是一个奇迹。生物学家认为这里的环

① White Sands National Park，位于新墨西哥州奇瓦瓦沙漠最北部的图拉罗萨盆地（Tularosa Basin），成片的白色沙丘由石膏晶体组成，是世界上最大的石膏沙丘群。

境对鱼类有致命的毒性，可它们却不知怎的在这里繁衍生息了下来。更让人意外的是，这些鱼甚至是淡水鱼，名叫**白沙鳉**（White Sands pupfish，学名*Cyprinodon tularosa*）。这些小鱼刷新了我们对物种进化的理解，让我们不得不重新审视进化的力量有多么强大，人类又究竟能在多大程度上影响物种的进化。

70

想要了解进化是如何发生的，我们必须从一个困扰了科学家几百年的问题入手——物种是什么？科学家说，物种是进化的基本单元。一个种群的基因构成世世代代不断变化，这个变化的过程就是进化，那么，我们又该如何定义物种呢？这个难题就是大名鼎鼎的"物种问题"，它关系着我们如何看待大自然，如何看待疯狂地演化出了数十亿生命形式的进化过程。19世纪以前，人们相信物种是上帝创造的，每个物种都有自己的固有特性。也就是说，每种动物都具有自己的本质属性，这个本质属性让它与具有相同本质的动物归属于同一个群体。瑞典植物学家卡尔·林奈（Carl Linnaeus）创建了物种分类系统，他认为上帝创造出了世间的一切生灵，而他做的只是分类整理。1859年《物种起源》（*On the Origin of Species*）问世，自此，人们再也无法从理性上反驳物种随着时间的推移而发生变化的观点。而这也使得物种的定义变得更加扑朔迷离。它们来自何处、去向何方？达尔文本人也意识到了这个问题，他在书中写道："许多动植物的家养品种，据一些有能力的鉴定家说，是不同物种的后代，而另一些有能力的鉴定家说，这只是些变种。”①

了解物种诞生的过程，对理解什么是物种至关重要。在过去的一个半世纪里，无数聪明的头脑在探索物种的定义时陷入了科学与哲学的深渊。就我们目前的生物学认知而言，这个问题依然没有明确的答案。现在大约有26种不同的“物种概念”，其中最容易理解的是生物学概念上的物种，由著名进化生物学家恩斯特·迈尔（Ernst Mayr）于20世纪40年代首次提出。迈尔将能否繁殖作为划分物种的依据，他认为物种是由自然种群组成的群体，不同种类的群体之间存在生殖隔离。不同物种之间无法杂交，或者只能繁衍出不具备生殖能力的杂交后代。举例来说，按照生物学物种的定义，马和长颈鹿是不同的物种，因为它们之间不能杂交。这个定义非常基础，但存在局限性。科学家发现了很多例外，如果遵循死板的繁殖准则，那些例外本不应该存在。比如海星和海葵等无性繁殖动物，它们不需要遵守繁殖的规则，即便不符合生物学的物种概念，我们也不会认为海星压根不算是一个物种。另一个具有代表性的物种概念是表型种（the phenotypic），这一概念依据共同的表型特征来定义物种。但是，表型具有欺骗性，在区分物种上意义不大。很难说存在多大的表型差异才能算是一个新物种，而且种群或个体之间的表型差异缺乏规律，差异可能是环境或遗

71

---

① 译文摘自舒德干等译《物种起源》（北京大学出版社，2005年，第18页）。

传漂变[1]的产物，个体的死亡或者后代的缺失都会导致基因随机消失。雄性绿头鸭美艳，雌性色彩暗淡，它们看上去截然不同，却是同一物种，而表型种概念无法解释这样的现象。

20世纪80年代初，生物学家提出了新的物种概念——系统发育物种概念（the phylogenetic concept）。生物学家认为这个概念更加全面，能够涵盖丰富多彩的生命形式。按照系统发育物种的概念，物种是拥有共同祖先的最小生物群。20世纪80年代以来，随着分子遗传分析的出现，科学家可以精确地锁定物种的共同祖先。通过检测动物基因型中的特定标记，与相关动物进行比较，我们可以弄清种群数量演化的复杂历史过程，包括它们在进化树上分裂成不同分支的时间点。但问题是，系统发育物种的概念往往分类过细，导致最终得出的物种数量比地球上已知的物种数量要多得多。比如，尼布拉属（Niebla）地衣的种类从18种增至71种，新几内亚的极乐鸟更是从约40种增至120种。（极个别情况下，系统发育物种概念也会导致某个分类中的物种数量减少。比如，深海蜗牛的种类从2个缩减到1个，而软体动物整体减少了50%。）

生物学物种概念的拥趸把系统发育物种概念的支持者称为“分种派”，相反，生物学物种概念的拥护者也被称作“混种派”。正如进化生物学家乔迪·海伊（Jody Hey）指出的，归　72

① genetic drift，指某一等位基因频率的群体（尤其是小群体）中出现世代传递的波动现象。也称为随机遗传漂变（random genetics drift）。

根结底，这两派之间的冲突在于生物之间的微小差异是否重要，以及物种是否正是因为这些微小的差异才被视为不同的物种。这场理论争辩或许乏味无趣，但对我们思考应当如何通过人为干预来保护动物有着重大的意义。2004 年，《生物学评论季刊》（*Quarterly Review of Biology*）上刊登了一篇文章，科学家分析了迈尔提出的生物学物种概念下的 1200 多个物种，并将这些物种按照系统发育物种概念重新分类。结果显示，重新分类之后物种数量增加了 48%，即便是哺乳动物、节肢动物和鸟类等研究相对成熟的群体，增幅甚至高达 75%。如果按照系统发育物种概念进行分类，易危和濒危物种的数量也会出现相应的变化。文中预计，仅就美国而言，就需要多花费大约 30 亿美元去保护这些“新”物种。

显然，这个数字就是政治家和政策制定者对混种或分种存在明显偏好的原因。分类原则会改变物种在国际条约或《濒危物种保护法》中的地位。1978 年，美国国会介入了这场纷争，最终否决了将物种认定标准更为严格的生物学物种概念适用于 5 年前通过的《濒危物种保护法》的提议。同时，立法者还修改了法律条文的措辞，吸收了“物种”（species）、“亚种”（subspeices）和“独特种群”（distinct population segments）的说法。其中，“独特种群”一词颇为费解。一个种群要有多独特才能受到法律的保护？20 世纪 90 年代中期，美国的政策制定者将“独特”定义为具有物种遗产价值的“显著进化单元”（evolutionarily significant unit）。显著进化单元指处于物种分化路径上的种群，与其他物种在基因上存在显著差异，值得我们专门设计管理计划加以保护。显著进化单元的认定过程或许存在很大的操作空间，不过至少从物种保护的角度来看，这个概念大有裨益。以清教徒虎甲虫（Puritan tiger beetle）为例，这种昆虫分布在美国东北部的康涅狄格河（Connecticut River）和东海岸的切萨皮克湾（Chesapeake Bay），这两个种群都被认定为显著进化单元，所以我们不能因为康涅狄格河也有这种虎甲虫，就对损害切萨皮克湾虎甲虫栖息地的行为置若罔闻，反之亦然。

73

在所有的物种概念中，有一个概念最为直观，也是我最喜欢的，那是20世纪伟大的古生物学家乔治·盖洛德·辛普森（George Gaylord Simpson）提出来的。辛普森在纽约的美国自然历史博物馆工作了30多年，一直在研究化石。他认为，物种是“族裔谱系”（lineages of ancestral descent），谱系之间相互独立，各自有着独特的进化趋势和历史命运。换言之，物种是指在时间长河中分享同一进化轨迹的生物。辛普森耗费了大量的心血去找寻这些进化轨迹。20世纪30年代末，作为古生物学界一颗冉冉升起的新星，辛普森一心想把古生物学和遗传学这两个完全不同的领域结合起来，打造一种新的理论，来解释进化是如何创造物种的。他还提出了一个独到而深刻的见解：每个物种的进化速度并不一致。

后来，辛普森因为在第二次世界大战中服兵役而耽搁了一段时间，1944年，他的划时代巨著《进化的速度与样式》（*Tempo and Mode in Evolution*）终于付梓。当时，对于自然选择是不是推动物种进化的关键机制，古生物学家之间存在分歧。因为化石并不能完美地记录下一切，所以缺少证据证明是自然选择带来了处于进化中间阶段的生物。换句话说，如果像达尔文指出的那样，每个新物种都是从之前已经存在的物种进化而来，那么有什么证据可以证明物种发展的中间阶段？1995 年，美国生物学家奈尔斯·埃尔德雷奇（Niles Eldredge）在书中写到，对古生物学家来说，进化似乎从未发生过。“我们兢兢业业地挖掘岩层，却只能发现一些反复而微小的震荡变化，以及数百万年中积累下来的偶然的、些微的变化。我们发现的变化速度太慢，无法真正解释进化史上的惊人变化。”达尔文认为，中间阶段化石记录的缺失，“也许是反对自然选择学说的最明显也是最有力的异议”①。

但是，辛普森认为，化石记录的明显缺失并不能反驳自然选择论，他指出这种缺失是“量子式进化”（quantum evolution）导致的，在量子式进化中，生物的中间形态要么迅速跃迁到更高级的分类群，要么消失灭绝。在此之前，科学家一直认为进化的速度极其缓慢，就像达尔文说的，进化每时每刻都在发生，自然选择永远在“去掉差的……除非标志出时代的变迁，岁月的流逝，否则人们很难看出这种缓慢的变化”②。辛普森不同意这个观点。他认为，进化的速度诚然有时无比缓慢，以至于似

74

① 译文摘自舒德干等译《物种起源》（北京大学出版社，2005 年，第 181 页）。
② 同上。

乎并不存在，但在一段时间内，物种可能突然出现爆发式的进化，比如量子跃迁，这无法在地质中留下记录。除了这种量子速度之外，辛普森还提出了 3 种进化速度：慢速、中速和快速。他指出，进化速度是由多种因素共同决定的，遗传多样性、基因突变、寿命长度、种群规模以及自然选择等变量共同作用于生物体种群基因库，让物种的进化速度有快有慢。

物种的进化速度各不相同，这一观点为其他关于进化潜力和速度的研究奠定了基础，苏格兰科学家J. B. S. 霍尔丹（Haldane）就是这方面的先驱。辛普森的《进化的速度与样式》出版几年之后，霍尔丹提出用“达尔文”（darwin）作为衡量进化速度的单位，为计算物种的进化速度提供了工具。“达尔文”的计算方式是，用一个特定时间或种群的特征值，减去另一个特定时间或种群的特征值，再用得出的数值除以 100 万年为单位的时间长度。比如，根据这个公式，科学家估算出三角龙的进化速度为 0.06 达尔文，即每 100 万年进化 6%。霍尔丹认为以 100 万年为单位最为合适，因为他认为即使是进化速度最快的生物，也需要上亿年才能完成进化。

这就是我为什么会站在迷河岸边观察这些沙漠鱼。有人告诉我，它们可以证明达尔文乃至辛普森和霍尔丹都错了。

*　*　*

可能白沙鳉是唯一一个面临着导弹误伤导致灭绝威胁的物

75 种。这种鱼共有 4 处栖息地，其中一处位于美国空军基地内，另外三处均在美国国防部的导弹射程之内。生活在军方管理的土地上对这个物种来说是一把双刃剑。一方面，它们的领域边界绝对安全，周围划出了数万英亩的禁区，严禁公共或私人使用。这保证它们可以免受农牧或其他开发活动造成水体枯竭的困扰，也不存在地下水污染等环境问题。但另一方面，研究它们的人并不多。北达科他州立大学生物学教授克雷格·斯托克韦尔（Craig Stockwell）表示，“它们一直被忽视，只有一些零星的研究。美国军方不欢迎公众前往，就算能进去，也很危险，那里随时随地都可能发生爆炸”。我站到悬崖峭壁上俯瞰迷河，观察过这一地区才终于明白了他话里的意思。就在我西边半英里的地方，有着世界上最长的火箭试验滑轨，在长达 10 英里的跑道上，军方工程师用火箭发动机推动轨道上的特制滑车，测试其飞行性能。我穿着靴子从灌木丛穿过，不小心踢到了一堆用过的步枪弹壳。

斯托克韦尔是一位鱼类学家，从 20 世纪 90 年代初开始就一直在研究白沙鳉。那时有传闻，说白沙鳉在美联邦的物种濒危等级会从“受关注物种”提升到“濒危物种”。当时，新墨西哥州已经把白沙鳉列为受威胁物种①，如果美联邦把它列入

---

① 被核定物种保护级别分为 9 类，由高到低分别是灭绝（Extinction，EX）、野外灭绝（Extinct in the Wild，EW）、极危（Critically Endangered，CR）、濒危（Endangered，EN）、易危（Vulnerable，VU）、近危（Near Threatened，NT）、无危（Least Concerned，LC）、数据缺乏（Data Deficient，DD）和未评估（Not Evaluated，NE），其中极危、濒危和易危 3 个等级统称“受威胁”。

更高的等级，那对军方来说将是一个巨大的麻烦。更高的等级意味着需要更大的栖息地保护范围，需要调整允许实施武器测试及其他活动的距离。20 世纪 90 年代，克林顿政府经常通过制定协议来规避这类麻烦。协议中，在不严重限制活动或发展的前提下，所有利益相关者会就如何尽可能地保护物种达成一致。

1994 年，美国军方和其他野生动物机构就白沙鳉达成了一项协议。协议要求每年对白沙鳉鱼群进行监测，并开展进一步的科学研究。因为很少有人真正研究过这一物种，所以它的自然发展史中弥漫着诸多谜团。20 世纪初，地质学家首次发现了这种鱼，那时他们找到 2 处栖息地，一处是名为盐溪（Salt Creek）的高盐溪流，另一处是名为马尔佩斯泉（Malpais Spring）的淡水湿地。1973 年《西南博物学家》（*Southwestern Naturalist*）杂志正式介绍了这种鳉鱼，当时人们又在另外 2 个地方发现了它们的踪迹——迷河，以及北边一个名为丘泉（Mound Spring）的流域。但问题在于，这些种群是否都值得保护？各处的鱼群都是显著进化单元吗？还是说，它们基因相似？为了回答这些问题，生物学家必须先弄清，这些鱼究竟是怎么来到这 4 个地方的。

76

1995 年，美国政府拨款 20 万美元，用于研究白沙鳉的遗传结构和生活史。斯托克韦尔申请到了其中的部分经费。他分别从 4 个种群收集白沙鳉样本，借助DNA比对，开始描绘这一物种的历史。在这个过程中，他发现马尔佩斯泉种群最为多样。马尔佩斯泉种群很可能是从盐溪种群中分离出来的，分离时间不超过 10 万年，大致在更新世晚期（后来他将时间精确到约 5000 年前）。斯托克韦尔认为，这两个种群的基因分化显示出了非常显著的区别，他甚至可以用肉眼分辨出这两个种群的形态差异。盐水和淡水的密度不同，导致两个种群的鱼形状也不相同。盐水环境中的白沙鳉身形更加细长，在水中受到的阻力较小，能够快速移动；相反，淡水环境中的白沙鳉呈扁平形。基于遗传分析和观测的结果，斯托克韦尔建议将这两个白沙鳉种群都认定为显著进化单元，给予同等的保护。他解释说："显著进化单元的认定必须非常谨慎，因为每个显著进化单元都是一个不同的物种。"他还发现，迷河和丘泉的白沙鳉鱼群是同一种群的遗传后代，都起源于盐溪，但不知何故，现在分别生活在这两个地方，其中的原因有待更进一步的调查。

就在斯托克韦尔致力于分析白沙鳉基因的时候，一位名叫约翰·皮滕杰（John Pittenger）的生态学家试图从有关白沙鳉的历史记载中寻找线索。皮滕杰从 1994 年开始参与白沙鳉的管理工作。当时，新墨西哥州狩猎与渔业部发现图拉罗萨盆地（Tularosa Basin）有一群野马，是之前的牧场留下来的，野马会去马尔佩斯泉和丘泉饮水，而这会危及白沙鳉的生存。皮滕杰建议围捕野马，把马群赶走（如今那里就只剩下几匹马）。他承包了政府的项目，从此成为白沙鳉管理团队的一员。从某种意义上说，皮滕杰和斯托克韦尔的目标是一致的，他们都想要梳理出白沙鳉来到迷河和丘泉的时间线。皮滕杰首先造

77

访了当地社区，挖掘档案记录。在阿尔伯克基[1]的西南生物博物馆（Museum of Southwestern Biology），皮滕杰查到了新墨西哥州早期鱼类学家威廉·雅各布·科斯特（William Jacob Koster）的论文，并在文章中找到了关于白鳉鱼的记录。皮滕杰说："翻阅记录的时候，我发现了一张小小的索引卡，上面记录了一个名叫R. 查尔斯（Charles）的人，还有一些与盐溪白沙鳉鱼群相关的内容。于是我找到了这个人的儿子，他住在旧金山，他说'我还留着我父亲所有的东西，我找找看'。" R. 查尔斯全名拉尔夫·查尔斯（Ralph Charles），他留下的东西里有很多 20 世纪 60 年代的私人信件，可以看到他在信中向美国导弹发射中心申请安全许可，以便他前去观测盐溪的沙漠鱼。查尔斯是美国垦务局——隶属于内政部的水务管理机构——的退休人员，他对沙漠鱼非常痴迷，但他的请求多次遭到军方拒绝。最后，他求助于一位参议员，参议员批准他进入导弹射程区域一天。1970 年 9 月 29 日，查尔斯考察了盐溪的白沙鳉，之后，他做了一件奇怪的事：他带走了 30 条白沙鳉，来到白沙国家公园，走进石膏沙丘，在迷河把它们放生了。他这样做的原因已不可考。后来，他还曾给白沙国家公园的管理者写信，询问这些鱼的情况。

迁移鱼类并不是什么稀奇的事。20 世纪六七十年代，为

---

① Albuquerque，美国新墨西哥州最大的城市。又称阿尔布凯克、阿尔布开克、艾奥伯克齐、阿布奎基。

了躲避可能存在的威胁，自然资源保护主义者一直在迁移易危鱼类种群。这种做法对沙漠物种来说更是常见，能够出现在干旱的地貌环境中，说明这些沙漠生物有着顽强的生命力和强大的适应能力。白沙鳉生活在对生物来说最为恶劣、生存压力最大的环境里。几百万年前，从共同的祖先分化出了 50 种鳉鱼，其中 30 种分布在美国西南部。它们来自土地开始沙漠化之前的地质时代，那时湖泊和河流不断干涸，它们被孤零零地分散在几个地方，每一处栖息地都狭小得让人难以置信。比如斑鳉（*Cyprinodon macularius*），又称沙漠鳉（desert pupfish），栖息于墨西哥南下加利福尼亚州（Baja）和索诺拉州（Sonora）的水域，那里的水温低至 40 华氏度，高至 113 华氏度①。再比如魔鳉（*Cyprinodon diabolis*），又称魔鬼洞鳉鱼（Devil’s Hole pupfish），生活在美国的莫哈维沙漠②里，它们在一个洞穴中生存了 2 万年之久，那里的水源来自地下含水层，水中含氧量极低，对其他任何鱼类来说都是难以存活的环境。（近年，这种鱼的数量从约 500 条的峰值骤减到 35 条，生物学家也不清楚是何原因）。一位生物学家是这样向我描述鳉鱼的："它们在进化上非常不稳定，可以向多个方向进化，可能是咸水鱼，也可能是淡水鱼。对大

78

---

① 约 4.44 至 45 摄氏度。

② Mojave Desert，亦译作莫哈韦沙漠，位于美国加利福尼亚东南部，地跨内华达州、亚利桑那州、犹他州三州。这片沙漠中有一个名为"魔鬼洞"的神秘洞穴，20 世纪 30 年代，美国鱼类学家在这个洞穴中意外发现了一种小型鳉鱼，即魔鳉，轰动了生物学界。

多数鱼类来说，这些变化往往会导致灭绝，但它们总是能生存下来。”然而，它们的适应能力也有局限——它们不能洄游。因此，如果西南边的农民决定将溪流改道，或者土地开发商想建一个停车场，那么这些鳉鱼将无法幸免。这种时候，自然资源保护主义者就会介入。他们通常会将一个种群一分为二，把其中一半带到新的栖息地，或者将它们重新引入历史上原有的栖息地。20 世纪 80 年代，迁移是一种非常流行的保护策略，80%以上的濒危和受威胁鱼类的恢复计划中都包括迁移。

当然，拉尔夫·查尔斯并不是自然资源保护主义者，他迁移这些鱼类的动机并不明确。也许他是因为前往军事用地探访这些鱼非常困难而感到恼火，于是把它们迁移到了白沙国家公园，以便随时探访。对皮滕杰来说，剩下的最后一个谜团是这些鱼为什么会出现在丘泉，那里似乎并不是鳉鱼历史上原有的栖息地。通过大量的走访，他发现丘泉开凿于 1967 年，或许是当地农民为了防蚊，在开凿出来的丘泉池塘里放养了很多来自盐溪的鱼。

如果没有这两次偶然的迁移，或许根本不会有人注意到白沙鳉的进化具有怎样重要的意义。斯托克韦尔意识到，过去的 30 年，在没有任何人关注的情况下，这里不经意间上演了一场完美的实验。与迷河相比，丘泉的盐度很低，是一个淡水栖息地。斯托克韦尔说：“正因为两个地方的盐度不同，才让这两个种群可以进行比较。”他有预感，白沙鳉或许会揭示物种快速进化的秘密。这份预感源自 1990 年他读到的一篇论文，

79

作者是加利福尼亚大学河滨分校著名生物学家大卫·雷兹尼克（David Reznick）。20 世纪 70 年代以来，雷兹尼克一直在加勒比海研究孔雀花鳉（guppy），经过多年的实地考察，他在论文《实验诱导的自然种群生命史进化》（Experimentally Induced Life-History Evolution in a Natural Population）中提出了引人瞩目的发现（该论文至今已被引用 700 多次）。雷兹尼克曾长期研究特立尼达岛[①]上的孔雀花鳉种群，那里主要以孔雀花鳉为食的生物更偏爱体形大、性成熟的孔雀花鳉。所以，这里的孔雀花鳉似乎成熟得更早，以便它们尽快繁殖，生出的后代也比其他孔雀花鳉的体形要小。雷兹尼克把一部分孔雀花鳉转移到了另一片水域，那里的捕食者更青睐体形小的幼鱼。几年后，迁移过来的花鳉成熟期推迟，产鱼量也变少了。雷兹尼克证明了这些变化是刻在基因上的，可以遗传给后代。这个实地实验给出了直接的证据，证明捕食等选择压力[②]在短时间内影响了孔雀花鳉的进化。在孔雀花鳉的例子中，这个进程经历了 30 代至 60 代。雷兹尼克最长的实地研究持续了 11 年，他认为还需要更长期的数据。现在，斯托克韦尔有机会去参观一项已经有 30 年历史的田野实验，这项实验开始的时候大多数生物学家还没有趁手的工具或足够的先见之明，他们不承想进化

---

① Trinidad Island，加勒比海岛屿，位于西印度群岛最东南部，与委内瑞拉东北部海岸隔海相望。

② selective pressure，又称进化压力，指外界施与生物进化过程的压力，会改变进化过程的方向。

的速度竟然可以比根据化石记录推断出来的速度快这么多。就连乔治·盖洛德·辛普森，那位最早意识到进化可能按照不同速度进行的古生物学家，也不曾这样想过。

1996 年夏，斯托克韦尔进行了一次同质园实验[①]，即把生物转移到新的环境中，观察一段时间内繁殖情况的对照实验。斯托克韦尔准备了 36 个塑料水池，在池子里铺上砾石和人造草，每个水池中放养 20 条鳉鱼，雌雄各 10 条。一部分池子 80 里只养了来自盐溪的白沙鳉，一部分池子里只养了来自马尔佩斯泉的白沙鳉，还有一部分池子里二者兼有。一半水池的盐度较低，另一半的盐度较高。水池中培育出的第一代鱼苗长到可繁殖的大小后，斯托克韦尔把它们置于冰水中冻死，保存到装有乙醇的罐子里，准备对收集来的全部鳉鱼进行比较分析。1998 年，资助白沙鳉研究的项目基金到期，斯托克韦尔前往北达科他州立大学任教。他随身带去了这些罐子，但是一直尘封多年，直到他身边来了一位名叫迈克尔·科利尔（Michael Collyer）的热心研究生。

*　　*　　*

建议我去迷河看一看白沙鳉的正是迈克尔·科利尔。他对

---

① common garden study，通过研究不同基因型的物种在同一环境下的生长发育，或者同一基因型的物种在不同环境下的生长发育，以单独考察遗传或者环境因素对生物生长发育的影响。

我说："太神奇了！你眼前是成片的石膏沙丘，迷河就消失于其中。"我来到霍洛曼空军基地，一位年轻的尉官开车把我们带到可以俯瞰迷河的悬崖边。在那里，我看到了科利尔描述的景象。干涸的土地上，到处都是三齿拉雷亚灌木和盛开着的金冠鬚。那条"河"有的地方不足 1 英尺宽，在干燥的地表蜿蜒流淌，直至没入石膏沙丘。图拉罗萨盆地上覆盖着数百平方英里的沙丘，有些沙丘高达 30 英尺。我走在沙丘上，感觉仿佛漫步在月球上一样。促使沙丘形成的原动力大约始于 2.5 亿年前，当时这里整个地区都位于水下。浅海海水退去之后，留下了石膏矿，形成了岩石。大约 7000 万年前，在造就落基山脉的地质运动"拉勒米运动"的作用下，地面抬升，形成了巨大的拱形结构。6000 万年之后，拱形结构坍塌，在地表留下凹形的坑陷盆地。盆地西侧的圣安德烈斯山脉（San Andres Mountains）和东侧的沙加缅度山脉（Sacramento Mountains）上，石膏不断从岩石峭壁中渗出，被雨雪冲刷到盆地底部的湖泊中。湖水蒸发后，石膏暴露出来，形成了巨大的透石膏晶体矿床。历经沧海桑田，晶体被风化得越来越小，细小的晶体颗粒随风扬起，形成了白色的沙丘。如今，这些沙丘像波浪一样，在盆地底部缓慢地移动、生长。

81

不过，迷河并不是因为水流消失在沙丘里的视觉效果而被命名的，这个名字更可能源于一篇文章。19 世纪，一位地质学家在《科学》杂志上发表了一篇关于图拉罗萨盆地"迷河"的文章，文中猜测这个盆地曾经是一个巨大的河床。事实上，从前的格兰德河（Rio Grande）曾流经这个盆地，最后汇入墨西哥湾，这很可能解释了为什么 200 万年前鳉鱼会来到这里：它们顺着原先的迷河逆流而上，来到了这里。大约 1 万年前，那时树懒、骆驼和乳齿象还自由地漫步在西南部的这片土地上，后来气候开始变暖，土地变得越来越干燥，针叶林变成了沙漠，鳉鱼赖以生存的湖泊干涸了，它们被孤零零地留在盆地边缘的一些支流里。1885 年，一位生物学家记录下了流传于美洲原住民之间的盆地起源故事。故事中，这个盆地着了“一年的大火”，其间“山谷中满是火焰和有毒气体”。如今，地质学家了解到盆地北部边界处有一座名为小黑峰（Little Black Peak）的火山，曾在 5000 年前喷发过。黑色的熔岩流入盆地，形成了新的淡水泉，名为马尔佩斯（Malpais），在西班牙语中意为“糟糕的国度”，鳉鱼就栖息在这里。后来，随着湖泊的面积不断缩小，鳉鱼被分隔到了马尔佩斯泉和盐溪这两个地方。

这里的盆地面积大约 6500 平方英里，从中央向外望去，四周的山脉在地平线上呈现出一道柔和的蓝色。迈克尔·科利尔最初来到这里时，还是克雷格·斯托克韦尔指导的硕士研究生。科利尔说：“那时老师正在研究沙漠鱼，这个课题太棒了。我当时还是学生，希望自己在研究生阶段能有出色的科研经历，但那时我完全不知道这个研究会走向何方，也不知道能走到哪一步。不过我觉得鳉鱼真的很酷，它们既可以在淡水环境中生存，也能在盐度是海水两三倍的环境中生存。从生物学的角度来看，它们无比迷人。”科利尔的研究是从丘泉开始的，当时那里的鳉鱼数量锐减，他和斯托克韦尔都怀疑是寄生虫造成的。可能是迁移过来的鱼群对寄生虫的免疫力较低，导致情况持续恶化。寻找寄生虫让科利尔颇为头疼，因为它们只有沙砾大小。[后来，斯托克韦尔最先找到了这些腹足类生物，它们碰巧是蜗牛科下面的一个新属种，被命名为朱图尔纳（*Juturna*），取自希腊泉神的名字。] 但是，在调查的过程中，科利尔渐渐被一个小发现吸引了注意力——他发现丘泉的白沙鳉和迷河的白沙鳉看起来并不完全一样。"如果你花足够多的时间去观察这些鱼，就能慢慢确定，它们看起来是不一样的。"科利尔说道，"就像双胞胎的父母能看出两个孩子的不同，尽管其他人完全看不出来。"

82

这个最初不起眼的小发现渐渐成了科利尔的研究重心，他想弄清楚丘泉的白沙鳉种群是否真的与其他种群存在形态差异。于是，斯托克韦尔把他送到了南卡罗来纳州的生物学家詹姆斯·诺瓦克（James Novak）门下。诺瓦克是生态遗传学方面的专家，主要研究生物在环境影响下产生的变化，以及随之出现的大小和形态上的进化。诺瓦克和科利尔使用了一种诞生于 20 世纪 90 年代的分析技术——几何形态测量法（geometric morphometrics）。该技术通过在对象生物的照片上标出"界标点"或轮廓线，创建出可进行比较的形状[①]。2001 年，科利尔

① 简单来说，这种技术的主要目的是剔除个体差异，创建平均形状，从而实现不同种群之间的比较。

在泉水中布下陷阱，捕获了近400条鳉鱼。他把这些鱼带到位于霍洛曼空军基地的实验室，在那里给每条鱼都贴上标签并拍照记录。他绘制了13个界标点，分布在鱼的眼睛、尾巴和背鳍上，然后分析它们的形状。很快，科利尔发现迷河的种群一直保持着纺锤形的体形，而丘泉的种群在短短30年间就进化成了侧扁形，这种侧扁的体形特征甚至比马尔佩斯泉的原生种群还要典型。科利尔在与诺瓦克和斯托克韦尔合著的论文中写道："迷河种群和丘泉种群很可能是从盐溪原生种群分离出来的避难种群，因此，评估新环境给盐溪种群（显著进化单元）的进化带来了怎样的影响至关重要。"

这篇论文是科利尔博士毕业论文的第1章。不过，还有一个关键问题悬而未决。他的研究显示这些鱼在形态上存在差异，但没有解释原因。难道这种差异的存在仅仅是因为表型的可塑性，生物只不过是随着环境的变化而改变了外观吗？或者，这是我们观测到的一个独特实例，是鳉鱼的DNA发生了变化？科利尔怀疑是后者。如果他是对的，如果鳉鱼的变化是由于基因层面的原因，那么这将是极其罕见的当代进化——即几百代以内的遗传变化——在野外中的实例。为了找出答案，科利尔使用了斯托克韦尔在1996年的对照实验中保存下来的鳉鱼。同样借助于几何形态测量分析工具，科利尔发现，同质园实验中培育出的第一代鳉鱼也存在形态差异，与野生鳉鱼显示出的差异类似。可见，丘泉种群的侧扁体形不是对低盐度环境的"可塑性"反应，也不是随机遗传漂变的结果，而是因为原始种群在

83

进化中出现了分化。“这就是当代进化，”科利尔说道，“现在的鱼群与原始种群已经不一样了，这太奇妙了。进化往往都需要经历上千代，而现在我们说的这个进化只用了几十代。”

在测量白沙鳉的进化速度时，科利尔和斯托克韦尔不再使用“达尔文”作为单位，转而使用一种更新颖、更灵活的测量单位，名为“霍尔丹”(haldane)。霍尔丹速率是古生物学家菲利普·金格里奇（Philip Gingerich）于 1993 年提出的，他希望创造一种测量方法，让科学家能够比较不同物种或同一物种在不同时间尺度上的进化速度。而“达尔文”做不到这一点，因为“达尔文”只能测量每百万年的变化，而且无法准确估算正在发生的选择强度。因此，金格里奇决定用世代替代年数，以校准进化速度。1 霍尔丹表示的是以标准差（sd）为基础的变化率。例如，观测新西兰帝王鲑卵重量的标准差时，其重量变化速率用霍尔丹则表示为 0.048sd/代。这种测量方式让科学家可以测量任何事物的进化速度，比如眼睛的直径或者鸟喙的长度，测量结果还能与实际背景情况相结合，让我们了解到更真实的变化速度。84科利尔说：“这种测量方法让我们可以把鲸鱼鳍和苍蝇翅膀的进化速度拿来作比较。因为单位统一，所以我们可以判断速度是快是慢。这个工具让我们可以比较不同分类群体的变化速率，从而直观地看到‘我正在观察的东西是否足够惊人’。”

就白沙鳉而言，显然答案是肯定的，它的变化速度极其惊人。野生白沙鳉种群中，雌性的体形差异为 0.174sd/代，雄性为0.159sd/代，这在脊椎动物中属于极快的体形变化。这些数字让生物学家对进化速度的想象变得更加大胆。2011年，科利尔和斯托克韦尔在论文中表示，他们认识到引入种群的当代分化可以提高鲹鱼的生物多样性。但是，如果非本地种群与原始种群的基因不再相同，那么冒着适应不良的风险重新引入这些种群，"可能是一场代价昂贵的豪赌"。他们还发出警告，像丘泉白沙鲹这样的避难种群，"最好被看作一场进化实验"。

数十年来，为了减轻全球范围内的灭绝威胁，自然资源保护主义者一直致力于迁移各种鱼类和其他物种，建立人工圈养计划。现在看来，这些行为很可能导致物种走向新的进化方向，就像拉尔夫·查尔斯和那位不知姓名的农民把鲹鱼带到了迷河和丘泉一样。这样的进化轨迹不再"天然"，因为我们理解的"天然"应该是不受人类干扰的。乔治·盖洛德·辛普森把"物种"定义为具有独立进化倾向和独特历史命运的族裔谱系，但他很可能不曾预料，人类能够以如此直接的方式影响物种的命运。我们当然知道人类行为会导致物种灭绝，从渡渡鸟到袋狼，20世纪初的无数当代案例都指明了这一点。但是现在我们还看到，环境变化不仅可以导致物种灭绝，也有可能加速进化。有些时候，环境变化的速度会超过种群的适应速度。"显而易见，"斯托克韦尔解释道，"灭绝的邪恶四件套：物种入侵、过度采伐、栖息地破坏和生境破碎化[1]。其共同之处在于，都

85

① Habitat fragmentation，指生物的栖息地变得细碎，导致种群被分割，生态系统衰退。

与快速进化有关。”

这个发现的结果之一，是让我们看到所谓保护策略对物种保护的意义可能非常有限。科利尔表示，就连**物种保护**这个词本身也有问题。“物种无时无刻不在进化。认为可以阻止物种进化是我们无知的表现，甚至是一种傲慢。”这种棘手的矛盾在保护遗传学领域尤为明显，正如一篇权威性的文章中指出的，保护遗传学旨在“将物种作为动态实体加以保护”。为了更好地说明这一宗旨是多么难以付诸实践，科利尔向我讲述了他近年关注的另一个沙漠鱼案例。得克萨斯鳉（Pecos pupfish）生活在美国得克萨斯州至新墨西哥州的贝可斯河①沿岸，但是由于筑堤修坝和河道疏浚，河流发生了巨大的变化，这些鱼现在分散在几处不同的栖息地。他解释说：“以前这里有持续的基因漂流②，而现在微型种群之间失去了基因漂流，分别有着各自的进化轨迹。这个问题该怎么解决？我们可以加强基因漂流，但这样可能会破坏它们的本地适应性；我们也可以引入等位基因③，但这样它们就无法适应现在环境。这个问题很难，把变异现象记录下，要比修复它容易得多。”

最好的保护政策是保证环境不被影响，让天然进程顺其自然。这也是自然保护运动历来的指导方针，坚信理想的“荒

---

① Pecos River，又译佩科斯河。

② gene flow，又称基因漂移，指生物个体从发生地分散出去而导致不同种群之间基因交流的过程。

③ allele，是指位于一对同源染色体相同位置上，控制相对性状的一对基因。

野”是未受人类影响的自然状态。科利尔说，在完美的理想世界里，人类既不会加速也不会延缓进化的速度。显然，这样的完美世界离我们非常遥远。参观迷河的几天之后，我驱车前往圣达菲[①]，去拜访约翰·皮滕杰，那位自 20 世纪 90 年代以来一直致力于鳉鱼管理工作的生态学家。皮滕杰和他的妻子一起创办了一家咨询公司，蓝色地球生态咨询（Blue Earth Ecological Consultants），就坐落在圣达菲铁路沿线的帕切科街（Pacheco Street）。那是一个阳光明媚的秋日，我们在办公室里围桌而坐，屋内装饰得令人愉悦，纳瓦霍风印花的办公椅，墙上还挂着一幅巨大的新墨西哥州地质图。皮滕杰向我阐述了他的看法，他认为鳉鱼目前面临的最大威胁就是气候变化。与美国西部大多数的州一样，近几年新墨西哥州的降雨量也处于历史低位。2013 年，水库几近干涸，州政府一直在努力把格兰德河的水位维持在法定最低控制水位，以保护濒临灭绝的米诺鱼（minnow）。美国大自然保护协会称，图拉罗萨盆地是该州易受全球变暖影响的高风险地区之一。皮滕杰指着地质图说：“给盐溪提供水源的地下含水层要在山区补充水量，所以盐溪流域对降雨量变化的反应更为直接，十几二十年的低降水量会让那里的白沙鳉栖息地面积缩小。”我问他如何看待盐溪和马尔佩斯泉种群之间的基因差异，是否认为它们现在已经成了不同的亚种？他说：“从更新世末期以来，它们就一直相互隔离，

86

① Santa Fe，美国新墨西哥州的州府。

所以差异很大。现在它们正朝着成为不同亚种的方向发展……如果它们能比人类活得更久的话。”

*　　*　　*

我开始好奇，为什么科学家花了这么久的时间才发现当代进化真实而普遍地存在着。相信很多人都在生物课上学过那些臭名昭著的自然选择案例，比如加拉帕戈斯地雀[①]的喙，还有英格兰的桦尺蛾[②]。这些又是怎么回事呢？在桦尺蛾的案例中，19 世纪时，科学家发现通常为浅色的桦尺蛾中，一些个体因为工业污染而开始变黑。从那之后，科学家对桦尺蛾进化轨迹的追踪已经持续了将近 200 年。在加拉帕戈斯地雀的案例中，彼得·格兰特（Peter Grant）和罗斯玛丽·格兰特（Rosemary Grant）夫妇自 1973 年以来，一直在观察雀喙的形状如何随着食物供应的变化而发生的变化。这两个案例都是生物在短时间尺度内出现进化的鲜明事例，更不用说科学家从狗等家养动物

---

① Galápagos finches，指加拉帕戈斯雀亚科鸣禽，又称达尔文地雀族（Darwin' s finches），这类雀鸟形态上大同小异，但喙的差别较大，不同种间鸟喙的尺寸和形状非常不同，因为鸟喙高度适应其食物来源。

② peppered moths，又称白桦尺蛾，翅黑或白色，上有斑点，广泛分布于欧洲等地。在工业革命期间，人们注意到白色桦尺蛾变得越来越稀少，而黑色桦尺蛾变得越来越普遍。经过一系列的观察、野外实地考察以及鸟舍实验之后，人们发现黑蛾变多是因为在被煤烟覆盖的区域它们伪装得更好，不容易被鸟类捕食，而白蛾更容易被攻击。

上观察到的变化，以及细菌是如何迅速地对抗生素产生抗药性的。那么，为什么白沙鳉还能让科学家们如此惊喜呢？

87

为了弄清这一点，我采访了缅因大学教授、进化生物学领域的专家迈克尔·金尼森（Michael Kinnison）。20 世纪 90 年代初，金尼森开始专注研究进化速度带来的影响，那时他还是一名研究生，主要研究新西兰帝王鲑的种群进化。1999 年，他与其他人共同发表了一篇极具影响力的论文，题为《现代生物的节奏：测量当代进化速度》（The Pace of Modern Life: Measuring Rates of Contemporary Evolution）。当时，论及“快速”进化的研究越来越多，但很少有文章阐述这一术语的真正含义。金尼森解释说：“**快速进化**无处不在，但这只意味着你能以某种方式看到或检测到它而已。”金尼森与论文合作者、现就职于麦吉尔大学的安德鲁·亨德利（Andrew Hendry）一起，清晰而系统地阐述了达尔文和霍尔丹速率的使用方法，指出它们在数理上的优势以及不足，为后续研究提供了权威性的参考范式。文章中，金尼森和亨德利略带警示地总结道：“估算进化速度最终带给我们的最大贡献，是让我们清楚人类在当前的生命微观进化进程中扮演了怎样的角色，并且谨慎地加以思考，种群和物种是否适应得足够快，能否赶在抵达灭绝这一宏观进化的终点之前就适应。”

金尼森告诉我，进化生物学领域一直搞不明白，现代生物种群中的快速进化案例究竟意味着什么。科学家用桦尺蛾这类例子来解释地球上能够见到的一小部分生物多样性，但总的来说，这些被认为是罕见的例外，是人类影响力异常强大的表现，或者只是某一物种中的特例。金尼森说：“进化生物学格外关注物种的问题，而肉眼很难识别物种进化的差异，所以不论是实验室实验，还是孔雀花鳉那样的野外实验，或者其他生物的例子，统统都被视为特例而搁置一旁。研究野生生物的人把这些都称作进化过程中的罕见特例，这样的做法对他们有利，但是非常自私。”金尼森和其他一些科学家在整理当代进化案例的过程中意识到，这类案例的数量远远超出之前的想 88 象。“我们一般不会想到，生物在有生之年会不断进化。”金尼森说道，“细菌？或许吧。害虫？那很正常，它们数量众多，每年都在大量繁殖。但是当我们在鲑鱼、大角羊和树木中也看到这种现象，才开始意识到这种疯狂的进化比我们想象的更为普遍。”

2003 年，金尼森、亨德利与克雷格·斯托克韦尔共同发表了一篇题为《当代进化与保护生物学》（Contemporary Evolution Meets Conservation Biology）的论文，列举了一小部分他们在野外观测到的当代进化实例，包括红肩美姬缘椿（soapberry bug）、北美瓶草蚊（pitcher plant mosquitoe）、太平洋沙丁鱼（Pacific salmon）、食蚊鱼（mosquito fish）和向日葵。他们指出了多种推动这些物种进化的“媒介”，包括杂交、近亲繁殖和土壤污染等。他们为科学家，尤其是保护生物学家，指出一个新的事实——我们现在必须思考一种可能性，即我们关注的物种有进化的能力，或许它们正在我们眼皮子底下悄悄地进化着，而这些进化甚至可能正是我们的生物保护行为所带来的结果。“我们的这些发现，要求保护生物学家从短期而非长期的角度来考虑进化的问题。鉴于进化可能发生在大多数物种保护计划的时间范围内（几十年），从短期角度来思考显得尤为重要。”

金尼森他们还在文章中指出，全球变暖导致北美瓶草蚊出现了发育停滞的进化变异现象。2003 年这篇文章发表时，人类行为造成全球变暖的问题已经在文献中得到了充分的证实，保护生物学家也为全球变暖给物种带来的影响敲响了警钟。现在，金尼森、斯托克韦尔以及与他们志同道合的研究小组让我们进一步深入地认识到全球变暖会带来怎样的后果。他们明确指出，全球变暖可能是一种强大的进化媒介，会影响动物种群的进化速度。他们强调，气候变化已经成为地球生物多样性的一次意外试验。金尼森说：“气候变化是一种主要的自然选择力量。不同物种在适应性上存在多大差异的问题还有很大的讨论空间，这很难预测，因为对一种生物非常重要的因素，可能对另一种生物并不关键。对某些生物来说，季节性、湿度等气候因素可能会带来竞争均势或互利共生。这真的非常复杂。”金尼森给我举了一个例子。以鸟类及其猎物之间的生态关系为例，假设这里说的猎物是飞蛾，如果飞蛾孵化和丰产的高峰期因为气候变化而发生了变化，那么，需要以它们为食来维持繁殖的鸟类可能就没有足够的食物了。如果两个相互依存的物种在进化速度上不匹配，那么它们的数量就会减少，甚至灭绝。

89

“物种面临的挑战越来越多，社会将不得不做出伦理抉择，决定（为拯救它们）努力到什么程度，以及哪些物种重要、哪些没那么重要。”金尼森如是说。

*　*　*

关于当代进化，有人提出了一种令人兴奋的可能性：人类可以有意识地引导进化，使之快速朝着我们希望的方向发展，拯救濒临灭绝的物种。我们主动介入选择压力，是否会让生物种群变得更强、拥有更旺盛的生命力？我们能否赋予物种更适应气候变化的特性？金尼森和他的同事认为，这种应用进化思维——或称之为规范性进化、计划进化、进化拯救或者定向进化——可以帮助我们理解以及应对21世纪的物种灭绝威胁。这是一个全新的领域，是一个远远尚未被开发的物种保护方向。用金尼森的话说，这要求我们从传统的“集邮”心态，转变到以过程为导向的观念。“我不认为有什么切实可行的方法，可以让我们摆脱这种相互影响。但凡我们做了什么，就很可能是在选择让一些东西走向灭绝。”

在引导进化的过程中，科学家可以利用一些核心原则，提出具有创造性的对冲策略。其中之一就是积极保持或增加种群的遗传多样性，来提高种群的适应多样性。这一策略在栖息地 90 恢复方面尤为奏效。生态学家往往注重扩大本地植物的种群规模，但事实上，播种来自不同植物种群的个体，可以带来基因漂流，增强变异性。加利福尼亚大学戴维斯分校的植物科学教授凯文·赖斯（Kevin Rice）解释说："或许我们不一定非要把犹他州的种子种在犹他州……想要在全球性的变化面前保持潜力，我们就需要基因变异，需要让种群去进化、去适应。从事恢复生态学相关的工作，你会从中发现越来越多的乐趣。"

此外，如果科学家了解得更多，就有可能变得更加孤注一掷。比如，赋予生物抵御或者适应环境变化、疾病以及枯萎衰败的能力，研究人员已经在对美国栗树进行这方面的研究。20世纪初，美国东海岸数亿的原生栗树几乎被一种名为栗疫菌（*Cryphonectria parasitica*）的真菌一扫而光，这种真菌会产生草酸，一种对树木而言致命的化学物质。现在，纽约州立大学环境科学与林业学院正在种植转基因美国栗树，转基因栗树带有小麦的基因，对草酸具有抗性。截至2020年，美国栗树的原生栖息地上生长着多达10,000棵转基因栗树。可以想象，这种策略对两栖动物应该也是有效的。事实证明，蛙壶菌几乎会导致所有与之接触过的两栖动物死亡，但是如果我们能找到相应的抗性基因，将其引入濒危的两栖动物种群，就可以提高它们的生存概率。

2007年，加利福尼亚大学戴维斯分校的进化生态学家斯科特·卡罗尔（Scott Carroll）创办了当代进化研究所（Institute for Contemporary Evolution）。卡罗尔的目标是将科学家聚集在一起，共同关注进化的力量以及人类世需要面临的挑战。人类世是我们当前所处的地质时期，人类被认为是地球上的一股地质力量。当代进化研究所的最终目标是为应用进化生物学这一新兴领域奠定基础，该领域将成为联结农业、医学和保护生物学研究的桥梁。其中，医学与保护生物学之间的联系尤其引人瞩目。病原菌的进化会带来抗生素耐药性，这一直是困扰医学科学的重大问题。医学研究人员尝试解决的核心问题，与自然资源保护主义者试图拯救承受环境变化并面临灭绝的种群时所面对的问题如出一辙：种群是如何在进化中衰退或重生的？只不过医学研究着眼于消灭细菌，而自然保护则是要拯救生物。2015 年，当代进化研究所召开了第一次会议，议题聚焦于医学抗性进化与物种快速进化之间的联系。

91

我采访卡罗尔时，他刚刚在俄勒冈州波特兰市参加完一个昆虫学会议，正和妻子珍妮拉·洛伊（Jenella Loye）一起开车回家。卡罗尔和洛伊花了很多年的时间来研究红肩美姬缘椿，这种色彩鲜艳的昆虫在亚洲、非洲和美洲都有发现，它们靠吃一种叫无患子（Sapindus）的树木果实维生。（这种果实可以用来制作肥皂，因而得名①。）他们夫妇二人一直在追踪调查这种昆虫的快速进化能力，观察红肩美姬缘椿种群在短短几十年间如何随着无患子果实的大小、可获得量的多寡以及气候变化而变化。卡罗尔告诉我，自从他们开始这项研究以来，红肩美姬缘椿的进化已经成为本科生和研究生在生物学课程上的必学内容。“也就是说，25 年前当我还在读研究生时，几乎

---

① 无患子的拉丁文学名 Sapindus 是 soap indicus 的缩写，意为“印度的肥皂”。

没有人意识到持续进行中的进化与地球上正在发生的事之间有什么关联，也没有人意识到人类对地球的影响以及保护生物学的途径。而现在，我们有了整整一代的年轻生物学家，他们清楚地知道，进化显然正在进行之中。”卡罗尔感慨道。

说服自然资源保护主义者把主动管理进化纳入考量，是一项异常艰难的任务。克雷格·斯托克韦尔表示，至少可以说，野生动物管理人员（其中部分人可能在明令禁止使用野生种群做实验的国家公园工作）是非常谨慎的。“我可以告诉你，当我向与我共事的野生动物管理人员提出这个问题时，他们都持怀疑的态度。他们已经习惯地认为进化在未来是不可能的。你可以说服他们进行基因调查，然后说服他们转移一些鱼类以恢复多样性，他们会同意的。但是，我们需要让他们思考一下，如果这两个种群有着不同的选择机制，我们是否还应该在它们之间进行转移？”

92

除了有限的预算和时间，根本问题还在于规范性进化捅了保护伦理价值观的马蜂窝。金尼森说：“荒野保护伦理认为荒野是与人类社会相分离的，不断进化的野生生物自身是有价值的、是有生存权的实体，这些都是深植于物种保护工作的根本价值观，而（定向进化）会让人们感到不舒服。如果我们开始干预某些生物的进化轨迹，不是像现在这样无意而为，而是有意为之，那么我们就是在对该物种做出选择。我们是在操纵它们，是在选择它们的未来。”但他也指出，“我们在保护生物学领域所做的大部分工作，其实已经是在操纵进化。”

第4章　鲸鱼1334之谜

北大西洋露脊鲸

93　细想一下人类如何通过干涉物种进化的方向来保护物种，就不难发现，不论是生物诞生的复杂有机过程，还是基因、行为与环境之间的关系，我们都知之甚少。人类行为带来了气候变化，而这一变量的存在让生态系统变得越发复杂费解。气候变化一直是驱动进化的重要因素，如今，气候变化的速度以及对物种的影响都越来越难以预测。有些种群可能会在气候变化中受益，而进化速度不够快的种群则可能陷入绝境。比如北大西洋露脊鲸，海洋中极其稀有的哺乳动物，许多科学家正在努力探究气候变化会给这类庞然大物带来怎样的影响。过去的500万年中，北大西洋露脊鲸的进化速度一直非常缓慢，或者说，它看起来几乎没有任何变化。加上大多数鲸鱼的寿命都很94　长，这让相关的研究变得更加困难。2007年，生物学家发现了一头大约130岁的弓头鲸[①]，扎在它身上的鱼叉尖都能够追

---

① bowhead whale，又称北极露脊鲸，学名 *Balaena mysticetus*。

溯到1880年。有些弓头鲸甚至可以活到200多岁。大多数幼鲸的寿命都比研究它们的人要长，虽然我们可以给鲸鱼装上卫星信号发射器，追踪定位它们在海洋中的位置，但是往往不出几周，至多几个月，这些小装置就要么脱落要么失灵。科学家想要对这些鲸鱼一探究竟，就需要与它们相处同一时空，才能获得相关的生物学线索。然而，就北大西洋露脊鲸而言，单是弄清它们在哪里就已经非常不容易了。

北大西洋露脊鲸（*Eubalaena glacialis*）脂肪贮量丰富，体形庞大，备受捕鲸者的青睐。它们曾经生活在从冰岛到美国佛罗里达州以及非洲西北部的大西洋里，如今已经被猎杀殆尽。及至18世纪中期，该物种的数量变得不足以支持商业捕捞。1935年，商业捕鲸被取缔，那时北大西洋露脊鲸已经所剩无几。第二次世界大战期间，美国反潜巡逻队失手击中了美国东海岸仅存的几头北大西洋露脊鲸，这让它们的处境雪上加霜。不过，20世纪70年代，一些生物学家排除万难，在美国东北部的新英格兰海岸附近发现了几头露脊鲸，他们把这一惊喜的发现比作在自家后院找到了一只正在四处游荡的雷龙①。这种鲸鱼的基因极其单一，与地球上的其他物种相比，它们的纯合性②极强，这意味着它们染色体上的等位基因几乎没有差

① brontosaurus，恐龙中最大的一种，发现于北美晚侏罗世地层中。

② 纯合（homozygous）指一个个体的两个染色体上，同一基因位点上的基因是相同的，即两个基因都是相同的，例如基因型可能是AA或者aa。

异。而且露脊鲸的繁殖率还非常低，连树懒都比它们生育得更快、更频繁。

重新找到北大西洋露脊鲸之后的几十年里，自然资源保护主义者一直致力于露脊鲸的保护工作，尽力减少它们在繁忙的美国东北海岸受到船只撞击和渔具缠绕的威胁。然而，经过70年的全球保护，露脊鲸的数量依旧恢复得不尽理想。南露脊鲸，北大西洋露脊鲸进化学上的表亲，同样商业开发过度，遗传变异性也非常低。但是，南露脊鲸的繁殖速度却是北大西洋露脊鲸的4倍，鲸群规模已经从1000头恢复到了6000头。此外，北大西洋露脊鲸身上还有一个未解之谜，那就是它们似乎每隔几年就会做出一些令科学家困惑的举动，让人不知道该如何保95护它们才最妥当。最近一次出现这种情况是在2013年。每年夏天，总会有数百头露脊鲸前往位于加拿大新斯科舍省和美国缅因州之间的芬迪湾（Bay of Fundy）觅食，但是这一年只有6头露脊鲸在那里现身。有6层楼那么高、重达70吨的庞然大物，就这样消失在了海洋的某个角落里。我找到一位露脊鲸方面的专家，问他和他的同事认为这些鲸鱼会去了哪里，他们只回答说：“我们毫无头绪。”

北大西洋露脊鲸的研究可以与有关山地大猩猩、黑猩猩和大象的大型纵贯研究相媲美，这些伟大的研究时间跨度长达数十年。新英格兰水族馆的北美露脊鲸目录里有大约40万张鲸鱼的照片。研究人员花了几十年的时间来研究这个种群。该种群80%的个体都绘有基因图谱，这种几乎每个个体都有图谱的待遇，在海洋生物中绝无仅有。尽管科学家研究了它们的DNA，斥资数千万美元去研究它们、保护它们，却依然只能猜出一些基本的事实，比如冬季不产崽的鲸鱼去哪里觅食，产崽的鲸鱼在哪里繁殖，以及一些鲸鱼在夏季去哪里觅食，诸如此类。对露脊鲸了解得越多，我越觉得这个物种就像一个强有力的警钟，警示着一些容易被我们遗忘的事情：当今，我们身边充斥着谷歌地图、微芯片之类的高新科技，我们不加掩饰地相信着科技的力量。但是，地球上有些东西是那么庞大又那么复杂，比如海洋、气候，还有鲸鱼。与它们相比，我们的认知微不足道，遑论控制它们，不论我们的控制是好是坏。

* * *

凯蒂·杰克逊（Katie Jackson），一位年轻的野生动物研究员，她对研究露脊鲸的生存问题满怀热忱。每年冬天，杰克逊都会驾驶 25 英尺长的硬壳充气船，带着一名摄影师和一名弓弩手，在佐治亚州和佛罗里达州海岸线附近的水域巡航。母鲸通常会在那一带产下幼鲸。发现鲸鱼后，杰克逊会发射活检镖来采集鲸鱼皮肤样本，以便在它开枝散叶后，追踪种群中的新分支。杰克逊从事这项工作已经 12 年了，曾被她取样的鲸鱼多达 300 余头。

露脊鲸的身长与座头鲸和灰鲸差不多，但身形更粗壮，体重也更重。即便是刚出生的露脊鲸幼鲸，也是长达 15 英尺、

96

体重超过1100磅[①]的庞然大物。虽然这种鲸鱼体形庞大，但除非是极其风平浪静的日子，否则很难捕捉到它们的身影。只有训练有素的人才能识别出普通的波浪和鲸鱼尾鳍，也只有经验丰富的老手才能分辨出哪个是在水面下游动的鲸鱼、哪个是云朵投下的阴影。为了提高邂逅鲸鱼的概率，杰克逊与2名飞行员分工合作。2名飞行员驾驶小型飞机在距海面1000英尺的上空飞行，他们先向正东方向飞35英里，然后向西飞回海岸，像修剪草坪一样来来回回，重复这个路径。杰克逊驾船航行的线路与这两架飞机区别开来，她沿着飞机航线的中线从北向南追踪鲸鱼的踪迹。一天工作结束时，勘测队航行的距离往往多达数百英里。

2013年2月21日，一个温和的上午，杰克逊和她的团队一起前往梅波特海军基地[②]。他们的船停在那里，打算正午起锚。刚一下水，杰克逊就接到了飞机瞭望员珍·雅库什（Jen Jakush）的电话。雅库什报告说，在蓬特韦德拉海滩（Ponte Vedra）以东3英里处发现了一头母鲸和它的幼鲸。飞行员正在这两头鲸鱼的上空盘旋，以便确认母鲸的身份。杰克逊随即驾船向南，赶往雅库什所在的位置。很快，她又接到了雅库什的电话，电话中说："是1334。"

---

① 约合长4.6米、重500公斤。

② Mayport Naval Station，也又"五月港基地"，位于美国大西洋沿岸的佛罗里达州。

杰克逊非常惊讶。“我当时既兴奋，又害怕。”她这样说道。

新英格兰水族馆给每头露脊鲸编了号，而这头编号 1334 的鲸鱼足足让生物学家苦恼了 30 年。20 世纪 80 年代初，露脊鲸 1334 第一次在美国南部海岸被发现，之后它定期出现在那里。但是，与其他露脊鲸不同，1334 不会在夏季和其他露脊鲸一起出现在芬迪湾。1334 在第一次被目击之后，一直没有人再见过它，直到 3 年后，它带着一头新生幼鲸出现在佛罗里达海域。又过了 3 年，同样的情况再次上演。就这样，在接下来的 30 年里，1334 极有规律地产下了 9 头幼鲸，成为研究人员所知的最高产的露脊鲸。也就是说，在生物学家发现露脊鲸产崽率停滞不前甚至呈下降趋势的那些年里，1334 一直都在产崽。2000 年，1334 是佐治亚州奥萨博岛（Ossabaw Island）附近唯一一头产下幼崽的露脊鲸。然而，没有人知道它在哪里觅食、在哪里交配，也没有人知道在产崽的间隙它迁徙去了哪里。

97

1989 年，一艘船在拉布拉多海盆（Labrador Basin）发现了 1334 号露脊鲸的踪迹，这让 1334 身上的谜团变得愈加扑朔迷离。拉布拉多海盆是一片位于大西洋西北部深海底部的洼地，那里冰冷的海水深达 2 英里。在从前的捕鲸区“送别角”（Cape Farewell）南边，距格陵兰岛东南约 500 英里、加拿大拉布拉多省以东 650 英里的地方，1334 正和一头 8 个月大的幼鲸游在一起。它产卵的地方和拉布拉多海盆相距 2660 英里，这是有记录的北大西洋露脊鲸最远迁徙距离。1334 并不是唯一会在夏天失踪的雌鲸，但它最为出名。(还有一头名为“老鼠”的雌鲸，曾被目击过200多次，很少出现在芬迪湾，仅1997年短暂地在那里现身过2个月)。“有少量鲸鱼会在这里哺育幼鲸，但没有人认识它们，”杰克逊说道，“我们从未在其他地方见过它们。这带来了新的疑问：这些鲸鱼平时在哪里？那里还有更多别的鲸鱼吗？1334就是一个典型的例子。”大约有三分之一的雌鲸从未将它们的幼鲸带到过芬迪湾，生物学家把这些失踪的鲸鱼称为“非芬迪鲸”，这个名称掩饰了我们对这些失踪鲸鱼的一无所知。收集幼鲸的遗传物质是填补信息缺失的一个方法，如果可以弄清幼鲸的亲子关系，我们或许能找到什么关键的线索。

杰克逊对1334带着幼鲸现身并不意外，但让她惊讶的是，它们出现的位置距离海岸只有3英里。1334从未在如此靠近陆地的地方出现过，也从未有人取得过它的基因样本。曾经离1334最近的人，正是杰克逊本人。那是2009年，当时她研究鲸鱼已经7年了。她的团队在距离海岸大约35英里处，成功地接近了1334，但当他们试图再靠近一些以便弓弩手射击时，1334带着它的幼崽潜入水下,10分钟后在100码[①]外再次现身。他们第二次试图靠近时，1334重施故技。杰克逊和她的团队似乎永远无法准确预测它会在哪里重新浮出水面，1334总是在别处，在弩箭射不到的地方。杰克逊觉得这头鲸鱼甩掉他们

① 约合91米。

时用了障眼法，它迅捷莫测地移动着，躲避船只的追踪。

98

几百年来，露脊鲸一直是捕鲸者追杀捕猎的对象，因为它们从不曾表现出这样的躲避行为。人们以为露脊鲸性情温顺、易于猎捕，它们总是行动缓慢，短暂地潜入水下，然后在附近浮出来。当年，**五月花号**[①]停靠在现马萨诸塞州东南部的普罗温斯顿港时，英国乘客威廉·布拉德福德（William Bradford）曾留下记录：露脊鲸数量众多，而且它们显然并不惧怕船只，“我们每天都看到鲸鱼在近旁嬉戏，如果有工具捕捉它们，可能收获颇丰；很遗憾，我们当时虽然想，却没有机会”。杰克逊和她的团队放弃了对 1334 的采样，然后它就消失了，直到这次再次出现。

在监测濒危鲸鱼方面，美国国家海洋和大气管理局有着十分严格的操作规章。采集样本之前，杰克逊必须进行再鉴定，确保它真的是 1334。通常，再鉴定需要使用变焦镜头，靠近鲸鱼来拍摄鲸鱼的头部，然后把船开远一点，在船上用拍到的照片与鲸鱼目录中的照片进行比对。但是，杰克逊不想失去这次活检的机会，她不敢冒一丁点风险。“我相信只要看得够仔细，我就能确定到底是不是它。我不可能忘记那些‘大名鼎鼎’的鲸鱼长什么样子。”幸运的是，当杰克逊驾船转到鲸鱼

① 1620 年，英国著名的“五月花”号（Mayflower）船满载不堪忍受英国国内宗教迫害的清教徒来到了美洲，在北美建立第一块殖民地。他们在上岸前签订了一份公约，这份公约被称为《“五月花号”公约》。下文提到的威廉·布拉德福德是该公约的签署人之一。

右侧时，1334 恰好抬起头，翻了个身，让杰克逊看到了它身上的一些疤痕和皮茧斑纹。皮茧是堆积在露脊鲸头顶上的角质组织，其中寄生着白色蟹状寄生虫“鲸虱”（whale lice），与露脊鲸黑色的皮肤形成鲜明对比，而每头露脊鲸都拥有一个独特的图案。1334 的头顶有一块大泪滴形状的皮茧，下面有两个小圆圈。“就是它，”杰克逊确定后对弓弩手说，“能射到哪就射哪。”

于是，汤姆·皮奇福德（Tom Pitchford）拿起十字弓瞄准，手指扣在扳机上。十字弓的拉力为 150 磅，飞镖的箭镞为 1 英寸长的不锈钢圆管，尖端呈锐利的斜面，以便刺穿鲸鱼的表皮。箭镞圆管内侧有 3 个用来钩住鲸鱼表皮和鲸脂的倒刺，还有防止箭镞刺入过深的泡沫芯。箭羽由泡沫制成，整个飞镖装置从鲸鱼身上弹下来之后会漂浮在水面上。皮奇福德瞄准 1334 的右侧，扣动扳机，箭镞射进了鲸鱼的表皮。杰克逊驾驶小船从水中收回飞镖，然后把注意力集中在幼鲸身上。但是，母鲸变得更加警觉了。两头鲸鱼都潜入了水里，杰克逊尝试了很多次，但始终无法靠近它们。最后，皮奇福德终于靠近幼鲸射了一镖，飞镖射中了幼鲸的左侧，然后掉落到水面上，勘测小组顺利地回收了飞镖。对杰克逊来说，他们这次简直幸运得难以置信。“那一刻汇聚了天时、地利、人和，这种机会太难得了。那是我们在整个观测季度中唯一一次目击 1334。”

皮奇福德把活检样本放入冷藏箱，带回野外工作站进行处理。为了避免污染样本，他戴着手套，用手术刀把黑色的表皮切成小块，分入装有防腐剂的小瓶子里。几周后，其中一份样本被交到布拉德·怀特（Brad White）手中。怀特是特伦特大学自然资源DNA分析及法医学中心的分子生物学家，他从事露脊鲸DNA分析工作已经30年了。怀特清楚，比较两头露脊鲸的DNA，往往会让人以为它们是双胞胎。但他也知道，1334有着怪异的巡游习性和非凡的繁殖能力。或许它的DNA里藏着什么与众不同之处，而这点与众不同能帮助他们解开这一物种的生存之谜。

*　*　*

400年来，在拉布拉多海岸亚极海域的一艘沉船残骸下面，其实一直埋藏着能够解开北大西洋露脊鲸进化之谜的基因线索。1978年，塞尔玛·巴克姆（Selma Barkham）把考古学家带到了那里，让他们去水下一探究竟。巴克姆没有大学学历，中年丧夫，独自抚养了4个孩子，但就是这样的她居然完成了海洋史上的伟大发现，挖掘出了新旧世界①之间最早的联系。

巴克姆于1927年出生在伦敦，曾多年在墨西哥和西班牙依靠教英语勉强度日。其实，她本姓赫胥黎（Huxley），这个姓氏明晃晃地彰显着她显赫的知识分子血统。赫胥黎家族

100

① 这里是站在地理大发现时期（Age of Exploration）的角度来说的，旧世界指欧非亚，新世界指美洲（北美、南美、加勒比海地区）。

人才辈出，塞尔玛和家族中的很多先辈一样，也是自学成才。她的外祖父是当时加拿大魁北克省的省长，父亲迈克尔·赫胥黎（Michael Huxley）是英国皇家地理学会刊物《地理杂志》（*Geographical Magazine*）的创始人和编辑。小说《美丽新世界》（*Brave New World*）和《知觉之门》（*The Doors to Perception*）的作者阿尔多斯·赫胥黎（Aldous Huxley），以及生物学家兼联合国教科文组织首任总干事朱利安·赫胥黎爵士（Sir Julian Huxley），都是她的堂叔伯。阿尔多斯和朱利安的祖父托马斯·亨利·赫胥黎（Thomas Henry Huxley）也是一位杰出的科学家，虽然他只在正规学校接受教育到 10 岁，但及至 1895 年去世时，他在自己所在的领域获得了许多最杰出的奖章。托马斯·赫胥黎年幼时自学了德语、拉丁语和希腊语，后来成为解剖学、无脊椎动物学、脊椎动物学、古生物学、神学以及医学方面的专家。他最出名的事迹还要数积极捍卫进化论，自命"达尔文的斗犬"，一时传为美谈。

作为托马斯·赫胥黎的曾侄女，塞尔玛·巴克姆晚年也是荣誉满身。1981 年，巴克姆被授予了加拿大皇家地理学会金质奖章，并获得了加拿大勋章。不过，她的事业起点并不高，最初只是一名普通的教师，后来在加拿大的蒙特利尔麦吉尔大学北美北极研究所担任图书管理员。1953 年，巴克姆嫁给了英国建筑师布莱恩·巴克姆（Brian Barkham）。布莱恩·巴克姆曾在西班牙巴斯克地区学习西班牙建筑，对那里情有独钟。婚后，布莱恩带着妻子去了那里，在他最喜欢的地方生活。1956 年，就是在那里，一位牧师向他们提到了巴斯克人和加拿大之间被遗忘已久的联系。牧师告诉他们，16 世纪时巴斯克人曾横渡大西洋，沿着加拿大海岸线捕鱼。这件小事深深地印在了巴克姆的脑海中。后来，巴克姆在渥太华生下了 4 个孩子，但她的丈夫于 1964 年不幸去世。儿子迈克尔 10 岁时，巴克姆宣布，她为全家制订了一个计划：离开加拿大，移居墨西哥。在墨西哥，她一边靠教英语维生，一边学习西班牙语。后来，再次举家迁往西班牙，在那里，她可以实现自己多年以来的夙愿——著书立说，研究加拿大的巴斯克人。迈克尔说："这个决定很不寻常。一个寡妇，带着 4 个孩子，没有任何家产。但我们的母亲就是那样的人，她决定了，就要做这项研究。这让她有机会把自己的知识和兴趣与父亲的点点滴滴结合起来。母亲曾经与父亲一起去过巴斯克地区，那里有父亲的朋友。"

101

在墨西哥生活了 3 年之后，巴克姆一家乘坐货船来到了西班牙的毕尔巴鄂（Bilbao），当时正值佛朗哥独裁政权的末期。抵达毕尔巴鄂后，巴克姆发现自己向加拿大政府申请的研究经费没有通过，因为他们认为这个项目不会带来任何新的历史研究价值。为了养家糊口，巴克姆再次一边教英语，一边继续自己的研究。接下来的 10 年，巴克姆花费了数百小时的时间，泡在塞维利亚、里斯本、马德里和托洛萨等西班牙各地的图书馆和档案馆里。历史学家已经在一定程度上确认了巴斯克人曾在大西洋上捕鱼的事实，但是，巴克姆在前人不曾关注过的合同、遗嘱和保险单中发现，那曾是一个比我们以为的更加富饶而绚烂的海洋经济体，历史可以追溯到16世纪初。而且，他们当时的重点捕捞对象不是鳕鱼，而是鲸鱼。

巴斯克人对大海非常熟悉，他们的捕鲸史可以追溯到12世纪，捕猎范围从西班牙的坎塔布连海岸（Cantabrian coast）直到爱尔兰海。巴斯克人还是出色的造船师和商人，他们很快就去到更远的纽芬兰捕捉狗鳕（hake）和鳕鱼。很多事实显示，16世纪初，法国的巴斯克人最先带回消息说他们在被称为特拉诺瓦（*Terranova*①）的地方发现了鲸鱼。巴克姆找到了相关的记录，当时有几十艘船参与了那次航行。他们在加拿大东部的贝尔岛海峡（Strait of Belle Isle）登陆，那片水域冰冷多雾，把拉布拉多半岛和纽芬兰岛分隔开来。他们在6月至7月的"鲸鱼到来季"（*la venida de las ballenas*）慕名而来，在海峡沿岸的深水港建起营地，把他们重达450吨的大帆船停泊在那里。很快，原本的狩猎期延长到了9月至10月，直到"鲸鱼离开季"（*el retorno de las ballenas*）。

巴斯克人带来了鱼叉、封锅炉顶的红瓦、提炼鲸脂的重型铜锅，还有金属圈，用来箍紧运回鲸油的桶。他们捕鲸的方式非常高效，却异常残忍。因为母鲸会留在受伤的幼鲸身边，所以他们先用鱼叉将幼鲸刺成重伤，这样就可以等着捕杀母鲸。返航西班牙时，每艘船上都载有上千桶鲸油，那是从十几头鲸

102

① 拉丁语，意为新土地。

鱼身上榨出来的。这些油能换来的利润高得惊人，按如今的标准，一艘大型捕鲸帆船的船主只需要出海两三次，就能成为百万富翁，之后他还可以把船卖掉，赚取更多的利润。16世纪40年代至17世纪20年代，巴斯克人平均每年捕获300头鲸鱼，带回大约15,000桶鲸油。那时，露脊鲸油燃遍了整个欧洲大陆。

1974年，巴克姆来到巴斯克山区小镇奥尼亚蒂（Oñati），在那里找到了一个几个世纪以来一直无人问津的档案馆[①]。翻阅档案时，她发现了一份奇特的文件，一份关于圣胡安号（*San Juan*）捕鲸船的诉讼文件。1565年，这艘重达204吨的大型帆船载满了战利品，正准备返航西班牙，这时一场突如其来的暴风雨摧毁了船上的系泊设备，导致船只搁浅，沉入了海底。巴克姆对此非常感兴趣，她查询了现代的拉布拉多地图，与在档案馆找到的旧地图进行对比。在贝尔岛海峡北侧，被16世纪的巴斯克人称为山丘（*Les Buttes*）地方，有一个名为红湾（Red Bay）的港口小镇，因附近的红色花岗岩悬崖而得名。巴克姆断定，圣胡安号就是在这里沉没的。巴克姆向加拿大皇家地理学会申请了一笔经费，1977年启动考古调查，在海峡沿岸的港口寻找巴斯克捕鲸人的痕迹。

是年，迈克尔·巴克姆（Michael Barkham）18岁，他随

---

① 指西班牙的吉普斯夸省协议历史档案馆（Archivo Histórico de Protocolos de Gipuzkoa）。

母亲一起踏上了这趟旅程。春夏之交，贝尔岛海峡上仍有漂浮着的冰山，沿岸时不时遭遇狂风、冻雨等恶劣天气。迈克尔说："前往拉布拉多是一次冒险。"很快，他们就找到了想找的东西。"果然，我们沿着海岸线勘察港口时，发现了成堆的鲸骨。很多当地人以为这些鲸骨可能是100年前留下来的，他们完全想不到，这些骨头其实已经450岁了。沙滩上还有伊比利亚人[①]的屋瓦，就扔在那里。"红湾的居民以为这些瓦片是来自英国的红砖，他们告诉迈克尔，他们平时会把红砖磨碎了给孩子画脸。没能认出海岸线上这些瓦片的可不仅仅是当地居民。英国博物学家约瑟夫·班克斯爵士（Sir Joseph Banks），曾与詹姆斯·库克船长[②]一起参加过奋进号的首航，他认为是维京人把瓦片留在了那里。另外，研究纽芬兰和拉布拉多史前历史的知名考古学家詹姆斯·塔克（James Tuck），曾耗时数年，沿着这片海岸线发掘有着上万年历史的美洲原住民遗址，但是他也不曾认为这些红色的瓦片有什么价值。

103

有了诸多证据的支持，巴克姆越发坚信圣胡安号的存在。她告诉加拿大公园管理局的水下考古学家罗伯特·格雷尼尔（Robert Grenier），她确定圣胡安号是真实存在的，还说残骸的大致位置就在红湾港的马鞍岛（Saddle Island）北缘。1978年，格雷尼尔带着一支潜水小队来到马鞍岛，不出意料，他们

---

① 西班牙最早的土著居民。

② Captain James Cook（1728—1779），人称库克船长，英国皇家海军军官、航海家、制图师。1766年被委任为奋进号（HMS Endeavor）的船长。

在水下30英尺处发现了横亘在淤泥里的船木。

圣胡安号的打捞工作历时5年。寒冷的气温和迫近的冰层会对下潜造成阻碍，所以潜水员要赶在那之前，趁着气温较高的月份下潜。在这个水下墓场里，圣胡安号保存得完好无损。直到1985年打捞结束，考古队在水下历时14万小时，拆卸打捞上来3000根木头。岸上的考古学家为每一块木头绘制了图表，记录形状、工具痕迹以及磨损情况。他们根据打捞上来的木头做了一个船模，按1:10的比例原样缩小，然后又把所有木头重新放回水下，埋在原处，原样保存。潜水员发现，除了鞋子、木碗、鱼叉杆和木桶之外，海底还保存着21根鲸骨。这些骨头是鲸鱼鳍状肢的肱骨。1986年，经骨骼学家鉴定，其中一半来自弓头鲸，另一半来自露脊鲸。巴克姆清楚，这些骨头对生物学家来说是一个非常重大的发现，因为这一物种的历史早已消散在海洋深处，遗失在了岁月长河之中，而这次的发现为他们提供了该物种罕见的历史快照。不过，她当时还不知道，这些骸骨最终会从根本上改变科学家对这一物种的认识。 104

20世纪70年代末，生物学家发现了露脊鲸的重要种群。从那以来，他们一直认为露脊鲸是因为殖民者的捕捞而濒临灭绝的。17世纪，捕鲸业呈现井喷式发展，被捕捞的露脊鲸共计至少5500头。按照这一数字，生物学家估算17世纪90年代至少还有1000头露脊鲸，而到这一行业被禁时，估计大约仅剩70头。但是，基于巴克姆对巴斯克捕鲸业的发现，生物学家一下子把露脊鲸惨遭捕杀以及数量出现瓶颈的估算时间向前推了好几百年。学者在巴克姆研究的基础上进一步深入研究，估算出被巴斯克人捕杀的弓头鲸和露脊鲸有2.5万至4万头。结合学者的估算和在圣胡安号下面发现的骸骨，海洋生物学家估计，在巴斯克人到来之前，北大西洋露脊鲸的数量为1.2万至1.5万头。1991年，美国国家海洋渔业局设立了北大西洋露脊鲸保护计划，将上述数字作为衡量该物种是否得到恢复的标准。显然，露脊鲸的物种恢复还有很长的路要走。20世纪90年代，科学家估算露脊鲸最多只有几百头。如果我们不采取措施，预计两个世纪之内，露脊鲸将彻底消失。

21世纪初，后来的分子生物学家布伦娜·麦克劳德（Brenna McLeod）还是特伦特大学的一名研究生，那时她对海洋哺乳动物和人类学都有着浓厚的兴趣，选择研究课题时难以取舍。导师布拉德·怀特向她推荐了在圣胡安号下面发现的古老骸骨。当时，另一位研究员图里卡·拉斯托吉（Toolika Rastogi）已经对这些骸骨进行了初步分析，这些骨头保存得非常完好，很容易提取出高质量的遗传物质。但令人惊讶的是，拉斯托吉的分析结果显示，只有一块骨头来自露脊鲸，其余全部来自弓头鲸。怀特对麦克劳德说，实验室需要做更多的分析，也需要更多的样本。

于是，麦克劳德全身心地投入到了这一课题的研究中。她决定从一些微卫星位点入手，对露脊鲸骨骼进行基因分析。微卫星位点[1]是科学家用来了解物种亲缘关系和种群的DNA分子标记。麦克劳德选择了在现代种群中已经分析过的位点，她认为，若是果真像生物学家认为的那样，是巴斯克人的大肆捕捞导致北大西洋露脊鲸的数量出现瓶颈，那么从 1565 年的鲸骨里应该能找到罕见的或者后来丢失的等位基因。但事实上，麦克劳德发现了另外的惊喜——从某种意义上来说，这块骨头的主人还健在，就游弋在佛罗里达海岸附近。“它的基因型看起来与现在的种群完全一致。”麦克劳德说道，“如果露脊鲸已经失去了大量的变异性，那么这块骨头应该和现有种群存在很大的基因差异。然而，16 世纪的鲸鱼个体与今天的非常相似。它们并没有像以前普遍认为的那样，因为捕鲸业而出现严重的数量瓶颈。”这个结果令人震惊。这意味着，北大西洋露脊鲸可能在进化史中的某一时期，或许因为气候的变化，数量减少到仅有 85 头，之后有所反弹，但又由于捕鲸业而再次减少。或许，造成露脊鲸极度缺乏遗传多样性的原因，既不是巴斯克人，**也不是**后来的捕鲸船队。

105

麦克劳德在学术会议上介绍了她的初步发现，然而，回应她的是众人的震怒。她说：“大家坚信曾经有很多鲸鱼，是人类让它们灭绝的。”她受到的质疑之一是样本量不够大，这让她的研究结果存在偏差。因此，麦克劳德决定继续研究，并依靠该研究成果取得了博士学位。接下来的 3 年里，她每年夏天

---

① microsatellite loci，又称微卫星基因座、微随体基因座。

都沿着贝尔岛海峡寻找鲸骨。那片海岸上只有一条路，起初，她只调查了从那条路可以到达的几片海滩。2004 年，伍兹霍尔海洋研究所的生物学家迈克尔・摩尔（Michael Moore）把自己的船罗西塔号（*Rosita*）提供给麦克劳德，让她可以前往调查更多的海滩。摩尔也对这项研究很感兴趣，他曾在罗西塔号上度过一整年的学术假期，在历史悠久的捕鲸地寻找露脊鲸的踪迹（结果什么也没找到）。摩尔希望可以找到更多的露脊鲸鲸骨，解开这一物种的DNA之谜。

带着塞尔玛・巴克姆（现居英国）的一些建议和几张旧地图，麦克劳德和摩尔考察了 150 英里的海岸线，确认了数十个巴斯克人捕鲸点。与他们同行的还有美国新英格兰水族馆的莫伊・布朗（Moe Brown）和严・吉尔博（Yan Guilbault）。他们从马萨诸塞州出发，航行 5 天之后，罗西塔号在浓雾中抵达了红湾。在接下来的10天里，摩尔把船停靠在不同的港口，麦克劳德则负责拿着手电钻，在苔藓和岩石下寻找骸骨。布朗以前是蒙特利尔的一名体育教师，后来成为露脊鲸卫士。他戴着水肺潜水，沿着海岸寻找水中的骨头。这趟旅程结束时，他们共收集到 200 块骨头样本。

106

2009 年，麦克劳德团队通过北美北极研究所公布了他们的发现。一共 364 块骨头，分别来自 1 头蓝鲸、1 头长须鲸、2 头座头鲸和 203 头弓头鲸。没有一个样本属于露脊鲸。这一结果非但没能解开谜题，反而让人更加困惑。弓头鲸被认为是北极东部冰冷水域特有的物种，那么 16 世纪时它们在这遥远的南方做了什么？如果这一带没有露脊鲸供巴斯克人捕杀，那么为什么它们 400 多年来的遗传多样性如此贫乏？“显然还有其他因素影响着露脊鲸，”麦克劳德说，“比如气候变异或者环境影响，只是我们不知道罢了。虽然我不认为露脊鲸的数量一直保持在 300 头上下，但也绝对到不了 4 万头那么多。”

麦克劳德团队猜测，或许与 1300 年至 1850 年的小冰河期有关。那时海面温度下降，冰川推进，北极冰层面积扩大，改变了弓头鲸和露脊鲸的迁徙模式。也许，当时弓头鲸随着冷锋向南迁徙，而露脊鲸被迫从北方的觅食地迁徙到了更温暖的水域。但是，这并不能解释露脊鲸种群的遗传漂变现象。它们是在几代之中随机地丧失了变异性。我们在露脊鲸身上看到的遗传漂变和种群遗传多样性缺失理论上需要经历多次小冰河期，经历数万年间的气候振荡变化，而且每次振荡都要对露脊鲸的生存造成影响，削减鲸鱼的数量。归根结底，关键问题在于，几乎没有进化潜力的露脊鲸，究竟为什么存续了如此之久？

事实证明，露脊鲸并不是唯一一个遗传多样性极低却存活了数千年之久的物种。类似的还有阿根廷栉鼠（social tucotuco），阿根廷草原上特有的一种啮齿类动物。每一只阿根廷栉鼠都有着同样的线粒体单倍型基因，带着遗传自亲代的同一组DNA生存了 950 多年，至今依然能够繁殖出可存活的后代。再比如马达加斯加海雕（Madagascar fish eagle），该

107

物种有着 2800 年的历史，但现在仅存大约 120 对繁殖配偶[①]。另外，2007 年，法国和加拿大的生物学家关于阿岛信天翁（Amsterdam albatross）和漂泊信天翁（wandering albatross）的研究结果显示，这两个物种大约在 100 万年前从共同的祖先分离而来，虽然遗传变异性低得惊人，却存活了几十万年。值得注意的是，这两个物种的繁殖成功率很高。20 世纪 80 年代初，阿岛信天翁曾陷入严重的繁殖瓶颈，仅剩 5 对可以繁殖后代，但后来数量有所回升。从事该研究的学者表示："传统观点认为，遗传耗竭会给种群带来消极影响，而信天翁似乎推翻了这一观点。"

我们应该如何解释这个谜团呢？研究表明，露脊鲸和信天翁可能存在某种类似的行为，而这种行为可以帮助它们恢复繁衍——它们似乎都懂得如何避免近亲繁殖。就露脊鲸而言，这可能与它们复杂的求偶仪式有关。雌性露脊鲸非常滥交，雌鲸一年四季都会仰面翻滚，呼唤附近的雄鲸，而雄鲸会从数英里之外游过来，聚集在雌鲸周围。每只雄鲸都试图靠近雌鲸，它们互相推搡，用鳍和尾巴拍打水面，喷水示威。当雌鲸回正身子换气时，雄鲸就会游到雌鲸下方试图交配。这样的鲸群被称为海面活跃群（surface active group），它们的求偶和交配活动会持续几个小时，但不存在攻击性。雄性露脊鲸虽然不会为了

---

① 马达加斯加海雕每次生两只蛋，但只有一只会长到成年，另一只会被存活的那只杀死，这种现象在生物学上称作"互噬"。

争夺交配权而厮杀，但它们选择了动物界已知的最为激烈的精子大战。露脊鲸交配时，多只雄鲸轮流为一只雌鲸授精，它们的精子互相竞争，只有最终胜出的精子才能让雌鲸的卵子受精。露脊鲸生物学家在观察凯蒂·杰克逊等研究人员收集来的基因样本时发现，只有当雄鲸的DNA与雌鲸不同时，卵子才能成功受精。如果出现近亲繁殖，大概率会自然流产。因此，虽然露脊鲸种群的基因库极其微小，但是后代的遗传变异程度远远高于科学家的预期。更令人惊奇的是，雄性露脊鲸和雌性 108 露脊鲸每成功产下一头幼鲸，就会增加该物种的有效种群数量。换言之，每头幼鲸都会为下一代贡献基因，减缓遗传漂变的速率。

考古学家在圣胡安号下面发现的鲸鱼骸骨加上麦克劳德的分析，彻底颠覆了人们对露脊鲸的认知，也改变了拯救露脊鲸的方法。长达500年的捕鲸业让露脊鲸的数量急剧下降，但是独特的交配行为很可能帮助它们度过了瓶颈期。事实上，露脊鲸的数量可能一直都比较少。这既是坏消息，也是好消息。好消息是，如果千百年来露脊鲸的数量一直不多，那么现代的露脊鲸种群很可能比表面看上去的更加稳定。但坏消息是，露脊鲸种群最近一次濒临灭绝后的数量反弹速度，恐怕达不到科学家的预期。过去，北大西洋露脊鲸数量稀少，现在依然如此。这个统计学上的事实，以及它们微乎其微的遗传变异，将是影响其进化能力和适应环境变化能力的主要因素。

*　　*　　*

1996 年，国际捕鲸委员会在夏威夷瓦胡岛[①]（Oahu）召开了研讨会，主题是气候变化对全球鲸类动物的潜在影响。对国际捕鲸委员会来说，这一主题新颖而迫切。当时，南极考察站报告称冰架正在崩塌，气候科学家预警未来 1 个世纪内可能出现破纪录的高温。当时，罗得岛大学海洋学研究生院的科研人员鲍勃·肯尼（Bob Kenney），出席了这次研讨会。

肯尼是美国新英格兰地区生物学家小组的核心成员之一，20 世纪 70 年代重新发现北大西洋露脊鲸以来，这个小组一直在进行相关的研究。人事冲突和激烈的科研经费竞争，在生物保护工作方面屡见不鲜。从这一点来说，北大西洋露脊鲸的保护工作可以说是独一无二的。1986 年，来自 5 个机构的研究人员联合成立了露脊鲸联盟，成员相互分享研究成果，共同申请经费。这个联盟后来扩大到 100 多个机构，包括政府机构和环境律师，甚至连航运和渔业企业都加入其中。如今，联盟成员之间依然亲如手足，每季度出版一份公开新闻通讯，详细介绍露脊鲸相关的最新活动、研究成果和出版物，其中可能还包括一些诗歌或动人的感言，细腻地描述某次特别的鲸鱼目击事件。每年，联盟成员都会在位于马萨诸塞州的新贝德福德捕鲸博物馆齐聚一堂，任何从事露脊鲸相关活动的人都不会错过这

109

① 又译欧胡岛。夏威夷群岛中的第三大岛。

个盛会。

肯尼和蔼可亲，须发花白。巧合的是，曾描述过“五月花”号周围有鲸鱼出没的威廉·布拉德福德，正是肯尼的先祖。按照肯尼本人的说法，他与露脊鲸结缘完全是一个意外。1978年，肯尼到罗德岛大学读研究生，见到了他的导师霍华德·温恩（Howard Winn），座头鲸鸣歌和海洋声学研究方面的先驱。当时，肯尼来找温恩，正巧听到一群人在谈论一个鲸类和海龟的评估项目，激起了肯尼的兴趣。这个项目后来成为北大西洋海洋哺乳动物研究的里程碑，当时温恩是这个项目的科技主管，他把肯尼拉进了团队。

接下来的3年里，温恩的团队考察了美国东北沿海的动物情况。1979年5月，他们展开了一次“露脊鲸最小计数”活动，出动了5艘船和6架飞机，从长岛东部到新斯科舍进行了为期3天的露脊鲸大搜寻。肯尼乘坐一艘捕虾船，从大南海峡（Great South Channel）东侧的南塔克特岛[1]出发，结果，那里成了那年春天唯一一处发现露脊鲸的地方。他们当时并不知道，那里的露脊鲸可能就是整个种群的绝大部分。全部露脊鲸估计最多只有200头，它们春季在科德角（Cape Cod）觅食，然后向北游往加拿大。

110

最初，没人清楚这些露脊鲸离开芬迪湾之后去了哪里。1983年，加拿大研究员兰迪·里夫斯（Randy Reeves）和爱德

① 又译南塔基特岛、楠塔基特岛。位于美国马萨诸塞州科德角以南。

华·米切尔（Edward Mitchell）在查找19世纪的捕鲸日志时发现，有记录显示马萨诸塞州新贝德福德市的一艘捕鲸船，曾在佐治亚州不伦瑞克市[①]（Brunswick）附近捕杀了一头露脊鲸。根据这条线索和其他一些信息，达美航空公司的几名飞行员自告奋勇，驾驶他们的私人飞机沿东南海岸搜寻露脊鲸。很快，他们就在温带海域发现了十几头母鲸和它们刚出生的幼鲸。但是，大家仍然不知道这群鲸鱼是否就是曾在北方出现的那群。生物学家拍下了每一只能看到的露脊鲸，记录下它们独特的皮茧斑纹，随后，新英格兰水族馆整理了这些记录，创建了露脊鲸目录。随着目录内容不断累积，生物学家辨别露脊鲸的能力也渐渐增强。不出所料，每年冬天，很多芬迪湾的鲸鱼都会在1500英里以南的地方出现，其中包括怀孕的雌鲸，它们在温暖的海水中分娩并哺育幼鲸。如今，新英格兰水族馆的目录中包含600头露脊鲸的照片，其中有些可以追溯到1935年。

1996年时，虽然还没有直接证据表明气候变化给北大西洋露脊鲸造成了负面影响，但是人们已经开始警惕，未来的气候变化可能会对露脊鲸的数量产生影响。露脊鲸原本就很容易遭受船只撞击，科学家甚至可以通过螺旋桨叶造成的不同伤痕来识别露脊鲸，而且每年都会有一些鲸鱼碎尸被冲到岸边。更令人担忧的是，雌鲸的生育间隔似乎从3至4年延长到了5至

① 又译布朗斯维克。

6 年，成年雌鲸的存活率也在下滑。这究竟是怎么回事？

肯尼参加了南极科考团队在瓦胡岛召开的座谈会。南极科考团队目睹了短期内出现的气候变化，这些变化对磷虾的影响很大，进而影响了海豹和企鹅的繁殖率。科学家用图表展示了南方涛动指数①的变化，该指数可以有效地反映东南太平洋塔希提站和澳大利亚达尔文站之间的气压差。剧烈波动的指数带给肯尼有一种奇特的熟悉感。"每次有人展示这张图表时，我都觉得，这和我绘制的露脊鲸产崽数量表很像，但我说不出二者之间存在任何关系。" 111

肯尼的好奇心被完全激发了出来，回到罗德岛后，他开始追踪南方涛动指数，并与露脊鲸的产崽率进行了统计分析。结果，他发现二者呈现出显著的相关性。

之后的 10 年里，肯尼一直在研究气候现象与露脊鲸产崽率之间的关系。他还分析了 20 世纪 80 年代以来的北大西洋涛动（North Atlantic Oscillation，NAO，即冰岛和亚速尔地区之间的气压差）和墨西哥湾暖流指数（Gulf Stream Index，即墨西哥湾暖流的纬度）。如果允许存在一到两年的时间差，那么就可以说，这 3 个大气周期都与产崽率存在相关性。但除此之外，他不知道还能如何解释这些数据。这些数字到底意味

① Southern Oscillation Index，SOI。SOI 与一系列气候异常事件有着明显的对应关系，当达尔文站气压偏高时，澳洲及印尼容易发生干旱；当塔西提岛气压下降时，赤道中太平洋降水增加。气压变化引起风向风速变化以及海表层水团移动，进而影响到沿岸涌升和海洋鱼群位置变化。

着什么？

就在这时，肯尼收到了一封电子邮件，发件人是康奈尔大学海洋资源与生态系统项目主任查尔斯·格林（Charles Greene）。格林和他的研究生安德鲁·潘兴（Andrew Pershing）正在研究北大西洋涛动的波动对一种名为飞马哲水蚤（*Calanus finmarchicus*）的小型甲壳纲动物产生怎样的影响。格林知道飞马哲水蚤是北大西洋露脊鲸的主要食物，所以他想与肯尼一起探讨一下。

飞马哲水蚤属于桡足纲，英文是copepod，源自希腊语，意为“桨状脚”。这种浮游生物在北大西洋中数量众多，外形看起来像是微缩版的龙虾，长有5对足，头顶有2根长长的触角，它们依靠触角游泳，就像人类蛙泳时使用手臂一样。成年的飞马哲水蚤只有3毫米长，与鲸鱼相比简直小得可怜。研究人员把这种桡足纲小虫子和鲸鱼之间的关系比作人类和细菌，就像人类维持生命离不开细菌，露脊鲸也离不开飞马哲水蚤。飞马哲水蚤是露脊鲸最喜欢的食物，因为这种甲壳动物在幼年期会长出油囊，里面充满蜡酯，那是一种脂肪酸和脂肪醇的混合物，富含能量。露脊鲸进食时采用滤食的方式，随着它们向前游动，海水从口腔中“下颚间隙”的开口涌进来，经过舌头，从鲸唇和须板之间流过。这条路径前宽后窄，所以当海水从鲸鱼眼睛前方的缝隙流出时会加快速度，与口腔内部的水流速度存在差异，因而形成水翼效应，由此产生的压力推动海水从鲸须滤出。鲸须是鲸鱼的“牙齿”，长得很像梳子。这种

112

过滤式的进食方式具有极强的自然适应性，大大提高了鲸鱼的进食效率。飞马哲水蚤的油囊呈橘红色，当它们聚集在海面上时会把海水染得一片红。小说家赫尔曼·梅尔维尔（Herman Melville）曾这样描述露脊鲸捕食这些甲壳类动物的场景："清晨的刈草人，前行在湿软的草原上，就像走在沼泽里，他们手持镰刀挥向又长又湿的草，肩并着肩，脚步缓慢而有力；那些海怪也是这样，它们一路游过去，发出一种奇特的声响，像是割草一般，在身后黄色的海面上留下一段望不见尽头的蓝色刈痕。"①

纵然露脊鲸口中有着如此惊人的液压系统，可依然无法解释，为什么一头 70 吨重的庞然大物要花费这么大的力气去捕食米粒大小的甲壳类动物。肯尼在自己的科研生涯中，用了很多年的时间去研究露脊鲸究竟为什么在觅食时如此青睐芬迪湾等某些特定的地方。诚然，那些地方有大量的飞马哲水蚤，但这不是决定性的原因，这种小东西在整个北大西洋到处都是。芬迪湾的特别之处在于，这里的桡足纲小虫子在洋流的冲积下，形成了高密度的聚集群。这些聚集群像松饼一样，一层叠着一层，每一层的浮游动物都有几百米宽，却最多只有几米厚。肯尼认为，比起生物学，这种聚集群的形成与物理学关系更大。他解释道："这些桡足类动物被挤压成高密度的聚集群，鲸鱼从中找出性价比高的，张开嘴巴，过滤进食。关键不在于

---

① 摘自《白鲸》，选段译文为译者翻译。

水蚤的量有多少，而在于水流有多强，以及海水分层和风力的情况。”

肯尼和其他研究人员估算过露脊鲸维持生存所需要的卡路里数量，那个数字大得吓人：一头露脊鲸每天至少要消耗40万卡路里，孕期雌鲸的消耗量更是可能高达400万卡路里，大约相当于26亿只飞马哲水蚤。就像肯尼常说的，生命繁衍需要付出高昂的代价。而更为昂贵的代价是雌鲸需要哺育幼鲸12个月，直到它长得足够大，可以断奶并自行觅食。在此期间，幼鲸的体形会增大一倍，长到大约20英尺①长，重量相当于一辆装甲车。雌鲸喂养幼鲸需要花费的热量，大概是孕期所需热量的3倍。因此，如果雌性露脊鲸的鲸脂储备不够，孕期就会推迟，直到储存的能量足以支持分娩。

113

于是，肯尼开始与格林和潘兴一起收集数据。很快，他们发现当北大西洋涛动为正值，即冰岛和亚速尔群岛的大气压差升高时，飞马哲水蚤的数量会增多，此时的雌性露脊鲸产崽间隔为3至4年；而当桡足类动物的聚集群减少时，露脊鲸的产崽间隔就会拉长。以肯尼在瓦胡岛参加国际捕鲸委员会研讨会那年的情况为例。那一年，北大西洋涛动的降幅达到了20世纪的最大值，而这种变化带来的海洋学反应往往滞后两年，两年后缅因湾飞马哲水蚤数量减少，结果，露脊鲸的产崽率急剧降低。2003年，肯尼、格林和潘兴与美国国家海洋渔业局的

---

① 约合6米。

杰克·乔西（Jack Jossi）共同发表论文，阐述了海洋的力量、气候的多变性与北大西洋露脊鲸繁殖状况之间的联系。气候变化对这些鲸鱼的直接影响在于可获得猎物的多少，以及是否有合适的大气条件，让飞马哲水蚤进入缅因湾并形成高密度的聚集群。

他们在文章中指出："通过过去 40 年的观测，我们看到气候带来的洋流变化，给（缅因湾）浮游生物的生态造成了深远的影响。"

> 在商业捕鲸盛行的几个世纪中，导致露脊鲸死亡的罪魁祸首显然是人类。捕鲸活动停止后，我们关注的焦点仍然是航运和捕鱼等直接影响鲸鱼死亡率的人类活动。因为比起出生率，死亡率更能影响露脊鲸种群的恢复速度，所以减少船只碰撞和避免渔具缠绕的保护工作是必要的。然而，除此之外，我们认为还应当关注多变的气候给露脊鲸产崽率带来的影响。如果无视气候方面的影响，我们可能会低估确保北大西洋露脊鲸种群恢复所必需的保护工作。

114

肯尼及其合作者都认为，如果北大西洋涛动长期为负值，那么露脊鲸的产崽率将下降到极低的水平，以至于不足以对冲人为原因导致的死亡率，继而无法维持露脊鲸种群的数量。当然，随着时间的推移，可能出现北大西洋正向涛动，带来充沛的食物，让露脊鲸从中受益。但是，北大西洋涛动年复一年正负波动剧烈，多变的气候容易让已经苦苦挣扎在存活线的露脊鲸种群陷入更艰难的繁殖困境。肯尼等人指出："说到底，我们很难判断北大西洋露脊鲸种群恢复的长远前景，就像我们很难预测西北大西洋区域的气候变异和变化。"

直到最近，生物学家才意识到，须鲸在生态系统和气候调节中起到的作用远比他们之前以为的要大。露脊鲸也是须鲸的一种。相较其他海洋物种，鲸鱼虽然数量不算多，但是很可能在海洋中充当着营养循环泵的角色。鲸鱼以桡足类动物和磷虾为食，排出絮羽状粪便和尿液，为浮游植物的生长提供肥沃的水源，自下而上地支撑着海洋中的食物链。而捕鲸导致鲸鱼数量减少，破坏了这个循环系统，可能进而影响了海洋中的碳储量和鱼类资源。气候变化可能会给北大西洋露脊鲸种群带来负面影响，所以如果想要露脊鲸的种群数量稳定恢复，我们就需要一个更加稳定的海洋环境，来抵御气候变化带来的潜在影响。

然而，对露脊鲸保护者来说，这几乎是不可能完成的挑战。没有任何组织或者联盟具备人为推动大气和海洋变化的能力。由于露脊鲸与环境的关系过于特殊，诸如迁移或人工圈养等适用于其他动物的保护方法也都显得不切实际。毕竟没有任何水族馆可以圈养 70 吨重的露脊鲸，而且到目前为止，我们还无法为露脊鲸提供其他食物来源。

115

提高露脊鲸的遗传多样性，应该有助于改善种群的规模和繁殖率。一部分科学家曾萌生过把南露脊鲸引入北部种群的想法，但这项工作困难重重，因为南露脊鲸体内的脂肪会阻止它们前往赤道附近的温暖水域。犹他大学的研究人员通过研究鲸虱的基因，推测在200万到100万年前，至少有一头南露脊鲸曾向北迁徙过。但显然，自然资源保护主义者不能把赌注押在百万年一遇的偶然事件上。

我们还有一个选择：科学家可以更粗暴、更直接地干预鲸鱼种群的基因库。随着科学家收集到越来越多的新生幼鲸DNA及其亲子关系的数据，他们发现有一部分雄性露脊鲸不曾生育后代。鉴于露脊鲸交配方式的本质是精子竞争，这可能就意味着有些雄性露脊鲸虽然在海面活跃群中占据了主导地位，但它们贡献的精子无法存活，进而导致雌性露脊鲸的受孕次数减少。特伦特大学的布拉德·怀特解释说："问题在于，如果我们发现了那些占优势却有生育问题的雄性露脊鲸，我们要杀死它们吗？"从长远来看，确保露脊鲸存续的最佳方式，或许就是从现在这个小种群中捕杀某些个体。这个可能性引人深思。

*　*　*

2014年春，加拿大安大略省特伦特大学的一个实验室以活检样本为依据，开始着手描绘露脊鲸1334的基因图谱。布拉德·怀特猜测，是不是1334携带了某种特殊的基因，让它可以无论营养条件好坏都能产下幼鲸？在所有雌性露脊鲸中，

116 1334 是繁殖能力最强、生育最为稳定的。它不受北大西洋涛动、墨西哥湾暖流或者南方涛动指数的影响，产下了 9 头幼鲸。最初，1334 的核DNA分析结果显示，它的等位基因高度纯合，也就意味着它的父母代不存在明显的遗传差异，这在露脊鲸群体中非常普遍。怀特翻看了 1334 的DNA图谱，几乎每张图表都显示着染色体上一个接一个的等位基因完全相同。"在变异性更高的物种中，这种情况很少见。"怀特这样批注道。

怀特之所以猜测 1334 的生育能力和基因有关，是基于学界对另一个物种越来越多的研究。这个物种虽然与鲸鱼完全不同，但是在 5000 万年之前，它曾与鲸鱼有着共同的祖先。那就是奶牛。在过去的 40 年中，人为的基因选择让奶牛的平均产奶量翻了一番，但是奶牛的生育能力与产奶量成反比。在强烈的经济动机驱使下，我们迫切地想要解开奶牛产奶量与繁殖能力之间的遗传关系之谜。2009 年，美国国立卫生研究院和农业部领导的研究团队宣布，300 名科学家历时 6 年，成功完成了对一头来自蒙大拿州的海富特母牛（Hereford cow）的基因组测序工作。结果显示，这头名为"L1 Dominette 01449"的母牛大约拥有 22,000 个基因，其中 14,000 个基因是所有哺乳动物共有的。在后续研究中，科学家确定了奶牛基因组中与牛奶、脂肪和蛋白质产量等性状相关的基因和染色体区域。其中，怀特认为与繁殖相关的部分最为重要，他说："基于对牛类的研究结果，我们确定有一些基因让动物更能适应低营养的环境，在低营养状态下依然可以受孕或维持妊娠。"怀特相信，通过对北大西洋露脊鲸的基因组进行测序，研究那些已经在奶牛身上证实会影响繁殖的基因区域，可以慢慢弄清基因究竟是如何影响露脊鲸的营养、环境以及繁殖状态。2013 年，怀特把北大西洋露脊鲸的遗传物质寄给了犹他大学的分子生物学家，后者已经完成了南露脊鲸的基因组测序。2014 年，他们绘制出草图，着手初步比对北大西洋露脊鲸与奶牛以及南露脊鲸的基因组。

117

特伦特大学实验室对 1334 的线粒体DNA也很感兴趣。线粒体DNA遗传自母亲，通过卵细胞核和细胞膜之间的细胞质进行遗传。线粒体DNA的某些部分进化速度比核DNA快十倍，可以揭示许多有关动物行为的信息。与候鸟一样，露脊鲸以及其他须鲸亚目（*Mysticeti*）物种对哺育幼鲸的地点表现出非常高的忠诚度。母鲸会选择自己的母亲曾使用过的“托儿所”，并将这种忠诚遗传给女儿，形成一个可以追溯到数百万年前的传承谱系。这些血统谱系或者说“部落”，通过不同的单倍型呈现在鲸鱼的线粒体DNA结构中。南露脊鲸的线粒体单倍型多样性非常显著，雌鲸至少拥有几十组不同的单倍型。相比之下，如今的北大西洋露脊鲸种群只存在 5 种独特的单倍型，其中 1 种仅见于 4 头雄鲸，这种单倍型未来会随着这 4 头雄鲸的离世而彻底消失。

然而，麦克劳德通过分析从圣胡安残骸中发掘出来的 16 世纪鲸鱼骸骨，发现了现代种群中不存在的第 6 种单倍型。这证明曾经可能有一群露脊鲸去过贝尔岛海峡觅食，但被巴斯克人杀死了。这个可能性非常耐人寻味，因为这种特殊线粒体单倍型的消失，意味着露脊鲸遗失了曾经的觅食地信息，这有助于解释为什么如今露脊鲸不再出现在那片海峡。另外，芬迪湾鲸群之所以能从捕鲸时代幸存下来，可能只是因为捕鲸人认为那片水域太危险，不适合捕猎。

通过分析露脊鲸的线粒体DNA，科学家意识到被捕鲸人捕杀的远远不止是鲸鱼个体。历史上，北大西洋露脊鲸曾遍布撒哈拉西海岸、亚速尔地区、比斯开湾、不列颠群岛西部以及挪威海，而捕鲸人的捕杀很可能导致了雌鲸传承露脊鲸文化的灭绝。这一认知使得像 1334 这样时不时出现在奇怪地点的离群鲸鱼变得更加迷人。鲍勃·肯尼说：“北大西洋露脊鲸曾经有一个古老的名字，叫作**北部鲸**（*Noordkaper*[①]），意思是挪威北角。有一头名叫波特（Porter）的雄鲸曾在那里出现过。我们还会在一些奇怪的地方看到鲸鱼，比如格陵兰岛和冰岛附近，圣劳伦斯湾也有一些。”是不是露脊鲸的DNA中铭刻着一些模糊的记忆，让这些离群的鲸鱼在觅食时追寻着古老的迁徙路线，重访历史栖息地？2013 年鲸鱼没有在芬迪湾出现，是不是因为它们又找到了另一个古老的觅食地？那里是否也面临着气候变化带来的威胁？

2014 年底，布拉德·怀特向我展示了他们实验室对露脊鲸 1334 的DNA分析结果。不出所料，1334 的单倍型属于“B”

---

① 荷兰语中的北大西洋露脊鲸。

组雌鲸，为非芬迪鲸，而核DNA可以告诉我们，它所产幼鲸中的两头的父亲是谁。其中一头幼鲸的父亲是1055号露脊鲸，它于1979年首次被目击，此后经常于5月下旬出现在新英格兰大南海峡。另一头幼鲸就是凯蒂·杰克逊在2013年取样活检的那头，它的父亲是1513号露脊鲸。1513的尾巴上有一道白色的疤痕，看起来很像牙膏，所以也被叫作“佳洁士”(Crest)。佳洁士于1985年在科德角湾首次被目击，次年它又出现在新斯科舍南部的罗斯威盆地（Roseway Basin），就在同一周，新英格兰水族馆的研究人员在该地区记录下大约70头鲸鱼，创下了历史纪录。罗斯威盆地很少出现雌鲸和幼鲸，几乎都是雄鲸。（不过，20世纪90年代，由于食物匮乏，雄鲸似乎也抛弃了这一地区。）近年，研究人员发现佳洁士经常在春末经大南海峡北上，可是，它到底是在哪里与1334产生交集并完成交配的呢？

科学家推测冬季是雌鲸的受孕期，所以我们最大的线索就是佳洁士冬季曾出现在哪里。2008年至2010年，佳洁士都曾出现在缅因湾。露脊鲸的研究人员一致认为，那里很可能是露脊鲸的主要交配地。2013年，包括布拉德·怀特在内的7位科学家共同在学术期刊《濒危物种研究》（*Endangered Species Research*）上发表了6年来的航空调查数据。数据显示，整个露脊鲸种群中，大约有一半露脊鲸会在11月至次年1月出现在缅因湾。然而，正如鲍勃·肯尼告诉我的那样，这个“叛

119

逆”的物种一如既往，一旦研究人员觉得找到了规律，它们马

上就反其道而行之。在那篇文章发表之后，冬天的缅因湾就很难再看到鲸鱼了。

还有一个未解之谜，那就是1334以及它的非芬迪兄弟们在夏季到底去哪里觅食。一些研究人员认为可能是加拿大东南部的圣劳伦斯湾（Gulf of St. Lawrence）。过去几年中，露脊鲸联盟在加拿大展开了一项范围极广的调查，覆盖了爱德华王子岛省、新斯科舍省、新不伦瑞克省、魁北克省和纽芬兰省。他们在300多个码头分发宣传册，向加拿大海岸警卫队船只、渡轮和观鲸公司征集露脊鲸的目击信息。还有研究人员负责分析声学监测装置的数据，这些装置分布在斯科舍大陆架以及冰岛以南、格陵兰岛以东的送别角，他们试图从声学记录中找出露脊鲸的鸣歌。阿根廷科学家已经开始借助卫星来统计南露脊鲸的数量，如果露脊鲸联盟发现了露脊鲸的线索，很可能也会效仿阿根廷的同侪们。我觉得这真的非常不可思议，它们那么大，却这么难找，居然需要动用卫星大小的空间望远镜从太空才能看到。我很想知道露脊鲸1334到底去了哪里，但同时，我也很庆幸它如此难以捉摸。但愿海洋足够大，让它可以逃离那些威胁它和它同类的力量。

第5章　冻住的乌鸦

夏威夷乌鸦

121

曾经，诺亚建造方舟来挽救世界的生物多样性；如今，科学家发明了冷冻库。在美国自然历史博物馆地下实验室的外面，我见到了朱莉·范斯坦（Julie Feinstein）。她的这间实验室叫作安布罗斯·莫内尔低温冷冻库（Ambrose Monell Cryo Collection），我猜实验室大概位于矿物展厅或陨石展厅的下方，具体位置不太清楚。我们一路七弯八拐，穿过不知多少个展厅，经过地下储藏室和收发室，终于来到了这间实验室。

美国自然历史博物馆创立于1869年，一直是纽约市的重要机构。很多学生和游客前来参观著名的雷龙化石和蓝鲸展览，但其实博物馆只是该机构最不起眼的一个侧面，人们往往注意不到，这里还是坐拥200多名科学家的高产科研机构。美国自然历史博物馆作为科研机构的一面小心翼翼地藏在伪装门之后，不为公众所知。在这些门的后面，是迷宫一般的回廊和工作人员专用的秘密电梯。见识过内部的真实情况之后，这家博物馆在我眼中仿佛成了魔术师的神奇高顶帽，不断有小兔子

122

从里面冒出来。博物馆园区内的蔡尔兹·弗里克大楼（Childs Frick Building）高 10 层，总面积 4 万平方英尺，是世界上最大的哺乳动物和恐龙化石收藏馆，但是从外面完全看不出来。截至最近，美国自然历史博物馆的总藏品数超过了 3300 万件，但其中 99%的藏品都不曾公开展出过。

范斯坦的实验室是藏在美国自然历史博物馆里的一个奇迹。这个实验室是世界上最大的超低温冻存组织样本库之一，位于蔡尔兹·弗里克大楼西侧边缘的一个小地下室，邻近纽约上西区 77 街和哥伦布大道的拐角。前往实验室的路上，会经过一个 3000 加仑大小的液氮箱，箱子四周围着 8 英尺高的栅栏，栅栏的顶部有 6 英寸长的金属钉。液氮由此注入到实验室的不锈钢罐子里，那些罐子里装着来自世界各地的鲸鱼、鸟类及其他各类生物的样本。样本共计 87,000 个，冷冻保存在零下 160 摄氏度的环境中。

范斯坦是这个冷冻库的负责人，她在植物学专业取得了硕士学位，业余时间喜欢写作，创作了很多关于城市野生动物的书。每天早上上班时，范斯坦从布鲁克林乘坐地铁，在 59 街站提前下车，然后走 1 英里。她这样做是为了方便观察栖息在曼哈顿市中心和中央公园的鸟类、昆虫和动物。范斯坦身穿蓝色牛仔裤，粉色系扣衬衫，一身休闲打扮。我和她一起坐在她整洁的办公室里，聊她的工作，还有美国自然历史博物馆冷冻库的价值。她告诉我："这里很多物种样本都是绝无仅有的无价之宝。有些物种由于一些政治上的原因，很难前往其所在地收集样本。到世界各地采集这些样本的花费可不低。这些动物都是为科学献身的，某种意义上来说，它们是真正的无价之宝。”冷冻保存组织样本并非易事，或者说，为了给后人留下完整的DNA而冷冻样本并不容易。“组织样本很难储存，因为它们熵值很高，内部结构混乱无序。冷冻样本的温度非常低，实验处理起来很困难。我们现在的储存方式并不妥当，也不可靠。”

夏日炎炎，不锈钢罐的表面结满了冷凝水，很难想象里面到底装着什么稀世珍宝。我问她，能不能打开一个看看。为了避免接触，范斯坦戴上了塑料护目镜和厚厚的橡胶手套。罐子很粗，要两三个成年人才能合抱，而且很高，范斯坦要踩在小台子上才能够到顶部的盖子。盖子打开的一瞬间，浓浓的白雾四溢而出。罐子内部温度极低，可以把水果冻得像玻璃一样一碰就碎。范斯坦让我站到台子上，提醒我不要深呼吸，避免吸入过多液氮雾气。罐子里面像一个巨大的《猜谜大挑战》[①]棋盘，分成6个区域，每个区域里有9个金属架。范斯坦戴着手套转动棋盘，拉出一个架子。架子上堆叠着13个白色的盒子，每个盒子里有100个2英寸的小瓶子，都贴着条形码和序列号。她用镊子从盒子里随便取出一个小瓶，晃了晃给我看，里面装的东西看着像是一个豇豆。范斯坦看了看条形码，告诉我：“这是110029号。”我们来到隔壁的办公室，她打开了电脑里

123

① Trivial Pursuit，一种用棋盘玩的智力游戏。

的藏品数据库。“找到了，110029 号是来自纽约市卫生局的一只蚊子。”她停顿了一下，似乎是在记忆里搜索着，“我记得这只蚊子，它好像是谁的博士论文研究对象。”

安布罗斯·莫内尔低温冷冻库可以容纳数百万个样本，自 2001 年建成以来，每年都会新增大约 1 万个样本。这里收藏着除了人类以外的全部生物样本。这些样本是博物馆根据物种基因构成绘制生物进化关系图的基础，每个样本都按照门、纲、目、科、亚科、属、俗称以及所在洲、国家或水体进行分类，归档编入虚拟数据库。这里很多标本都极为罕见，它们采集自世界各地，包括高度濒危的岛屿灰狐，南太平洋瓦努阿图岛海域的鹦鹉螺，还有来自华楚卡山脉的豹纹蛙。其中，最为奇特而又鲜为人知的，要数从骆驼、驴和海牛身上采集的大量非人乳头状瘤病毒样本。另外，鳞翅目昆虫学家丹·詹曾（Dan Janzen）的毕生心血——40 年来在哥斯达黎加采集的蝴蝶样本——全部保存在这里。美国国家公园管理局收集的所有组织样本，包括加州神鹫、斑林鸮和卡纳蓝蝴蝶，也都收藏在这里。安布罗斯·莫内尔低温冷冻库旨在成为全球最大、最全面的遗传多样性收藏馆，而范斯坦从中随意挑选出的样本，可能就采集自离我们不远的水坑，这听起来似乎有点滑稽。当然，表面上丝毫看不出来什么，因为所有小瓶子的外观都一模一样，只是里面装着的东西各不相同。

124

范斯坦负责整理低温冷冻库的海量样本数据，她需要确保准确编目每一份样本，以便随时提供给世界各地的科学家，供他们进行样本研究。她像是一位图书馆管理员，只不过她同时还是一位分子生物学家，而且她面对的藏书都是绝世孤本，编目错误或保存不当会让这些书籍变得难以理解、失去意义。这项工作要求极高的个人能力，而且需要在细节上非常耐心。在野外采集原始样本往往非常困难，为了让这些样本可以保存几百年，她需要按照实验室的标准对样本加以处理。范斯坦说，这个过程充满了挑战。首先一点，特立独行的科学家们收集来的样本实在过于千奇百怪。她做了个鬼脸，说起有一次一位生物学家送来一个黑色的垃圾袋，里面满满装着墨西哥山区特有的草药，还有一沓复印的田野笔记。结果，她花费了一年半的时间，为袋子里的850个样本一一编目。

在范斯坦的管理下，美国自然历史博物馆的低温冷冻库备受赞誉，成为遗传资源保存方面的典范。我见到她时，她刚参加了全球基因组生物多样性联盟的第一次会议。该联盟是有关生物多样性冷冻库的全球性联盟。会议期间，几位德国纪录片制作人采访了范斯坦。他们对她说："你是一个英雄。"我还听过很多人盛赞范斯坦是基因库领域的领军人物。她很特别，因为她精通两个截然不同的学科——数据管理和分子系统学。这次会议在伦敦举行，与会者关注的焦点是推动建立单一的、全球可访问的组织样本数据库。范斯坦说："数据库是世界上最无聊的话题。"但是，建立基因库迫在眉睫，这是她的使命。当今，物种数量不断减少，面临灭绝威胁的物种增多。在这样的时代背景下，冷冻组织越来越被视为规避另一种风险的最佳

125

途径，这种风险有时被称为秘密灭绝，即部分物种遗传多样性在被观测或被记录之前就消失不见。“这项工作肩负着全球性的重大责任。”范斯坦说道，“我们每天都在为拯救地球而努力。”

* * *

几个世纪以来，人类一直在收集身边的生物。填充标本，用钉子固定，然后收藏起来，以满足科学家和公众对地球生物多样性的好奇心。现今，在全世界大约 6500 个自然历史博物馆中，共保存着大约 24 亿件标本，预计到 2050 年，标本总数还会扩大 5 倍。大约 30 年前，科学家开始从另一个维度收集样本，他们不再囤积标本，而是采集基因。基因组学是专门研究DNA的学科，可以帮助我们深化对进化生物学、分类学、生物化学、群体遗传学和人工繁育动物种群管理的认识。随着这一领域的不断发展，科学家发现他们需要冷冻组织来用于研究。但是，最初的保存方法混乱无序。“各个学术机构的科学家都在研究，但最后他们用的样本往往不知所终。或许他们把样本放在了实验室后面的冷冻箱里，后来冷冻箱坏了，或者他们退休了，于是数不清的材料就都不见了……我的天啊！”乔治·阿马托（George Amato）说道。阿马托是美国自然历史博物馆赛克勒比较基因组学研究所的所长，低温冷冻库正是在该研究所的监管之下。低温冷冻库是为了集中收藏样本，提高样本潜在的科学价值，主要收藏博物馆内部人员收集的样本，但也有很多样本来自其他地方。后来，类似的样本库不断增多。比如，2011 年美国的史密森学会[①]开始建造可容纳 420 万件标本的新设施；基因库联盟的“国际生命条形码计划”准备从 50 万个物种上取得 500 万条DNA条形码记录。“万种脊椎动物基因组计划”正在从 17,000 个物种上收集组织和DNA样本，以期完成 1 万个基因组的测序分析。该项目的启动公告上称，这是史上最为宏大的分子进化科学研究，项目发起人表示：“如果可以轻松地一下子检索几千个遗传标记，那将有助于解答物种保护方面许多重要的问题，迄今为止这些问题一直难以解决。”另外，在澳大利亚达博市（Dubbo）的西部平原动物园，液氮冷冻保存着 700 亿个珊瑚精子和 220 亿个胚胎细胞，可用于培育大堡礁地区受威胁的珊瑚物种幼虫。

126

随着大自然挑剔而周期性的变化趋势，科研资助方向和研究重点也在不断调整。如今，冷冻保存全球生物多样性的做法已经相当主流，人们对保存遗传物质充满了热情，这与 19 世纪时人们热衷建造标本馆、动物园和自然历史博物馆如出一辙。

奥地利遗传学家和植物育种家奥托·弗兰克尔（Otto Frankel）是最早意识到有必要拯救全球生物遗传多样性的人物之一。弗兰克尔出生于 1900 年，年轻时是共产党员，立志投

① Smithsonian Institution，亦作史密松学院、史密森尼学会，美国唯一由美国政府资助、半官方性质的第三部门博物馆机构。

身于解决饥荒问题，所以在大学选择了农学专业。20 世纪 60 年代，他成为遗传资源保护领域的先锋，参与了国际生物学计划。该计划于 1964 年在巴黎召开了第一次大会，旨在协调大规模的生态研究，明确优先事项。几年后，弗兰克尔协助组织了“植物遗传资源的开发、利用与保护”会议，这次会议成为遗传资源保护史上的里程碑。奥托意识到，植物物种的遗传多样性正在日益减少，为了应对这一问题，各机构需要长期储存种子样本、完善数据编目的信息化，并为各地的遗传资源中心搭建全球性网络。最重要的是，他强调人类对遗传多样性存在极大的影响，我们“承担了进化的责任，同时必须建立起‘进化伦理’”。1974 年，弗兰克尔前往加利福尼亚州伯克利市参加国际遗传学大会，并发表了一篇题为《遗传保护：我们的进化责任》（Genetic Conservation: Our Evolutionary Responsibility）的论文。后来，保护生物学领域的领军人物表示，这篇论文提出了物种保护的概念和道德议程，极具开创性。弗兰克尔说，进化伦理是指人类文明认识到其他物种的存续和进化与人类自身的存在是完整的一体。在召开于伯克利的会上，弗兰克尔发表了演讲：

127

> 无论是农业社会之前的人类祖先，还是后来的农民，他们关心的只是下一顿饭或者下一茬庄稼。人类在农业社会之前依靠丰富的物种多样性，在农业社会之后依赖可自我复制的种内遗传多样性，而科学选择的出现结束了这一状况。如今，人们关注的是保护和扩大基因库。基因库保

> 护的时间跨度可能是未来50年或100年，这还仅仅是当下的认知，技术发展瞬息万变，我们甚至无法预见到时我们种植的是什么农作物。但是，野生动物保护的情况完全不同。我们最近才开始关注野生动物保护，这是人类破坏环境带来的后果。自然保护领域正在为建立保护区和立法而奋斗。或许最终是为了持续永存，但我们设立的目标往往是短期的。然而，野生动物基因保护只有在进化的尺度上才有意义，我们必须放眼未来。

一年后，圣地亚哥动物园提出了建设“冷冻动物园”的计划，该园的分子生物学家奥利弗·莱德（Oliver Ryder）开始收集并冷冻野生动物组织样本。这项计划的主要目的是保护珍稀濒危动物，与此同时，正如弗兰克尔所说，他们把目光投向了遥远的未来：准备打造一艘基因方舟。20世纪70年代，生物学家越发意识到收集基因样本的必要性。英国环境学家诺曼·迈尔斯（Norman Myers）曾在1976年指出：“物种间和物种内的遗传多样性都非常重要。在通过研究来削减不确定因素之前，我们应当保留尽可能多的选项。物种保护主要需要做的就是留出足够多具有代表性的生物群省①，以便将保护范围扩大到整个物种群落。” 128

---

① biotic province，指边界明确并且可以反映该区域内生态演化阶段的生物地理区。

在冷冻动物园中，科学家不仅冷冻具有遗传价值的个体组织样本，还会冷冻保存稀有个体的精子、卵子以及胚胎，以便日后用于一系列的辅助生殖技术。保护生物学家罗伯特·莱西（Robert Lacy）将这一过程描述为进化的暂停或者冻结，她说："冷冻保存配子[1]和胚胎是延缓进化的强力工具，因为这让早已死亡的基因源个体也能繁育后代，成为遗传学意义上的亲代。"在圣地亚哥，生物学家用冷冻保存的精子为雉鸡进行人工授精，成功孵化出雏鸡。他们还采集了死亡南白犀的卵细胞和精子，供体外受精使用。冷冻动物园自组建以来，已经收集了来自1000多个代表性物种的上万动物个体的组织样本。随着更为复杂的辅助生殖和克隆技术的出现，冷冻动物园成了名副其实的冷冻库，科学家期待着用这些样本实现保存并复活所有动物的宏愿。

冷冻动物园、低温冷冻库以及世界上其他的基因库计划，这些都着眼于遥远的未来，很难想象届时科学家会拥有怎样神奇的技术。有时，这些样本就像是某个历史瞬间的快照，比如或许100年以后，湿地冷冻水的样本会揭示出恢复生态系统的关键微生物，而如果没有这些样本，可能那些历史就彻底消失了。正是这种未知的潜力让这些样本无比珍贵，它们点燃了想象力，给科学家和公众带来了一种名为"如果"的兴奋和希望。"这些样本具有潜在的价值。"耶鲁大学医学和科学史学家乔安娜·雷丁（Joanna Radin）表示："或许将来真正派上用场的是

129

[1] 即生殖细胞，生物进行有性生殖时由生殖系统产生的成熟性细胞。

样本中的微生物多样性，可能这才是这些样本的真正贡献。我们还不清楚这些样本究竟有着怎样的潜在价值，但是大家说：‘我们不知道它们到底有什么用，不过它们一定有用。’”雷丁还说，低温冷冻库存放组织样本的温度，比存放用于研究的DNA实际所需要的温度还要低得多，因而保留了更多的可能性。雷丁主要研究冷冻生命的发展史，冷冻技术出现于20世纪，此后，人类学家和遗传学家得以将人类血液样本从野外带进实验室。正如奥托·弗兰克尔强调的那样，低温冷冻技术不仅可以拯救野生动植物的基因，还能拯救濒危种族和民族的基因。事实上，国际生物学计划的目标之一就是保存世界各地“未受污染”的原住民自然样本，包括他们的血液和组织。科学家满怀期待地收集着样本，他们把血液冷冻起来，保存好现在无法解释的基因秘密，以期未来的科学技术可以揭示答案，哪怕那时这些人本身已经不复存在。雷丁认为，这些原住民自然样本与生物多样性冷冻库和冷冻动物园里的样本一样，都是“蛰伏的生命”，是既没有完全死亡也不再存活的生物物质。

我在几个月的时间里前后多次参观了安布罗斯·莫内尔低温冷冻库。每次从实验室离开，我都会去楼上看一看博物馆的展品。站在半犬①和草原古马②等已经灭绝的物种化石面

---

① 又名两栖犬或古犬熊，已灭绝的犬熊属（或称半犬属）动物，生活于中新世早期至上新世末期，形态介于熊和狗之间。

② 已灭绝的三趾马科生物，生活于中新世的北美洲地区。又名 ruminant horse，意为反刍的马，但现有证据无法证明草原石马是反刍动物。

前，我试着把注意力集中到这些转瞬即逝的生命上，思考灭绝的重大含义。美国自然历史博物馆的华莱士展厅里陈列着哺乳动物及其已经灭绝的近亲，看着那些色调昏暗的非洲哺乳动物立体模型，我突然意识到定格在这一瞬间的野生动物，与我脚下的地下冷冻库里的藏品没有什么不同，只不过地下室里收藏着的DNA被冻结在了一个个小瓶子里。推动非洲哺乳动物馆落成的是卡尔·阿克利（Carl Akeley），一位生物学家、大型猎物猎人、标本制作师和摄影师，他对非洲非常痴迷。阿克利认为自己有义务保护非洲大陆上这些富有魅力的野生动物，比如长颈鹿、狮子和犀牛，需要让人们注意到正在消失的非洲景观。他曾在 1926 年时写道："我们想要讲述的那些古老的故事和场景都已不复存在。再过 10 年，曾经知道这些的人也都将离我们而去。" 1902 年，科学家在旧比属刚果境内的维龙加山脉（Virunga Mountains）发现了山地大猩猩，阿克利对此十分感兴趣。他觉得那些大猩猩很亲切，因而当他射杀了一些大猩猩带回纽约时备受良心的苛责。阿克利事后写道："我点燃了自己全部的科学热情，才勉强不觉得自己是一个杀人犯。比起这两种身份[①]，我更觉得自己是一个野蛮人，是侵略者。"

130

制作标本的时候，阿克利自认是一个艺术家。当时制作标本通常用稻草作填充物，但他没有这样做。他把大猩猩的骨架

---

① 此处阿克利所说的"两种身份"分别指他身为科学家、研究者进行科学研究的一面，以及他因射杀大猩猩而感到的内疚和矛盾的一面。

摆成他想要的姿势，用黏土捏出每一块肌肉和肌腱，再给标本包裹上皮肤，最后看起来就像在野外拍摄的照片一样自然。在看惯了IMAX的现代人眼中，或许阿克利制作的立体模型显得有些无精打采、矫揉造作，但在当时，这些作品在公开展出时被认为是现实主义的巅峰之作。在阿克利离世之后的50年里，他对非洲野生动物的担忧变成了现实。山地大猩猩的数量从几千只减少到250只至280只之间；撒哈拉以南非洲地区将近45%的土地变为了农业用地。阿克利制作的标本被定格在了时间的长河里，供后人观赏。低温冷冻库把时空压缩进2英寸的小瓶子，我甚至不知道自己看到的是鲸鱼还是蚊子，不过这与阿克利的标本没有什么不同。他们都承认时间正在悄然流逝，有时流逝的速度太快，让我们不得不赶在事物消失之前按下暂停键。从某种意义上来说，冷冻动物是退而求其次的让步，因为我们不知道还能如何拯救它们。“从本质上看，冷冻是一种延迟技术。”雷丁说道，“它把我们的行动延迟到了未来，但是这个未来可能永远也不会到来。这些藏品的价值在于它们的存在让我们有底气说：你看，我们知道有问题存在，科学是造成这个问题的重要因素，因为科学带来的工业化伴随着副产品。我们不知道今后会如何，但在未来，或许其他人会有更好的答案。所以，我们有责任为子孙后代保留一些根基，保留一些正在被我们破坏的世界。”

131

我问雷丁，冷冻样本是否标志着物种保护运动实际上在保护自然的斗争中做出了让步？我们是否已经从试图拯救地貌转向了拯救DNA？雷丁说："我不喜欢说什么代替了什么，任何科学项目都难免需要做出选择。确实有观点认为，自然保护的对象越来越简化。起初，我们试图保护整片栖息地，后来转向保护动物及其行为，哪怕让它们离开自由自在的原生栖息地也没关系。而现在，我们认为只要把DNA保存下来就掌握了它们所有的信息。"不过雷丁也表示，几十年来，人们一直坚信保存DNA就是保存了物种的本质信息，而如今，医学和科学界都出现了质疑的声音，我们需要重新审视这一观点。

一些环境伦理学家早已为我们敲响了警钟。针对遗传还原主义[1]倾向，霍尔姆斯·罗尔斯顿（Holmes Rolston III）提出的对策最有说服力，也最具启发性。罗尔斯顿提出的物种**终极目的**（telos）理论指出，生物的终极目的只有在与其他生物体的亲缘关系中才能实现。这一观点十分独特，在基因库的时代背景下尤其值得深思。罗尔斯顿读了理查德·道金斯（Richard Dawkins'）的《自私的基因》（*The Selfish Gene*）一书之后，认为书中扭曲夸大了基因在生物学中的作用，于是他撰写了《基因、创世记和上帝》（*Genes, Genesis, and God*），并在书中阐述了终极目的的观点。在罗尔斯顿看来，生态系统——无论是哺乳动物的子宫还是森林——与基因一样，都是

---

① genetic reductionism，主张复杂的现象可以通过分解来理解，试图用底层对象来解释高层现象，比如 DNA 与遗传智力水平的关联。

终极真理。生物体的基因指导自身的行为，保护其内在价值。但生物体不**只是**为了自己而行动，它的行动是为了保持自身与整个物种之间的历史连续性，而这一终极目的只存在于与他者的关系之中。

> 生物体的生命既是个体的内在，也会通过个体进行传递。所有自我都是在与他者的亲缘关系中获得的，而不是靠自己得到的。个体和家族的身份内置于物种族系之中，物种族系必须通过死亡和再生来存续，个体和家族的信息都存储在基因型的层面。物种是另一个层次的生物身份，随着时间的推移，它的基因会被重新认定：红杉——红杉——红杉，蜜蜂——蜜蜂——蜜蜂。身份不只依附于中心或模块化的生物体，它以一种离散的模式随着时间的推移而持续存在。个体从属于物种，但反之并不成立。印刻着生物终极目的的基因组既是一个物种的鲜明属性，也是其中每一个个体的属性。

132

我前往科罗拉多州拜访罗尔斯顿，在他家与他交谈。罗尔斯顿用更通俗的语言向我解释道：如果你把一个基因“啪”地扔到月球上，绝对不会有任何事情发生。如果没有环境让它发挥作用，基因就会变得无法解读。只有在与环境的相互作用之下，基因才是基因。没有相互关系，就没有终极目的。“人们说基因说了算，说根本上是基因控制着生物体的构造和功能云云。从那时起，人们就开始对表观遗传学[1]进行了大量的研究和思考。结果显示，没错，基因是存在的，是必不可少的。但是呢，它们还与环境**相互**作用，是双向的。生物体的生死不仅仅取决于基因。基因控制着生物体，但生物体也时刻与环境相互作用，会感知到冷啦热啦，太潮啦太干啦，或者周围来了什么东西可能会把自己吃掉。生物体把基因当作资源提示信息，基因发出信号说‘嘿，天气越来越干燥了，我需要更多这种酶’，然后开启或者关闭产生这种酶的基因。环境和基因之间的作用是相互的。世界上的每一位生物学家都明白，事实远比我们想象的复杂得多。”

* * *

圣地亚哥冷冻动物园的冷冻柜里保存着夏威夷乌鸦的细胞，这种鸟曾经栖息在夏威夷群岛的森林里，在夏威夷语中称为‘alalā。夏威夷乌鸦（*Corvus hawaiiensis*）的组织样本一般取自死去的乌鸦的眼睛或气管。科学家将这些组织切成小块，

133

---

① epigenetics，表观遗传是指DNA序列不改变的前提下，在基因组染色质水平上调控基因表达的细胞亲子代间的遗传行为。这改变了人们对基因组的单一认识，基因组序列不仅包含有传统意义上的遗传信息，还包含由相关修饰而产生的表观遗传信息。经典遗传学是指基因型的遗传，这已经不能解释所有的生命现象，表观遗传学就是在研究与经典遗传定律不符合的许多遗传现象的过程中逐步发展起来的。

混入酶和培养基，使其分化。然后，为细胞提供营养，经过一个月的生长和不断的分裂繁殖，在最后加入冷冻保护剂，防止细胞膜在冷冻时破裂。最后，将这种混合物分装到1毫升的小瓶子里，放进冷冻柜，逐渐把温度下降到零下80摄氏度，这时细胞系①就可以被冷冻到零下196摄氏度的液氮中了。圣地亚哥动物园的技术研究员安德烈娅·约翰逊（Andrea Johnson）在描述冷冻过程时写道："在休眠仍保持活性的状态下，细胞可以被冷冻很多年。但没有人确切地知道到底可以冷冻多久，毕竟这项技术才刚刚出现几十年。"在冷冻状态下，夏威夷乌鸦的细胞保留着可应用于物种保护上的全部可能。几年前，在圣地亚哥动物园保护研究所的遗传学实验室，研究人员检测了10只原生夏威夷乌鸦的线粒体DNA，这些个体来自目前仅存的夏威夷乌鸦种群。结果显示，其中仅有2个基因组存在差异。这个发现让生物学家得以一窥该物种的进化潜力以及应对环境变化和疾病的能力，可以帮助他们了解并提高幸存乌鸦的繁殖潜力。也许有一天，科学家可以利用冷冻细胞制造出精子和胚胎，繁殖出新的夏威夷乌鸦，放归野外种群。"与'冷冻动物园'合作的收获之一，就是了解到这项技术会对未来的自然资源保护主义者大有助益，而未来他们会拥有怎样的技术水平、要实现什么目标，我们现在只能想象。"约翰逊如是写道。

在夏威夷文化中，'alalā一词含义丰富，夏威夷乌鸦是一

---

① cell line，指由原代细胞培养的、第一次传代成功后所繁殖的细胞群。

种具有象征意义的精神图腾。有人说这个词源自 ala（升起）和lā（太阳），因为夏威夷乌鸦常常在清晨放声鸣叫，鸟鸣响彻森林；也有人说这个词是模仿小孩发出的声音。在 18 世纪的卡米哈米哈①宫廷中，‘alalā指御用演说家，他们以诗歌或歌曲的形式传递消息，在战争期间向战士传达命令。

134 夏威夷乌鸦体形较大，羽毛漆黑如墨，幼时眼睛呈蓝色，成年后变成棕色。它们曾遍布在夏威夷的山地森林里和山坡上，那里长着铁心木和夏威夷金合欢，盛产水果和种子，昆虫和小害虫也很丰富。森林中茂密的树冠可以帮助乌鸦保护自己和幼鸟，避开夏威夷鵟，夏威夷鵟是当地森林中唯一比乌鸦大的鸟类。与其他鸦科鸟类一样，夏威夷乌鸦非常聪明，而且情绪丰富。科学家观察到它们会把小树枝当作工具来获取食物，据说它们在野外的寿命长达 18 年。夏威夷乌鸦遵守一夫一妻制，两只乌鸦会建立长期关系，在早春一起筑巢，每年养育一两只雏鸟。它们的叫声很聒噪，时而嚎叫，时而咆哮，时而又像喃喃自语。在夏威夷语中，‘alalā的意思之一就是“嚎叫、咩咩叫、尖叫、哭泣”。19 世纪末，考古学家亨利·亨肖（Henry W. Henshaw）写道：“夏威夷乌鸦与常见的美洲乌鸦性格迥异，很难想象有什么鸟类能存在这么大的差异。夏威夷乌鸦完全没有普通美洲乌鸦的警惕性和羞怯，似乎也丝毫不惧

① The Kamehameha Dynasty，卡米哈米哈王朝，又译卡梅哈梅哈王朝。由卡米哈米哈大帝建立的王朝，是夏威夷历时最久、史实最详的王朝。

怕人类。它在树林里看到入侵者时，很可能会飞过去，还会用几声响亮的叫声来欢迎对方的到来。它甚至会跟随陌生人的脚步穿过树林，穿梭在一棵棵树木之间，以便更好地观察陌生来客，了解这位客人的性情和目的。”

夏威夷乌鸦的生存斗争史很可能始于约1500年前。那时波利尼西亚人来到了夏威夷，随着他们一起乘独木舟前来的还有猪和鹿等，这些物种与夏威夷乌鸦争夺食物。19世纪，西方殖民者的到来又给岛上带来了老鼠、狐獴和猫，加剧了夏威夷乌鸦的生存压力。放牧和伐木活动让夏威夷森林变得支离破碎，禽痘和疟疾之类的疾病也越来越多。截至1950年，夏威夷乌鸦的生存空间已经被压缩到仅存的一小片未被破坏的森林中。1985年，它们的生存状况十分严峻，生物学家认为野外仅剩5只到15只夏威夷乌鸦，其中大部分生活在科纳区（Kona District）的麦坎德利斯农场（McCandless Ranch），那是一块私人所有的土地。面对这样的灭绝威胁，美国鱼类及野生动植物管理局圈养了几只野生夏威夷乌鸦，并最终将它们转移到夏威夷波哈库罗阿（Pōhakuloa）的濒危鸟类繁殖设施，当时那里已经展开了拯救夏威夷黑雁、夏威夷鸭和莱岛鸭的工作。人工圈养的原生夏威夷乌鸦种群中，只有4对乌鸦产下了后代。

135

20世纪80年代末到90年代初，野生乌鸦种群严重衰退，而人工圈养工作举步维艰。捕捉更多野生鸟类进行繁殖的做法颇具争议，私人土地所有者与美国内政部、塞拉俱乐部法律保护基金会①、美国奥杜邦学会②以及著名的保护生物学家展开了对峙。辛妮·塞利（Cynnie Salley）家族自1915年起，经营着占地6万英亩的麦坎德利斯牧场，她对生活在自家土地上的乌鸦群有着强烈的保护意识。她认为，前来研究这些鸟类的生物学家是对乌鸦生存环境的另一种破坏，就像政府的圈养繁殖计划一样，这些行为根本没有考虑到鸦群最重要的利益，即野外生存。记者马克·杰罗姆·沃尔特斯（Mark Jerome Walters）在出版于2006年的著作《寻找神圣的渡鸦：夏威夷岛上的政治与灭绝》（*Seeking the Sacred Raven: Politics and Extinction on a Hawaiian Island*）中讲述了保护夏威夷乌鸦的故事，内容非常精彩。1991年，夏威夷州州长恳求塞利向专家开放土地，以便研究夏威夷乌鸦，而塞利写下这样一段话作为回应："通过您，野生生物学家傲慢地知会我，他们的做法是拯救夏威夷乌鸦的唯一途径。这实在令人反感，而且大错特错。"

夏威夷王国的独立主权、殖民者和美国联邦政府是长期以

---

① 塞拉俱乐部（Sierra Club），又译山岳协会、山峦俱乐部和山脉社等，美国的环境组织，著名的环保主义者约翰·缪尔于1892年5月28日在加利福尼亚州旧金山创办了该组织。1971年，曾与塞拉俱乐部一起工作过的无偿律师建立了塞拉俱乐部法律保护基金会（Sierra Club Legal Defense Fund）。这曾是一个经塞拉俱乐部特许使用其名称Sierra Club的独立组织，已于1997年更名为"地球正义"（Earth Justice）。

② 建立于1886年，美国的非营利性民间环保组织。取名旨在纪念美国鸟类学家、博物学家和画家约翰·詹姆斯·奥杜邦（John James Audubon，1785—1851）。

来存在于夏威夷历史上的几股主要力量，这场围绕夏威夷乌鸦的斗争极具象征意义。一边是政府和自然资源保护主义者，另一边是代表夏威夷原住民和土地所有者的塞利。最终打破僵局的，是一场诉讼官司以及美国国家科学研究委员会授意成立的科学委员会。1993年，诉讼双方签署协议，协议规定允许生物学家取走野生鸦群的蛋，但不能带走成年的乌鸦。这些蛋在人工孵化后，其中一些雏鸟会被放归野外，另一些雏鸟将被加入到人工饲养的种群，以提升遗传多样性。然而，从1993年到1998年，人工饲养后放归野外的27只乌鸦中，有21只不幸死亡。

1996年，生物学家从野生鸟巢中取出了最后一枚夏威夷乌鸦的受精蛋。圣地亚哥动物园夏威夷濒危鸟类保护项目主管艾伦·利伯曼（Alan Lieberman）表示，事后来看，这枚蛋对人工圈养项目具有里程碑式的重大意义。当时生物学家不确定那枚蛋有没有受精，也不知道它会不会孵化。很幸运，那是一枚受精蛋，而且成功地孵化了。6月9日，一只雄性雏鸟破壳而出，生物学家将它命名为“奥利”（Oli[①]），意为“仪式圣歌”。奥利的子嗣不多，只育有6只后代。但事实证明，它的基因足以弥补它贫乏的繁殖热情。奥利的子代繁殖能力很强，子代又生下了繁殖能力很强的孙代，让奥利的血统世代延续。2002年，最后两只野生夏威夷乌鸦消失了，此后森林里再也

136

① oli是夏威夷当地的一种圣歌，通常由吟唱者单独表演，没有乐器伴奏或伴舞。

没有出现过夏威夷乌鸦。于是，人工圈养鸦群就涵盖了该物种的整个基因库。人工饲养的 114 只夏威夷乌鸦中，有 47 只是奥利的血脉。这些乌鸦的繁殖能力很强，生物学家认为可以将几只乌鸦放归到受监管的森林保护区，在那里它们处于人类的密切监控之下，食物和护理方面也半依赖人类。利伯曼说，夏威夷乌鸦是夏威夷森林健康的重要一环，或者说是**至关重要**的一环，当地很多植物都要靠它们来传播种子，比如卡拉阿金棕和剑叶龙血树。还有夏威夷海桐，一种长有核桃状果实的灌木，也依赖夏威夷乌鸦传播种子，而且只有经过乌鸦消化的种子才能发芽。夏威夷乌鸦的灭绝，改变了它们曾赖以生存的森林中的植被构成。也许有朝一日，这些生态系统和物种之间相互依存的关系能够得到恢复，这是一个极其诱人的可能性，然而如果没有奥利，就什么都不会发生。

就像 1996 年生物学家发现的那枚受精蛋一样，保存在冷冻动物园中的夏威夷乌鸦细胞系可能也对它们未来的生存至关重要，尽管现在没有人可以断言什么。然而，保存鸟类的 DNA并不能阻止另一种意义上的灭绝，这种灭绝显然已经发生了——那就是鸟类文化的灭绝。夏威夷乌鸦是一种非常复杂的生物，它有着与灵长类动物和海豚相似的学习能力和社交能力。托姆 · 范 · 多伦（Thom van Dooren）是澳大利亚悉尼的新南威尔士大学环境人文学科的高级讲师，也是灭绝研究这一新兴领域的领军人物，尤其关注鸟类方面的研究，我从他的研究中了解到很多有关乌鸦文化的内容。用范 · 多伦自己的话

137

说，他的研究把生物学、生态学与哲学结合在了一起。他在著作《飞行路线：濒临灭绝的生命与损失》（*Flight Ways: Life and Loss at the Edge of Extinction*）中探讨了信天翁、印度兀鹫和美洲鹤在 21 世纪的命运。他笔下这些有血有肉的物种正上演着一场悲剧，数百万年来的进化终于在我们的有生之年走到了尽头。

范·多伦来自德国，是蕾切尔·卡逊环境与社会中心的访问学者。他告诉我，他一直对渡鸦以及各种乌鸦非常着迷。他曾在夏威夷的乌鸦人工圈养中心待过几个星期，在那里观察鸟类，与动物管理员、生物学家和当地的夏威夷人进行交流。范·多伦说，看着世界上仅存的夏威夷乌鸦都被关在大鸟笼里，他的心中苦乐参半。那些乌鸦给他的第一印象和 19 世纪鸟类学家描述的样子差不多，它们穿梭在长长的笼子里，就像在森林的树枝间飞来跳去，想要仔细看看是谁闯入了它们的家园。“看到那些乌鸦时，我悲喜交加。人工圈养的乌鸦太让人难过了，因为它们原本是适应性那么强、那么聪明的社会性动物。”

范·多伦解释说，鸦群是否保持着林栖鸟类的行为模式，是夏威夷乌鸦保护工作的核心问题。与其他一些鸟类不同，夏威夷乌鸦并非一出生就具有特定的行为习惯。孵化后的一年里，幼鸟加入到由多代成员组成的更大的鸟群，它们从亲代那里学习如何成为一只合格的乌鸦。20 多年来，为了确保幼鸟存活，人工圈养的夏威夷乌鸦产在巢里的蛋都被取了出来，放到孵化器中孵化。直到2013年，雌鸟才第一次被允许孵化并抚养自己的幼鸟。在此之前，所有现存的夏威夷乌鸦都是人工孵化和抚养的。有证据表明，在人工圈养下，夏威夷乌鸦代代相传的特有行为已经消失，它们的鸟类文化已经发生了实质性的变化。它们鸣唱的曲调也变少了。20世纪90年代，人们试图将圈养的夏威夷乌鸦放归野外，当时这些鸟类似乎已经不知道如何躲避夏威夷鵟了，而原本的野生夏威夷乌鸦曾经懂得联合起来对付这类猛禽。圈养让乌鸦习惯了人类，它们已经不会自己觅食了。失去这些习性，严重地损害了它们在野外的生存能力。范·多伦与夏威夷当地人讨论了夏威夷乌鸦的问题，辛妮·塞利也在其列，她为了保留自家土地上最后一只野生乌鸦，付出了艰苦卓绝的奋斗。塞利告诉范·多伦，她认为人工圈养已经大大改变了夏威夷乌鸦，以至于它们现在成了与从前完全不同的物种。

138

> 它们曾经是森林里的王者。它们追逐老鹰，老鹰也怕它们。事实上，幼鸟放归野外四五年之后，老鹰才意识到这些乌鸦与以前追逐它们的乌鸦不同，现在的这些乌鸦与其他猎物并无二致……原来的野生鸟儿都已经消失不见。（金奥浩鸟类保护中心的）所有乌鸦都是人工饲养的。我真的觉得，无论现在这些鸟儿在森林里表现如何，它们都已经是与从前不同的物种了……无论现在放生的是什么，都要从零开始进化。它们必须重新学习一切，包括鸣

叫……所以，从语言开始，它们需要在短时间内学习大量的东西。

在范·多伦看来，鸦科动物的物种原真性和身份问题令人困惑，而且没有什么意义。因为鸦科动物的智慧让它们有着一种不可思议的能力，可以适应人类数千年以来的文明。比如，在今天的日本，大嘴乌鸦懂得借助路上开过的汽车压开坚果，并在红灯时取回果实。还有北美洲的乌鸦，它们已经成了人类垃圾的优秀清道夫。在21世纪，或许只有具备了这些习性，才算得上是一只真正的乌鸦。范·多伦对我说，我们应当灵活地看待夏威夷乌鸦应该做什么、不应该做什么。即使它们的行为与祖先不完全一致，或许它们不再从树上而是从垃圾箱里觅食，但是它们仍然可以是夏威夷乌鸦。范·多伦认为，从野生 139 到圈养再到放归，我们应该重视的是文化的连续性。“物种保护至少在一定程度上是为了维持已经进化（或者仍在进化）的‘生活方式’。它们在这个世界上的生存方式远比人类文化更为复杂，如今，它们的这种生活方式受到了威胁。”范·多伦的观点植根于哲学和人类学，在他看来，“灭绝是物种的死亡”已经远远不足以解释像夏威夷乌鸦这样的动物在今天所发生的一切。灭绝意味着“构造精妙的生活方式”正在慢慢瓦解，物种的世代传承被打断，最终，它们将从这个世界上消失。

基于这些原因，范·多伦认为，把生物组织基因库视为物种保护的手段存在很大的问题。“成功分离出基因组就等于抓住了生物体和物种的本质，这种想法实在过于简化。基因决定行为的观点并不符合现实发展的过程。但可悲的是，这种观点一再出现。我在博士论文中讨论了知识产权与植物资源的问题。人们为基因序列申请专利，仿佛基因组就是生物体的蓝图。”有观点认为，基因储存无疑有百利而无一害，那代表了蕴含希望的未来。范·多伦在为一本即将出版的低温物理学专著撰写的文章中，对这种观点提出了疑问。“所有用于保护濒危物种的低温技术都有一个共同点，即它们都或多或少地没能**保住**很多人想要保留的东西。**迁地保护**背后的逻辑是还原主义，即‘藏品’必须脱离它们赖以生存的巨大关系网，不论是活着的鸟、种子还是DNA样本。”我们无法在液氮中保存文化，就像我们无法保存夏威夷乌鸦所栖息的森林。不会有人觉得只要冷冻了人类的DNA，就是保存住了我们之所以为人的本质。

不过，范·多伦并不是说我们应当放弃基因库。事实上，与人工圈养一样，基因库也是不得已的办法。没有这些人工干预，夏威夷乌鸦可能根本无法存活。显然，这就是为什么范·多伦看到人工圈养的夏威夷乌鸦时会感到苦乐参半。它们还活着，活着就有希望。就像夏威夷谚语说的，*Ke nae iki nei no*，一息尚存。但这依然令人悲伤，因为它们的气息正在消散。

140

范·多伦在《飞行路线》中写道，人类或许可以从乌鸦身上学习如何哀悼。哀悼是人类的本能之一，认为其他物种可以指导人类行为的想法在我看来相当激进。但是，人们观察到乌鸦不仅会哀悼、呼唤以及祭拜死者，它们甚至会避开曾经有乌鸦去世的地方。正如范·多伦指出的："一只乌鸦的死亡意味着'这里有危险'，这足以让乌鸦几年都不再来这个地方，它们会改变飞行路径，调整日常的觅食路线。那么，整个乌鸦种族以及其他许多物种的消亡，又在向全体具有感知力、观察入微的观察者传达着怎样的信息呢？这些物种的灭绝何尝不是在发出警示，**我们**应当去寻找新的飞行路线，应当在这个脆弱而又不断变化的世界中，寻找新的生存方式。"

后来我了解到，在夏威夷语中，女子因为失去心爱之人而发出的哀号也叫'alalā。

*　*　*

有时间治疗枪伤患者，却不去倡导立法管制枪支，医生因此而受到的指责是毫无道理的。同样，我们也不能指责基因库的支持者不注重在原生环境中保护物种。我发现，保护生物学家和遗传学家就像急诊医生，在灾难发生时，他们按照应急处理的工作流程，对生物多样性的损失进行分诊。面对物种灭绝的威胁，他们不得不在资金有限的情况下，迅速拿出拯救物种的方案，而通常的做法就是在有限的基因库消失之前设法将其保存下来。未来，我们会需要这些冷冻储存在小瓶子里的生命快照，需要记住它们、理解它们，甚至可能需要重新创造它们。在这个物种加速灭绝的时代，谁又能否认基因库在物种保护领域的重要性呢？我们无法预知未来会出现怎样的灾难，无法预测基因库是否可以抵御即将到来的生态危机洪流，也不确定这些是否可以让我们有朝一日恢复那些已经永远消失的风景。

141

末日危机意识渗透到了世界各地的基因库计划之中。挪威在北极附近的冰架上开凿了储藏种子的贮藏库，以便在核战争或自然灾害爆发时，可以保证全世界农业生物的多样性，保障全球的粮食供应。这个贮藏库名为斯瓦尔巴全球种子库（Svalbard Global Seed Vault），位于斯瓦尔巴群岛（Svalbard archipelago）。之所以选择这个地方，一部分原因是这里海拔较高，即使全球变暖导致极地冰盖融化，这里也不会被淹没。2006 年，英国科学家联合发起了名为“冷冻方舟”（The Frozen Ark）的计划，宣布要在 2015 年之前努力达成冷冻保存 10,000 个物种样本的目标，因为他们认为已经无法对珊瑚礁、冰盖和大部分热带雨林等野生环境予以充分的保护。哈佛大学的昆虫学家及自然保护运动领袖爱德华·威尔逊（Edward O. Wilson）曾说过，在人类认识到每一种生物的价值之前，保护每一份生物多样性都是义不容辞的当务之急。冷冻方舟计划在宣言中也引用了这句话。

然而，就像夏威夷乌鸦的例子，基因库可以保存下来的物种本质和潜力非常有限。低温冷冻库深度冻结了进化的进程，不允许物种遵循野外环境的动态自然选择。尽管如此，基因库也已然成为物种保护的一道防线。人类学家特蕾莎·海德灵顿（Tracey Heatherington）认为，基因库现在之所以看起来如此吸引人，是因为它把政治现实和道德难题暂时搁置了，这些问题留给了未来。海德灵顿在题为《从生态灭绝到种族灭绝：技科学能拯救荒野吗？》（From Ecocide to Genocide: Can Technoscience Save the Wild?）的文章中写道："冷冻方舟计划援引了《圣经》中迫在眉睫的世界灾难，并对技科学[①]干预显示出超凡的信心，反映出全球环保运动的伦理观念。然而，里约的倡议[②]屡屡碰壁之后，这些观念透出了满满的急切与讽刺。"海德灵顿是威斯康星大学密尔沃基分校的教授，她告诉我，我们对基因库的热衷揭示了现代科学上的一个悖论：我们试图通过技术手段来阻止生物多样性的消失，但这一行为本身就损害了文化和生命体相互交织而成的大自然原真性。因此，海德灵顿认为，以基因库为代表的生物本质主义和对技术解决方案的笃信，这些都非常值得怀疑。"我们之所以认为仅凭基因就能复现动物的行为特征，完全是因为我们认为动物没有学习的过程、没有文化，我们认为它们不会学习，也不会传递信

142

① technoscience，管理科学技术方面的术语，指将科学理论应用于物质生产中的技术、工艺性质的科学。技科学作为一个独立的领域，旨在通过科学研究指导生产活动，促进科学与技术的结合，推动技术的发展和应用。

② 应该是指1992年在巴西里约热内卢召开的联合国环境与发展大会，又称"地球峰会"。会上通过了《里约环境与发展宣言》《保护生物多样性公约》《气候变化框架公约》等一系列重要文件。

息。这种观点完全以人类为中心，认为动物之间没有物种文化，也不存在生物学以外的相互关系，所以我们相信生物学可以简化到基因上。”

环境哲学家布莱恩·诺顿（Bryan Norton）曾批评自然资源保护主义者抱着急于给动物分诊的心态，这种心态让他们把保护濒危物种视同为保护基因的多样性，把物种仅仅当作基因的储存库。诺顿在著作《为什么要保护大自然的多样性？》（*Why Preserve Natural Variety*?）中写下了下面这段话，他当时很可能联想到了夏威夷乌鸦、佛罗里达美洲狮或者北大西洋露脊鲸的情况。

> 遗传多样性的丧失反映了生物多样性减少中更深层次的问题。随着原生环境的改变、转换和简化[①]，许多物种的独立种群数量都在减少。我们试图通过保护残存的几个种群来保护遗传多样性，这种做法忽视了最根本的问题，只会让我们为紧急拯救个别物种而疲于奔命。然而，越来越多的物种正在严重地衰退着，它们都需要得到个别关注。真正的解决办法是阻止这种趋势。如果造成这种趋势

---

① “改变”（altered）指原生环境经历了变化，可能是由于人类活动、气候变化等导致的。“转换”（converted）指原生环境被转变，可能是被用于不同的目的，比如农业、城市发展等，从而改变了原有的生态系统结构和功能。“简化”（simplified）指原生环境变得简化，可能是由于生态系统复杂性的减少，生物多样性的丧失或者生态过程的削减。

的深层次问题得不到解决，可以预见，残存种群中濒危物种的保护工作终将让我们不堪重负。

诺顿是在 1987 年写下的这段话，此后，物种的紧急拯救行动变得更加疯狂、更加迫切。

就连一些保护生物学家也对基因库是否真的是在保护物种产生了怀疑。2000 年，美国加利福尼亚州圣地亚哥举行的 143 一次研讨会上，保护生物学的创始人迈克尔·索雷（Michael Soulé）提出疑问，他说目前并不存在成功的高科技保护手段。这个质疑隐含着对整个基因库领域的批判，这个领域正醉心于将濒危物种种群的基因分析和管理作为一种保护策略。当天，时任国际野生生物保护协会保护遗传学项目主任的乔治·阿马托也出席了会议。阿马托领导着重要的科研与环境保护机构，有着丰硕的科研成果，为定义保护遗传学领域作出了巨大的贡献。在索雷提出疑问的大约 15 年之后，阿马托告诉我，情况并没有什么变化，成功地运用高科技方法拯救物种的案例依然寥寥无几。说这话时，阿马托正坐在低温冷冻库办公室里一张小圆桌旁边的椅子上，距离装有冷冻组织样本的不锈钢罐子只有几码之遥。在这间办公室的几层楼上面，就是他在赛克勒比较基因组学研究所的所长办公室。已经为人祖父的阿马托看上去依然年轻健壮，他语气轻松而坦率地谈论着保护遗传学的不足之处。“某些动物园有一些非常高科技的项目。问题在于，这些项目的规模和尺度不足以产生重大影响，不过是上一次报纸的程度。”阿马托在他的著作中向保护遗传学家提出疑问，点明他们为缓解灭绝威胁所做的努力陷入了还原范式，并提醒他们，“在记录每一棵树的基因表征时，不要忽视眼前濒临灭绝的森林”。阿马托认为，对濒危动物进行技术干预，会进一步把它们与赋予它们身份的环境分离开来，科学家应当尽力遏制媒体和公众对操控基因的迷恋。但是，阿马托也对我说，低温冷冻库和为未来研究设置的示范性基因库系统，是他能为保护遗传学领域所作的最大贡献。“人类对地球产生影响的速度太快了，远远超出了我们认知和理解的速度。我们应该合理地获取样本，否则很容易出现差池。”

144 自然资源保护主义者不喜欢用道德信仰或个人情感来描述他们的工作，对此我已经了解得非常透彻。如果强行要求他们描述信念的道德根源，他们通常会给出一些物种保护的功利性理由，诸如物种是生态系统保持健康的内核，而生态系统健康又对人类生存极为重要等等。从长远来看，这或许并没有错，但我一再发现，短期情况恰恰相反。对世界各地的人们来说，砍伐树木以获取燃料，筑坝拦河以获取电力，开垦土地以种植植物，偷猎动物以获取金钱，这才是真实的生存。然而，因为一心想在自己的领域取得研究成果，所以很少有保护主义者能够认识到这种双标的道德，遑论承认自己双标。对他们来说，拯救物种的正当性是不可侵犯的真理，即使其他人认为这种观点并不具有普适性。阿马托是最早也是唯一一个对我承认自己双标的自然资源保护主义者，而且他说的时候泰然自若。“我最近和人吵了一架，这些人把保护生物学当成宗教，他们愿意为之生、为之死。而**我**之所以这样做，是因为我必须做点什么。我喜欢这个领域，我觉得一切都很有意义，但是我的人生意义绝不取决于25年后大象是否还存在，我不确定那是否受我的控制。”阿马托认为人们应当关注灭绝问题，并不仅仅是因为大象存在灭绝的可能。“就算大象会在25年后灭绝，我也不认为**所有人**就都必须关心和保护大象。物种保护关系到生活的质量，关系到你想生活在一个**怎样**的星球上，关系到方方面面。你想在郊区看到蝾螈和鸣鸟吗？哪里有狮子或者哪里完全没有受到人类的影响，知道这些对你来说有什么意义吗？”

阿马托使用了**宗教**一词，这让我大受启发。我习惯了自然保护主义者使用科学术语来谈论他们的工作，但阿马托把保护描述成了完全不同的东西。不是科学，而是对某种偏好或信仰的坚持。“（保护）是一个复杂的问题，”他继续说道，“这是人类的一种道德观念。如果想用纯粹的科学态度看待这个问题，就要先回答：什么是科学问题？有大猩猩的世界更好，还是没有大猩猩的世界更好？这不是科学，这是价值观。”阿马托说，现实很残酷，即使环境大幅变化，物种数量减少，人类依旧可以生存相当长的时间。保护生物学家是科学家，而他们的工作核心是一场关于未来的持续性伦理思辨。

145

我从未亲眼见过夏威夷乌鸦。但是，想到阿马托说的话，我发现自己真的非常关心夏威夷乌鸦是否还存在于这个世界上，是否还能呼吸到这个世界的气息，是否还有一线希望，有朝一日它们可以再次生活在森林里。然而，贮藏在圣地亚哥冷冻动物园里的夏威夷乌鸦组织样本让人不安。难道遗忘比冷冻更好吗？这种矛盾的感觉可能源于浪漫主义、怀旧情绪和我个人的特殊审美偏好。但是，悲伤是真实存在的，其他人也有同感。在前面提到的《寻找神圣的渡鸦》一书中，马克·杰罗姆·沃尔特斯讲述了芭尔芭里·丘吉尔·李（Barbary Churchill Lee）的故事。1976年至1981年，芭尔芭里作为志愿者参与了看护人工圈养夏威夷乌鸦的工作，后来她因为一个备受争议的行为而遭到解雇——她埋葬了在她看护下死于鸟类疟疾的雌乌鸦阿露露（'Ele' u[①]），而没有把乌鸦尸体交给政府的生物学家。沃尔特斯在书中写到，芭尔芭里把那只乌鸦带到州政府官方人员面前，他们采集了一些它的组织，随即，她决定把阿露露带回捕获它的山里，把它的遗体藏了起来。从某种意义上来说，芭尔芭里让阿露露免受科学的侵扰。她告诉沃尔特斯：

> 我没有办法强迫自己像科学家一样思考。我有感情！我永远都不会忘记，我把阿露露放在一个小盒子里，摆在腿上，开车来到华拉莱山，我忍不住泪流满面。放在我腿上的是一个物种从存在到灭绝的最后一缕断线。内心深处有一个关乎夏威夷历史和信仰的声音告诉我，埋葬阿露露

① 夏威夷语，意为活泼的、有活力的。

是唯一的选择。过去，部落住民会藏起自己的骸骨，因为担心被敌人挖出来，做成鱼钩或者其他物件来玷污他们。直到今天也没有人知道卡米哈米哈大帝的骸骨藏在哪里，或许就藏在柯哈拉海岸某个洞穴的深处。我不想让阿露露的敌人得到她的遗骨。他们会用自己的方式玷污这些遗骨，可能是放在冰柜里，可能是晒干后放在架子上，也可能是被直接扔掉。我明白，从科技层面来说她不应该就这样被埋掉，但是我相信，这才是正确的做法。

146

第6章　忒修斯之犀牛[①]

北白犀

147　2008年初，干细胞研究员珍妮·洛林（Jeanne Loring）决定带领她的团队前往圣地亚哥动物园进行实地考察。那时，洛林刚刚入职加利福尼亚州拉荷亚（La Jolla）的斯克利普斯研究所（Scripps Research Institute）。所以这也是一次团建，为了慰劳团队成员，同时庆祝实验室乔迁。不过，对这群科学家来说，这趟旅行的意义非同寻常。几十年来，斯克利普斯研究所一直走在医学研究的前沿，致力于有关白血病、艾滋病和多发性硬化症等的治疗方案研发及测试。洛林主攻再生医学，主要研究如何通过改造人体细胞来治疗乃至治愈神经系统疾病，她是最早一批掌握了在实验室中制造人类胚胎干细胞技术的人，被誉为该领域的先驱。洛林对自己的研究满怀热情，她还参与了具有里程碑意义的相关立法和专利申请工作。洛林说自

① 原文直译为形而上学的犀牛，根据内容译为忒修斯之犀牛，意在化用“忒修斯之船”的哲学概念。

已喜欢研究“大”问题，而干细胞研究正是这类问题。其实，洛林团队的圣地亚哥之行还隐含着一个关键的研究课题：干细胞技术能否应用于野生动物保护？

洛林知道“冷冻动物园”的存在，那里保存着 1000 多个物种的组织样本，由保护遗传学家奥利弗·莱德负责管理。洛林曾和莱德讨论过应该如何将胚胎干细胞应用于保护生物学。洛林说：“问题在于目前还没有这种技术，我们还只是说说而已。”无论在可行性还是在道德层面，从濒危动物的胚胎中获取干细胞都极具挑战。 148

2006 年，日本科学家山中伸弥提出了一种方法，他将成熟的活体细胞重编程为干细胞，创造出了诱导性多能干细胞（iPSCs）。（他因这项成就荣获了 2012 年的诺贝尔医学奖。）新创造出来的细胞可以发育成包括卵子或精子在内的任何类型的细胞。山中的研究成果发表之后，洛林立即在实验室进行了实践。有了山中的方法，他们就不再需要从胚胎中获取干细胞，只需要一次简单的皮肤活检，就能培育出足够多的干细胞。这种方法极为简便，洛林实验室的本科实习生都能很快掌握这项技术，肩负起把细胞重编程为诱导性多能干细胞的工作。她说：“对我们的研究领域而言，这是一份巨大的惊喜。”

干细胞研究的应用似乎也不存在局限性的问题。诱导性多能干细胞的出现，让科学家可以通过小鼠的皮肤细胞来培育活体小鼠，这为实现使用病人自体细胞来培育替代器官提供了可能。而且，由于培育的诱导性多能干细胞源自患者自身的细胞，因此不会出现排异反应。洛林的实验室立即启动了一些科研项目，他们将帕金森病患者的细胞重编程为诱导性多能干细胞，然后将其转化为脑细胞，再导入患者的大脑进行治疗。洛林说，这种方法带来的可能性是“科学家梦寐以求的”，“它像魔法一样”。

洛林团队一行人在圣地亚哥动物园一边投喂长颈鹿一边观察动物，这时，他们萌生了一个前所未有的想法——或许可以利用保存在冷冻动物园大型液氮容器中的濒危动物细胞，来培育诱导性多能干细胞。如果这一想法能够实现，新的诱导性多能干细胞系就可以转化为动物的任何细胞，包括精子和胚胎。如此一来，我们就能提高现有种群的遗传多样性，还能增加濒危物种的个体数量。“如果我们可以培育卵子和精子，应该就可以借助辅助生殖技术，通过体外受精［来］创造出动物个体。”洛林说道，“所以，我们不仅要保护现存的基因组，还要创造新的基因组，来增加种群的多样性。多样性非常重要。”

149

奥利弗·莱德认为，这项实验的第一候选对象非北白犀莫属。北白犀是地球上最稀有的哺乳动物，也是第二大陆生哺乳动物。目前，人工饲养的北白犀仅存 8 只，野生的则是荡然无存。不过，冷冻动物园里保存着来自 12 只不同北白犀个体的组织样本。莱德一直对这一犀牛亚种很感兴趣，对它们的存亡感同身受。这份兴趣源于他与伊恩·普莱尔（Ian Player）的合作。伊恩·普莱尔是南非著名的自然资源保护主义者，莱德与他结识于 20 世纪 80 年代中叶。普莱尔在拯救北白犀的表亲南白犀免于灭绝的工作中，发挥了重要的作用。20 世纪初，南白犀仅存几十头，生活在一个名为乌姆福洛济（Umfolozi）的偏远野生动物保护区（现为赫卢赫卢韦—印姆弗鲁兹公园），南非政府明令禁止猎杀犀牛。1952 年，普莱尔第一次来到乌姆福洛济，成了一名年轻的保护区管理员，他在那里第一次见到了白犀牛。后来，他提起当时的情形仿佛是在讲一段神话故事："两头雄犀牛在薄雾中若隐若现，沿着山脊行走。我清楚地看到了它们的体貌特征。四方大口，头部和鬐甲之间的脊椎明显隆起，苍蝇紧贴着在侧腹上，阵阵雾气从背上升腾而起。它们是真正来自往昔的生物。两头犀牛一边走一边吃草，摇头晃脑的，像挥舞着镰刀。我看着它们穿过灰色的螺穗木，走进一簇木立芦荟，然后消失在薄雾之中。我突然有一种感觉，我的生命将以某种方式与这些史前动物联系在一起。"

截至 20 世纪 60 年代初，南白犀的数量增加到 2000 多只，达到了保护区的极限承载量。普莱尔说，当时有两个选择，要么杀死一些犀牛，要么把它们抓到其他地方去。前者对他来说不可想象，但后者似乎也一样愚蠢。白犀牛重达 4000 磅，脾气暴躁，没有人知道该怎么抓住并迁移它们。普莱尔开创性地使用了麻醉枪，给这项几乎不可能完成的危险任务降低了一些难度，顺利完成了南白犀牛的迁移。现在，保护区管理员可以在世界各地的动物园以及野生动物保护区建立后备种群，确保这种动物能够生存下去。 150

圣地亚哥动物园就是其中之一。20 世纪 70 年代初，圣地亚哥动物园接收了十几头南白犀。此后不久，南白犀和北白犀的命运开始出现反转。1980 年，南白犀的数量回升到 3000 头左右，但北白犀的数量却迅速减少。北白犀于 1900 年首次被发现，当时的数量远远超过其南部表亲。那时，北白犀遍布在撒哈拉以南的非洲，从刚果民主共和国东部的部分地区到中非共和国、乌干达北部、苏丹以及乍得南部边境，都能看到它们的踪迹。直到 1981 年，这些国家经历了几十年的内战和动荡，北白犀只剩下了几个残余种群。1983 年，科学家做了一次全面调查，结果一致认为野生北白犀数量已不足百只。普莱尔担心这两个亚种会被混为一谈，人们可能会因为南方种群的生存情况良好，就放弃保护日益减少的北方种群。

普莱尔邀请莱德参与北白犀的保护工作，请他分析这两个亚种的DNA，解明它们之间的遗传关系。莱德发现，这两个亚种在 100 万年前就开始分别进化，南北白犀之间的基因差异不亚于白犀牛与黑犀牛的差异。这虽然不足以把南北白犀牛列为两个不同的物种，但还是为北白犀基因独特、值得保护的观点提供了依据。在随后的几年里，莱德努力收集保存北白犀的组织样本。他从苏联的一家动物园收集来了 5 份北白犀牛皮肤活检样本。后来，位于苏丹首都喀土穆（Khartoum）的一家动物园送给圣地亚哥动物园一头雄性北白犀，这又为莱德的收集增添了一份样本。151 最后，莱德总共为冷冻动物园收集了十几头北白犀的样本。莱德说："这个种群似乎注定要灭绝，人们普遍认为它们会继续减少。但是，我们的冷冻库中有一个可以拯救这个小种群的基因库。小鼠干细胞已经应用于培育精子和卵子，我们有好几种方法可以制造干细胞，可以恢复（犀牛）种群丧失的遗传变异。”

洛林的研究被认为超出了干细胞研究和保护生物学的范畴，没能获得经费支持。于是，她把用于再生医学的人类细胞重编程实验经费挪出一部分，同步进行这两项实验，强调二者之间存在关联，为她的经费挪用作辩护。事实上，洛林及其团队所提出的设想没有任何先行研究作为支撑。山中开发的细胞重编程方法是向皮肤细胞导入4个基因，导入的基因被洛林称为功能强大的“主”基因，它们充当调制器，促使细胞自我转化，回到原始状态。在人类细胞的实验中，这些基因取自胚胎干细胞，但对于犀牛来说这是做不到的。洛林起初认为从马的身上提取基因进行重编程或许可行，但她后来突发奇想，决定把人类基因导入犀牛细胞来看一看是否奏效。刚刚加入洛林实验室的博士后研究员英巴尔·弗里德里希·本农（Inbar Friedrich Ben-Nun）自告奋勇地主持了这项实验。实验中使用的细胞系取自现存最年轻的北白犀法图（Fatu），法图于2000年出生在捷克共和国的德·克劳福动物园（Dvur Kralove Zoo）。本农先把几千个取自法图的结缔组织纤维原细胞放到培养皿中，24小时后将一种病毒导入培养皿。按照实验设计，这种病毒会黏附在纤维原细胞的表面，充当基因的传递介质，但是他们尝试的第一种病毒实验失败了，需要尝试第二种病毒。研究员每天都为培养皿中的细胞提供新鲜的营养物质，不过犀牛细胞的基因重编程效率不高，100万个细胞中大约只有10个发生了转

152

化。然而，几周后，本农发现培养皿中发生了巨大的变化，开始出现光亮平滑的细胞集落。技术人员用吸管吸出集落，切成小块，放入新的培养皿。几个月内，培养皿里长出了几百万个属于法图的干细胞。洛林将其中一部分送回莱德的实验室去检查细胞的染色体，以确保它们没有出现异常。莱德的实验室证实，这些细胞看起来非常正常，就和直接从法图身上取下来的一样。

洛林说自己“运气时好时坏，研究的东西要么太超前，要么太主流”。这一次，她冲得太远了，简直突破了天际。他们首创性地培育出了濒危物种的诱导性多能干细胞系，但是，他们甚至不知道自己的研究成果可以到哪个同行评审期刊上投稿。最后，2011 年 2 月，他们说服了《自然—方法》（*Nature Methods*）杂志的编辑和审稿人来看一看他们的研究。2011 年 8 月，他们的研究成果终于得以发表，在开发再生疗法治疗可能患有遗传疾病或代谢紊乱的濒危动物的道路上，迈出了非常重要的一步。此外，他们的研究还表明，促使细胞发育成犀牛的精子和卵子、进而培育出稀有胚胎的可能是存在的，这一可能性令人兴奋。理论上，培育出的胚胎可以被植入到与北白犀相关的物种体内，最有可能的载体就是南白犀。这样一来，我们不仅可以得到一只克隆犀牛，还有可能用圣地亚哥冷冻动物园保存着的 12 只北白犀细胞样本转化出基因各异的卵子和精子。对北白犀来说，如果这一天能更早些到来就好了。就在《自然—方法》杂志审查他们的论文期间，德·克劳福动物园的39岁雌性白犀牛尼萨里（Nesari），由于年老体衰，寿终正寝。全球现存的北白犀又少了一只。

然而，洛林他们的论文发表后，白犀牛的诱导性多能干细胞被冷冻进了斯克利普斯研究所的实验室，实验就此停止。辅助生殖领域的研究基金是由迫切地希望拥有孩子的人类患者提供的，他们的需求推动着医生和科研人员不断开创新的方法。然而，在实验室里培育北白犀缺乏明显的经济动力。尽管如此，莱德还是向我保证，未来10年内，这些犀牛将会走出冷冻库。他说："目前，北白犀的种群内繁殖难以为继。我们现在讨论的是唯一可以防止它们灭绝的办法。"没有人知道，健在的白犀牛中有几只能够存活下来，与新生的犀牛碰面。这个物种正濒临灭绝，但同时也站在了复生的边缘。

153

*　　*　　*

从冷冻库里走出来的白犀牛算是一个全新的物种吗？在实验室用重编程细胞培育出的犀牛，与活体犀牛生下的犀牛一样吗？思考这些问题的时候，我发现自己掉进了形而上学的兔子洞[1]。两千年以来，人们一直在探讨现实、无常以及身份的本

① 出自刘易丝·卡罗尔的著名儿童文学作品《爱丽丝梦游仙境》，指进入另一个世界的入口，比喻"进入未知的、不确定的世界"。用通俗的话来说，就是"无底洞"。

质是什么，而名为“忒修斯之船”的思想实验是一个很好的概括。

故事是这样的。公元前350年左右，雅典人为了纪念开国国王海上英雄忒修斯，把忒修斯的船留在港口作为纪念碑，船在那里停泊了几个世纪。随着时间的推移，船上的木板开始腐烂，于是雅典人就用新的木板来替换。最终，整艘船上原来的木板都被换掉了。根据希腊历史学家普卢塔克的记载，这艘船成了一个流行于哲学家之间的谜题——这还是同一艘船吗？这艘船是否发生了变化？如果变化了，又是如何变化的？一些哲学家认为这艘船仍然是忒修斯之船，而另一些哲学家认为已经是完全不同的船了。亚里士多德学派认为，事物的形式就是本质。按照这一逻辑，由于这艘船的形式与忒修斯曾驾驶的船完全一致，所以是同一艘船。但是，赫拉克利特持有不同的观点。在他看来，万事万物都处于变化之中，没有什么是静止不动的。他把事物比作流动的河流，有一句名言广为人知：人不能两次踏进同一条河流。这一至理名言似乎预言了现代人对生物学的理解。如今，我们知道我们身体的所有组成部分、所有细胞都处于不断变化的状态，不停地死亡并再生。这样一来，我们还是同一个人吗？在人类世世代代的历史长河中，自然选择作用于我们细胞中的DNA，分子永无止境地重新排列，改变着蛋白质的序列，促进着人类的进化。那么，我们和我们的远古祖先还是同一个物种吗？

154

1949年，古生物学家本杰明·伯尔曼（Benjamin Burma）

提出，由于物种会随着时间的推移而改变，所以纵观历史，它们不可能一直都是同一个物种。这只是一个构想，自然界中并没有现实论据支持。后来，这一观点被证明是无稽之谈，但要想讲清**为什么**却非常困难。对于为什么说用冷冻库中的干细胞培育出来的犀牛与在野外诞生的犀牛不同的问题，直觉告诉我，这个答案与原真性有关。然而，进化让物种的概念变得模糊而复杂，我们不确定物种究竟是否具有“真实”的身份，这也就是为什么科学家和哲学家提出了 20 多种不同的物种概念。穿过时间的长河，有什么是亘古不变的？犀牛在**本质上**到底是什么？

生物学无法解释这个问题，但形而上学可以，不过需要借助时空维度和虫洞等概念。为了理解这些，我请教了法国哲学家朱利安·德洛德（Julien Delord）。2014 年，德洛德发表了一篇文章，题为《从形而上学的角度分析：我们真的可以通过克隆重现已经灭绝的物种吗？》（Can We Really Re-create an Extinct Species by Cloning? A Metaphysical Analysis）。德洛德在文中解释了两种有关物种的主流形而上学观点，即“真实本质主义”（real essentialism）和“三维个人主义”（three-dimensional individualism）。“真实本质主义”源自亚里士多德的思想，亚里士多德认为马之所以是马，是因为所有的马都具有相同的属性，因而具有马的本质。一些现代哲学家将这种本质等同于DNA，但是在查尔斯·达尔文之后，多数人认为这种本质论站不住脚，因为马之所以为马的本质属性并非一成不变。在世代相传的过程中，马的某些遗传特征或机制可能会消失，而这并不意味着后代成了新的物种。不同种类的动物也可能拥有相同的遗传密码，比如狗和狼，但这也不意味着它们是同一个物种。

德洛德在文章中提到的第二个观点是三维个人主义，这一观点认为物种其实不是指一类生物，而是个体。美国哲学家、生物学家迈克尔·盖斯林（Michael Ghiselin）在20世纪60年代明确地提出了这一主张，他认为这个观点并不像人们一开始可能以为的那么激进。像你我这样的生物个体都有自己的名字，我们由局限于特定时间和空间的部分组成：当我人在纽约的时候，我就不可能同时踏上旧金山的土地。同样地，物种拥有自己的专属名称，也受到时间和空间的限制，只不过它们被视为一种类别，是一类由共同属性定义的实体群，而这些属性在任何时间、任何地点都始终相同。

借助上述两个概念，德洛德试图解决"复生悖论"，即复生的生物个体是否真的属于原来的物种。德洛德解释说，这个难题的根本在于我们能否将进化的产物（复生的犀牛）转化为进化的过程（犀牛这个物种）。本质论者认为我们可以实现真正的生物复生，特别是如果认为"本质"就等同于生物遗传密码的话。复生的犀牛拥有祖先的基因组，所以与它的祖先属于同一物种。但是，如果把物种描述为个体，那么实现真正的生物复生这个想法根本就是不可能的。德洛德这样写道：

> 根据形而上学的立场，一个物种在物质上灭绝（屈服于最终灭亡）时，我们可以直接将其类比为生物体的死亡。这个物种不再拥有生殖及生态等重要的关系，所以从功能上来说已经不复存在，甚至从物质上来说也不复存在了，因为不再有属于该物种的时空实体……无论是从细胞还是从死亡的生物体中提取遗传信息来复活生物体，所有尝试都注定会失败。尽管创造出来的生物体在许多方面都与已经死亡的生物体非常相似，但是创造出来的是一个全新的生物体，是处于新的时空限定下的个体。

之后，德洛德又引入了虫洞的概念，从形而上学的角度讨论现实世界究竟应该被描述为三维还是四维。在三维世界里，事物存在于空间里，而不是时间之中。德洛德指出，如果我们从“持续论”[①]的角度来思考忒修斯之船，那么显然，哪怕只有一块木板被换掉，它也不再是同一艘船了。因为在同一时刻，全部原有部分没有以这艘船的形式而存在。我们很难从三维的角度来理解物种，因为每一代生物都在发生变化，但生物 156

① “持续论”（endurantism）以及下文提到的“接续论”（perdurantism）是关于物体如何跨越时间而保持同一性的理论。“持续论”认为物体是在三维世界中独立存在的实体，物体在它们存在的每时每刻都完全呈现，物体的性质是随时间变化的函数，我们所看到存续现象的只是实体在不同时间点上的呈现。而“接续论”的观点相反，接续论认为时间是空间以外的第四个维度，物体可以从空间和时间的维度进行描述，物体本身就是四维的，时间是它的自带属性，去掉时间，物质的同一性就会被破坏。

学家却告诉我们，它们依旧是同一个物种。

德洛德认为，从四维的角度可以更好地理解物种的含义，也就是所谓“接续论”的观点，这一观点可以完美地解决物种复生的悖论。在四维思维中，因为有着连接过去、现在和未来的时间虫洞，所以物体能够以多种可能状态而存续。存在于不同时间阶段的物体，都是该物体的一个方面。因此，即便忒修斯之船上的木板被一块一块地替换掉，即便几百年后所有原来的木板都被换掉了，它仍然和原来的船属于同一个时空连续体之中。接续论者可能会说，当所有犀牛都死去之后，从冷冻库中诞生的犀牛依然与该物种具有时空连续性，它的复生就像熊从冬眠中苏醒过来一样自然。

有关生物复生的形而上学争论看起来玄之又玄，而且非常愚蠢。对于体外受精或者代孕出生的孩子，我们并不会提出同样的问题，反而道德标准明确。不过，德洛德刚正不阿地指出，在涉及伦理问题以及讨论我们应当如何对待人造生物时，有关生物复生的形而上学思考就变得尤为重要。如果我们不承认它们是同一物种的后裔，那它们可能就不像“自然”生物那样值得关注和保护。在不久的将来，复生的犀牛是否“是真的”，这一问题至关重要。我带着满脑子形而上学的拉扯，坐上了前往肯尼亚的飞机，打算去看一看地球上最后的 4 只北白犀。

* * *

在内罗毕①，一个凉爽明媚的清晨，我把行李塞进一辆兰德酷路泽②，一路向北前往纳纽基（Nanyuki），肯尼亚山脚下一个繁忙的小镇。坐在驾驶席上的是凯斯·希尔曼·史密斯（Kes Hillman Smith），一位出生于英国的肯尼亚动物学家，也是野生北白犀研究方面的世界级专家。我们要去看看法图，第一批人工培育的濒危动物诱导性多能干细胞就来源于这头犀牛的细胞。现年14岁的法图生活在奥佩吉塔野生动物保护区（Ol Pejeta Conservancy），在纳纽基附近，占地9万英亩。法图和它的母亲纳金（Najin）以及另外3头北白犀一起，从捷克共和国的德·克劳福动物园被转移到了这里。当时，生物学家希望从外部向东非丛林草原引入北白犀可以刺激北白犀交配。然而5年过去了，依旧没有雌犀牛成功受孕。法图似乎是最后一只自然诞生的北白犀。北白犀来到这片保护区后不久，凯斯就一直和它们在一起，晚上就睡在它们围栏旁边的铺盖上。从东欧运过来的途中，为了避免犀牛在箱子里受伤，管理员锯掉了长长的犀牛角，这让它们看起来发育不良，显得有些可怜。运抵这里之后的几周时间里，凯斯和饲养员照看着犀牛，让它们慢慢适应新环境。唯一一只在非洲出生的犀牛苏丹（Sudan）时年36岁，最为年长，是雄犀牛中的领导者。它似乎对新成员的到来适应得很快，随心所欲地在灌木丛中留下自

157

---

① Nairobi，东非国家肯尼亚的首都。

② Land Cruiser，又称陆地巡洋舰，越野车的一种。

己的气味，标记领地，躺下打盹。年轻的雄犀牛苏尼（Suni）则不同，它四处嗅闻，但很少留下气味，表现得很焦虑。纳金则是和已经长大成人的女儿法图紧紧地依偎在一起。显然，生活在狭小的动物园里，动物之间建立起了某种相互关系。凯斯认为，让犀牛交配最快的方法是创造条件，让它们形成野生环境条件下的社会关系。苏丹和苏尼需要同等的独立领地，这样它们就可以各自宣示主权，在发情时放心地与雌犀牛交配，这种时候如果附近存在另一只雄犀牛，只会激发它们的竞争欲望。凯斯曾目睹一个野外的犀牛种群在 8 年内数量翻了一番，这个事实让人难以置信，因为雌犀牛的妊娠期长达 15 至 16 个月。因此，她相信只要满足足够的条件，犀牛完全有能力迅速繁殖。显然，奥佩吉塔在某些方面存在问题，没能提供充足的条件。

158 没有人比凯斯更了解野外的北白犀。20 世纪 80 年代初，她住在刚果民主共和国（旧称扎伊尔）东部边陲，那里栖息着最后一个北白犀种群。她原本计划只住一年，结果一住就是 24 年。这是迄今为止唯一一个长期的动物监测项目，但与珍・古道尔（Jane Goodall）和戴安・福西（Dian Fossey）[1]不

① Jane Goodall（1934— ），古道尔女爵士，英国生物学家、动物行为学家和著名动物保护人士，长期致力于黑猩猩的野外研究。Dian Fossey，(1932—1985)，美国女性灵长类动物学家，曾在卢旺达火山国家公园丛林中研究山地大猩猩种群长达 18 年。他们二人与研究红毛猩猩的碧露蒂・高蒂卡丝（Birute Galdikas）合称“灵长类女中三杰”。

同，虽然都是在非洲一隅进行实地考察，但凯斯却从未因此扬名，只在国际动物学家和自然资源保护主义者的小圈子里得到了认可。不过，这并不意味着她的研究不值得关注。加兰巴（Garamba）保护区地处偏远，长期被忽视，凯斯在那里工作期间，目睹北白犀的数量增长到 32 只。后来，她与当地偷猎者打起了游击，那些偷猎者猎杀了一只又一只的犀牛。直到 2005 年她和丈夫离开时，那里剩下的犀牛不足 10 只，而且多年来再也没有人目击过犀牛的踪迹。

先驱野生动物电影制片人艾伦·鲁特（Alan Root）说，凯斯是非洲最激烈的动物保卫战中的无名英雄，她是“时常身穿旧军装和军靴的袖珍维纳斯”。鲁特写道，她就像以色列军方海报中的曼妙女郎。我最初是从奥利弗·莱德那里听说了凯斯在非洲的事迹，但后来我意识到，其实我 14 岁的时候就曾在《消逝世界漫游指南》（*Last Chance to See*）中读过她的故事。《消逝世界漫游指南》的作者之一是道格拉斯·亚当斯（Douglas Adams）①，书中故事的背景是 20 世纪 90 年代初，讲述了作者为了观察濒危物种而环游世界的故事，内容有趣而感人。其中就提到了北白犀。当时，亚当斯前往加兰巴，与凯斯一起在一座白蚁山上用望远镜扫视地平线，希望能看到犀牛的

---

① 《消逝世界漫游指南》为道格拉斯·亚当斯和马克·卡活丁（Mark Carwardine）合著的一本介绍濒危物种的书，出版于 1990 年。下文引用的译文摘自姬茜茹译《消逝世界漫游指南》（北京联合出版公司，2020 年，第 114 页）。

身影，可惜未能如愿。那时，在那片大约 65 万英亩的土地上，大约还生活着 30 只犀牛。

> 凯斯是一位令人敬畏的女性，像是刚从一部有点儿闹腾的冒险电影的大银幕中走出来的一样:她纤瘦、健康、美得惊人，经常穿着掉了许多纽扣的野外作战服。她决定是时候认真看看地图了。这张地图相当粗糙地描绘了这片相当粗糙的地形。她一下子便推算出了路虎应在的位置，果断得让人感觉，路虎不敢不在那儿。当然，最终经过数英里的跋涉后，路虎的确就在那里，躲在灌木丛后面，座位后塞着一壶茶。

159

我注意到，我们的越野车上也有一个装着茶水的保温壶，凯斯常劝我喝。年过花甲的凯斯依然和年轻时一样，娇小优雅，热情澎湃。她经常穿着破旧的骑马裤，腰间系着时髦的黑皮带，皮带扣是一个闪闪发亮的黄铜犀牛。凯斯带着酝酿了几十年的愤怒和挫败感，向我讲述了拯救世界上最后一群野生北白犀的故事，她告诉我当时人们究竟做错了什么。“如果偷猎或狩猎是为了生存，或许无可厚非。因为他们依靠传统的狩猎方式来获取食物，他们需要它。”凯斯说道，“但问题是，他们做的不止于此。”我们沿着双车道高速路向北疾驰，穿过了基库尤（Kikuyu）一带富饶的农田。我们对向的车道上开过来一个车队，他们刚刚在更北边的桑布鲁县（Samburu County）参加完年度慈善活动，一项难度很大的越野拉力赛，名为“犀牛冲锋赛”(Rhino Charge)。这项活动是为了给保护犀牛募集资金，这一年创纪录地筹集了116万美元。凯斯的儿子敦古(Doungu)是获胜车队中的一员，他的名字取自加兰巴的一条河。

在过去几年里，肯尼亚的犀牛保护工作危机重重。2013年，偷猎者屠杀的犀牛数量是前一年的两倍，他们甚至肆无忌惮地侵入了高度戒备的保护区。据肯尼亚报纸报道，这些偷猎者大多持有武器，背后有着国际犯罪组织的支持，而那些犯罪组织受到腐败政客的庇护。在越南和中国西南边境一带，暴发户喜欢把犀牛角入药或者用于缓解宿醉，以此彰显身份。这些人永无止境的贪婪被偷猎犯罪集团不停地投喂着。据报道，在那些地方，1公斤犀牛角可以卖到10万美元，比黄金还贵。南非的犀牛偷猎情况更为严重，2013年，当地偷猎者平均每天猎杀3只犀牛。

凯斯从前就目睹过这一切。20世纪70年代，偷猎犀牛盛行，她搬到肯尼亚之后不久，纽约动物学会和国际自然保护联盟就聘请她对非洲进行空中勘测，分析当地的象群和犀牛种群。凯斯的父亲曾效力于英国空军，父亲把教凯斯开飞机当作送给她的生日礼物。这项空中勘测工作是凯斯的一生所愿，她一直在为此而准备着。“我一直都很喜欢动物。我想去非洲旅行、工作，因为我想离开英国，去一个更有趣、更有挑战的地方。”凯斯在博士阶段主要做的是电子显微镜学视域下的青蛙 160

心脏研究，但她认为这类研究毫无意义。“完成博士论文的过程让我学会了如何提出问题、如何展开调查，但是这些在现实世界中似乎没有任何意义。我要尽快走出去，投身于我认为更有意义的动物保护工作。”

凯斯在空中勘测中看到的情况异常严峻。在赞比亚的卢安瓜河谷（Luangwa Valley），2500 只黑犀牛惨遭猎杀；在坦桑尼亚的塞卢斯禁猎区（Selous Game Reserve），3000 只犀牛消失不见；中非共和国的犀牛几乎消失殆尽，仅剩大约 50 只；乍得的犀牛数量甚至已经减少到可能灭绝的地步。当时，南白犀的数量回升到了 17,000 头左右，而它们的表亲北白犀变得踪迹难觅。最初，凯斯估计大约还有 1000 头北白犀，主要分布在苏丹南部的尚贝禁猎区（Shambe Game Reserve）和加兰巴。凯斯担任了世界自然保护联盟犀牛专家小组的负责人，她建议把尚贝和加兰巴作为重点资助对象，保护幸存的北白犀。但是，1981 年 4 月，这片地区爆发了内部军事冲突，她再次进行空中勘测，结果没能在尚贝发现任何存活的犀牛。凯斯开始在苏丹其他地区展开地面调查，但由于军事武装的偷猎者过多，直到 1983 年，她连进入国家公园进行调查都难以实现。显然，之前存在 1000 只北白犀的估算过于乐观了。凯斯意识到，尚存于世的北白犀很可能已经不到 100 只了。1983 年，苏丹的北方伊斯兰政府和苏丹人民解放军之间爆发了第二次苏丹内战。凯斯不得不放弃继续在尚贝考察的想法，把目光转向了苏丹邻国刚果民主共和国的加兰巴。

161

如今，凯斯和丈夫弗雷泽（Fraser）一起生活在肯尼亚内罗毕市郊富庶的兰加塔地区（Langata）。距离著名丹麦作家卡伦·布力圣（Karen Blixen）的故居仅一箭之遥。卡伦曾在那片黑棉土上辛勤地种植咖啡，那正是她后来创作《走出非洲》（*Out of Africa*）的灵感来源。凯斯一家破旧的大房子掩映在树木之后，从街上看不到。沿路而行，经过一个养着马的谷仓，里面是一个中央庭院，爬满了藤蔓，还有 4 只狗和几只猫。傍晚时分，他们家大大的阳台上常常高朋满座，宾客们兴致勃勃地坐在帆布户外椅上，伴着恩贡山（Ngong Hills）方向西下的斜阳，欣赏野生疣猪和灌丛婴猴。后院不远处就是占地 150 英亩的长颈鹿保护区，弗雷泽常常去那遛狗，凯斯则喜欢在那边骑马。

这是一个田园诗一般美好的家园，但是，似乎还是甩不掉他们先前在加兰巴生活时带来的阴影。家中所有房间里都堆满了各种文件和研究报告，还有拯救最后的北白犀的筹资活动材料。墙上挂满了他们在国家公园工作时的照片。凯斯和弗雷泽是在加兰巴的敦古河畔举行的婚礼，后来他们有了一个女儿休鲁（Chyulu）[1]，然后又有了一个儿子，一双儿女都是在那里长大的。在其中一张照片里，凯斯站在河边，撑着一把白色的阳伞，遮着背篓里的女儿，朝着镜头莞尔带笑。映入我眼中的凯

① 与他们的儿子敦古一样，女儿休鲁的名字也取自肯尼亚地名，是内罗毕附近一座山的名字。

斯无比美丽，她看上去很满足，仿佛她正站在自己命中注定的地方。想到后来发生的事情，我觉得这张照片微微染上了一抹悲凉。晚上，我们在长颈鹿保护区散步时，弗雷泽隐晦地向我表达了一种人之常情，他说，我们总是在事情变糟之后，才能意识到旧日时光的美好。

* * *

加兰巴的生态系统是雨水和火焰的造物。在 4 月至 11 月的漫长雨季里，雨水滋养着广袤的热带稀树草原和茂密的多年生草本植物，又高又密的草木植被连成一片，宛如波涛起伏、绿意盎然的海洋。旱季时，8 英尺的长草在阳光和热浪中失去大量的水分，变得易燃易爆炸。一旦出现野火，凶猛的火势就会迅速肆虐，将一切燃烧殆尽，余下的灰烬把土壤染成灰色。野火落幕的几个星期之后，嫩绿的新芽开始萌发，静静等着被水牛、大象和犀牛吃掉，然后整个循环再次开启。水牛曾经是加兰巴国家公园里数量最多的动物。20 世纪 70 年代，水牛的数量约为 5.3 万头，此外还有上百只刚果长颈鹿、非洲水羚、疣猪、马羚、薮羚、狷羚、侏羚、霓羚、狮子、斑鬣狗以及大量的河马和鳄鱼。鳄鱼栖息在流经公园的两条河里，有时能长到 20 英尺长。加兰巴的地貌既不像刚果民主共和国的火山山区那样壮观，也不像那里密不透风的内陆丛林那样令人印象深刻，它的独特之处在于容纳着密度惊人的野生动物。电影制片

162

人艾伦·鲁特写到，在加兰巴拍摄大象就像是在目睹旧日非洲的遗迹，在那时的非洲大陆上，“规模巨大的象群在无边无尽的空间中移动着”。

1938 年，加兰巴国家公园落成于当时的比属刚果境内，最初打算将这片土地与人类活动完全隔绝开来，以保持生态系统的自然演进。刚果的国家公园，包括那里唯一的山地大猩猩栖息地维龙加公园（Virunga）在内，原本都计划打造为不受任何干扰、自然发展的地方。然而，在凯斯到来之后，这一创始愿景渐渐显露出残酷而讽刺的一面。1960 年，刚果从比利时独立出来，随后马上爆发了辛巴叛乱，之后安哥拉军队入侵，全国政局动荡，资金匮乏。当地社区和准军事集团依靠国家公园里的动物糊口，并以此创收。20 世纪 70 年代初，犀牛的数量曾多达 490 头，后来锐减到 20 头左右；1983 年，大象的数量也从 1976 年的 22,000 头减少到 7,000 头。偷猎者把许多动物赶到了国家公园的南部，而他们自己在园区北部茂密的灌木丛中安营扎寨，制作熏肉，拿到附近的村庄出售，还会越过边境进入苏丹境内售卖。 163

应刚果政府野生动物保护机构扎伊尔自然保护研究所的邀请，凯斯于 1984 年 3 月搬进加兰巴国家公园，全天生活在那里。弗雷泽受雇修缮国家公园年久失修的基础设施，也一起搬了进来。弗雷泽是一名训练有素的野生动物园管理员，生长于南非和博茨瓦纳。他总是穿着狩猎短裤和凉鞋，哪怕是向犀牛发射活检飞镖或是驾驶塞斯纳飞机执行偷猎侦察任务时也是如此打扮。弗雷泽是一个天生的工匠，擅长解决各种问题，非常适合在遍地都是问题的扎伊尔工作。为了遏制偷猎，凯斯夫妇和园区的工作人员一起修建道路、桥梁、停机坪，搭设无线电通信系统，还高瞻远瞩地设立了巡逻哨所。他们的工作十分艰巨，道阻且长。凯斯在2015年出版的著作《加兰巴：和平与战争中的自然保护》（*Garamba: Conservation in Peace and War*）中，描述了维护国家公园里的道路网络有多困难。

> 条件理想的时候，拖拉机会在6月沿着道路中央割草，那时草的高度刚好与路虎的发动机盖齐平，会让汽车散热器堵塞而导致发动机过热。割下来的草在几天之后烧掉，这样道路就能一直通行到9月，届时需要再割一次道路中央和两侧的草，以防长草被暴风雨压弯倒到路上。把这些草全部烧掉，道路就能保持通畅到旱季。到了旱季，不论我们如何努力控制年复一年的野火，这些草往往还是会起火。这些听起来很简单，但实际很难完成。首先，每条路要割四次草，每年合计要割上千公里。拖拉机不是设计来做这种工作的，驾驶员也没做过。他日复一日地待在割草扬起的尘土中，一双血红的眼睛透过厚厚的黄色花粉团雾凝视着前方。更糟糕的是，副驾驶员要走在前面，走在比甘蔗的叶片还粗壮的草丛中，检查是否有石头、洞穴、白蚁丘或者树桩。除非轮胎被扎需要修补，否则他们不会停下来。

弗雷泽先是砌了一间泥屋，然后又盖了一间泥砖房，室内有书柜，推开门窗就有习习微风。他们的努力没有白费，国家公园的修复初见成效。于是，凯斯得以对北白犀进行第一次也是唯一一次长期监测，观察它们的社会动力学关系[①]和代际繁衍习惯。每个月，她都会开着公园的越野车，对犀牛种群进行一次全面调查。她的发现让她看到了希望：最初的 10 年中，白犀牛的数量几乎翻了一倍，达到了 30 头。在兽医彼得·莫克尔（Peter Morkel）和比利·卡雷什（Billy Karesh）的协助下，凯斯开发出了一种创新的方法来追踪犀牛。他们在犀牛角上钻孔，将无线电发射器放置在犀牛角内，发射器会发出信号，从而可以利用遥测技术跟踪犀牛的动向。凯斯担心犀牛因为数量过少而出现近亲繁殖，于是，她开始对犀牛进行活体组织检查。她在犀牛的耳朵上切一个小缺口，将取下的活体组织送往肯尼亚和开普敦的实验室进行检验。很多学生前来参观加兰巴国家公园，后来担任维龙加国家公园主管的伊曼纽尔·德·梅罗德[②]也是其中之一。当时，偷猎的对象主要是水牛，偷猎者营地的明火很容易从空中发现。1991 年前后，凯斯夫妇为国家公园的护林员制定了一套严格的报告系统，让他

164

① 社会动力学（social dynamics）是研究群体行为的科学，主要是研究个体相互作用和群体层面行为的关系。

② Emmanuel de Merode（1970—　），比利时王子，自然资源保护者，从 1992 年起开始在维龙加国家公园工作，2008 年起担任维龙加国家公园主管。

们可以掌握园区内发现的非法活动类型以及巡逻队自身行动的实时连续数据。“我们系统地收集信息，这些信息在时间和空间上的跨度很大，有了这个系统，我们就可以分析和比较这些信息。这非常有用，我们由此获得了大量的信息，可以直接用于指导巡逻工作，改进反偷猎的措施。我们还可以用这些信息为我们的工作争取更多的外部支持。”

凯斯解释说，通过与警卫的合作，强化反偷猎规章制度及相关的后勤保障工作，他们几乎全面杜绝了偷猎活动。后来，动乱蔓延到国家公园。1991 年，苏丹人民解放军占领了马里迪镇（Maridi），8 万难民越境逃亡，其中许多人逃进了国家公园。最终，他们被重新安置在附近，但是南苏丹持续不断的战争让偷猎活动有增无减。1996 年，第一次刚果战争爆发，大批民兵从加兰巴国家公园穿行而过；园区警卫被解除了武装，在长达 3 个月的时间里，偷猎者肆无忌惮地任意施为。凯斯夫165 妇当时还不知道，这段动荡的时期将成为加兰巴保卫战的转折点，后来引发了园区护林员与偷猎者之间的战争，并随着周围暴力事件的激增而不断升级。这是加兰巴的诅咒：它被四面八方战火纷飞的国家包围着。偷猎者持有的重型武器越来越多，从自动武器到手榴弹，甚至装备了火箭筒。反偷猎一方先前只有 8 个人，后来增加到 20 人，他们也不得不以加强武装来应对。战斗不断升级，与偷猎者的对抗很容易给双方造成伤亡。凯斯解释说：“他们本应在发出三次警告之后再开枪，那才是合法的，但是显然他们没有这样做。”

尽管空中监察和巡逻不曾间断过，但偷猎者对动物下手时还是毫不留情。凯斯说：“我们知道情况越来越危险。”他们清楚，偷猎者继续向南深入国家公园以及犀牛喜欢的长草稀树草原，只不过是时间的问题。1996 年，巡逻小队报告在加兰巴河附近听到了枪声，还发现了两具犀牛尸体。其中一只名为玛伊（Mai），是一头年轻的雌犀牛，被发现时刚刚遇害不久，它的肚子里还怀着一只雄性犀牛胎儿，分娩在即。另一具犀牛的尸体已经开始腐烂，那是一头雄性犀牛，名叫巴韦西（Bawesi）。护林员把玛伊的头砍下来，带回了营地总部。凯斯知道有些人会为了充饥而在国家公园里偷猎动物，但她确定这两只犀牛遇害是苏丹人民解放军的手笔。苏丹人民解放军还在与喀土穆政府进行内战，喀土穆紧挨着加兰巴。这些人不是为了充饥才去偷猎的。凯斯说：“当时有大量救援粮食空运到苏丹，所以他们偷猎不是为了食物，只是在掠夺邻国的资源。他们出售象牙和犀牛角去换取武器，然后继续他们的战争。”很多时候，心中的挫败感让凯斯难以承受。“我很愤怒，我会想到底应该如何抗争？这件事太大了。”她回忆道，“这是对宿命的愤怒，而我们必须努力发掘正能量，找到与之抗争的方法。”

第一个方法是直接与苏丹人民解放军交涉，让他们停止偷猎行为。为此，凯斯前往了苏丹人民解放军位于肯尼亚内罗毕的总部以及位于乌干达的训练营。军队高层声称，偷猎者都是一些散兵游勇，大多是想赚点外快的逃兵。军方甚至同意与加兰巴公园的护林员联合开展反偷猎行动。但是，凯斯夫妇明

166

白，事情远比苏丹人民解放军领导人说的要复杂得多。军队的营地就在国家公园对面，他们进出园区根本没有人管。护林员发现了太多的苏丹偷猎者，实在很难相信他们只是单独行动的逃兵。那一年的晚些时候，刚果解放武装领袖洛朗·德西雷·卡比拉[①]率领部队从卢旺达攻破扎伊尔东部边境，向金沙萨进军，逼得苏丹军队大举溃逃，逃窜沿途一路搜刮洗劫。迫于危急的局势，凯斯夫妇第一次带着他们的孩子从家园撤离；他们把照片和贵重物品藏在能藏的地方，然后乘坐一架小型飞机飞往了肯尼亚。他们离开后，蒙博托[②]的雇佣兵在国家公园里驻扎了好几个月，最终被卡比拉领导的解放刚果民主力量联盟（Alliance des Forces Démocratiques pour la Libération du Congo-Zaïre）解除武装，赶了出去。1997 年 5 月，卡比拉成为新成立的刚果民主共和国总统，7 月，凯斯夫妇得以重返加兰巴。他们在加兰巴的车辆、电脑和燃料都被洗劫一空，但比这更糟糕的是反偷猎巡逻中断了几个月，结果公园里 6000 头

---

① Laurent-Désiré Kabila（1939—2001），又译朗·卡比拉，第三任刚果民主共和国总统。1997 年，领导解放刚果民主力量同盟的武装部队攻占扎伊尔（刚果民主共和国前身）首都金沙萨，就任总统，将国名恢复为“刚果民主共和国”。

② 蒙博托·塞塞·塞科·库库·恩本杜·瓦·扎·邦加（Mobutu Sese Seko kuku Ngbendu wa za Banga，1930—1997），原名约瑟夫·德西雷·蒙博托（Joseph-Désiré Mobutu），曾担任刚果民主共和国总统（1965—1971）和扎伊尔共和国总统（1971—1997）前后长达 32 年之久，通过军事政变上台，并最终在第一次刚果战争中被推翻。

大象、2/3 的水牛和河马都惨遭杀害。园区里到处都是偷猎者的营地。不过，不知是何原因，犀牛只死了 5 只，还有 5 只犀牛幼崽出生。

就在凯斯他们忙于重建之时，1998 年，第二次刚果战争爆发了。卡比拉总统试图迫使卢旺达图西族难民离开刚果民主共和国，返回故土。国家公园负责管理大象的官员因为有图西族血统，惨遭军队行刑队的杀害。不难理解为什么世界自然基金会决定关闭在刚果的项目。在不断升级的暴力冲突中，位于美国得克萨斯州沃斯堡的自然资源保护组织国际犀牛基金会接管了凯斯夫妇的工作，这对夫妇二人来说是一件幸事。正如凯斯在著作中解释的那样，在外国利益集团的支持下，三个相互独立的政权实质控制着这个国家，而加兰巴沦为了背靠乌干达军队的军阀势力范围。加之，加兰巴公园邻近苏丹冲突地区以及卢旺达支持下的叛军控制区，要与这些不同的派别打交道，导致园区的燃料和补给运输困难，工作人员的工资也难以按时发放。当然，前提是存在可供发放的燃料、补给和工资。

167

我想知道有多少护林员在这段时间的反偷猎巡逻中丧命，但凯斯对此避而不谈。显然，护林员丧生或受伤后不得不撤离的情况不在少数。偷猎者的日子也不好过。他们如果被活捉，就会被关进监狱，护林员为了获取信息，有时会对他们严刑拷打。凯斯说："我们无法真正阻止他们偷猎，因为我们没有那个权限。"她还补充道："还有一个残酷的事实，偷猎似乎成了他们对殖民者的反抗。"护林员曾向弗雷泽汇报，说他们在一次冲突中杀死了一些偷猎者。弗雷泽问他们如何确定偷猎者已经死亡，护林员听了，准备把从偷猎者尸身上割下来的耳朵拿过来，但被弗雷泽制止了。从这件事不难窥见，国家公园本身也非常容易受到周遭冷酷暴力行为的影响。

在接下来的几年里，尽管这个地区一直局势动荡，偷猎行为不断，但犀牛的数量还保持得比较稳定。2003 年 4 月，凯斯执行一项定期空中勘察时，在加兰巴发现了 30 只犀牛。然而诡异的是，苏丹人民解放军和苏丹政府之间的停火协议，却成了犀牛灭顶之灾的开端。多年来，苏丹人民解放军一直控制着刚果民主共和国和苏丹之间的边界，停火之后，他们不再控制该地区，这让边界安全漏洞百出，新的敌人对国家公园乘虚而入。凯斯在空中勘察时看到成群的大象被枪杀，就连没有象牙的母象和幼象也不能幸免。2004 年初，护林员第一次发现了罪魁祸首：不是苏丹人民解放军，而是骑马的苏丹人，一群不断在达尔富尔制造混乱的穆斯林骑兵——**金戈威德**[1]。这些人身怀绝技，在园区里快速移动，比开车或步行都快得多，小型飞机完全无法切断他们撤回边境的退路。护林员需要一两架直升机，但是向联合国提出的申请无疾而终，尽管加兰巴是联合国教科文组织认定的世界遗产。2004 年 5 月的一个清晨，护林员在与骑兵的冲突中寡不敌众，2 名护林员被杀，其余负伤，

168

① Janjaweed，又译“武装民兵”或“部族武装”，指骑兵队，苏丹西部达尔富尔地区（Darfur）的武装分子。

金戈威德一方也有 3 人丧命。“那是一场灾难。”凯斯说道，“那里充满了恐怖的气氛，大家都很害怕，护林员面对的骑兵都是非常厉害的射手和战士。”截至 7 月，园区里只剩下 14 只犀牛，到了 12 月，凯斯只找到 4 只 ，还有 4 只处于国家公园的区域之外。

早在 1995 年，当地官方野生动物保护机构的国际捐助者，即现在的刚果自然保护研究所就和凯斯讨论过，如果偷猎行为有可能将犀牛赶尽杀绝，则需要采取紧急措施，把一些犀牛带出加兰巴。凯斯犹豫再三之后，同意了这一做法。犀牛是国家公园的旗舰物种，也是让国际社会的关注和资金捐助聚焦于刚果民主共和国东部小型生态系统保护的原因。如果犀牛消失了，外部对该地区的投资意愿可能也会随之消失。长期以来，凯斯一直在努力争取让犀牛留在原地，希望以此来获得人们对国家公园的支持。但是到了 2005 年 1 月，很显然，如果犀牛想要生存下去，就必须离开加兰巴。他们当时打算先把犀牛转移到肯尼亚，待局势稳定了之后再带回来。金沙萨政府的卡比拉总统和四位联合副总统同意了这一计划，但是环境部长拒绝予以批准。环境部长在电视直播中暗示，政府、刚果自然保护研究所和相关的保护工作正在把犀牛卖给肯尼亚，而肯尼亚打算借此推动本国的旅游业。当时正值大选年，金沙萨政府担心影响自己的公众形象，因而取消了这一计划。

此后，事态变得越发凶险。金沙萨政府野生动物组织的代表团在国家公园附近遇到了挥舞着砍刀的暴徒。凯斯夫妇被临时逮捕，他们被指控非法潜入国家公园。园区管理员取消了准备在加兰巴召开的捐助方战略会议。当时，凯斯夫妇已经买了兰加塔的房子，于是捐赠者决定把聚会改到那里。对他们很多人来说，刚果民主共和国政府的政客行为以及刚果自然保护研究所内部的权力斗争是最后一根救命的稻草。他们在内战和动乱中坚持重建园区的保护项目，但是，后来发生的一系列事件碾碎了他们的善意。非政府组织决定取消对加兰巴的援助，并告知刚果自然保护研究所，重新获得援助的唯一办法就是解决内部问题。及至夏末，由于没有证据表明当地情况有所改善，国际犀牛基金会——凯斯的雇主——决定永久停止对他们的资助。终于，经过了 24 年，凯斯夫妇为之倾注了全部生命的加兰巴项目宣告结束。

169

国际犀牛基金会现任执行主任苏西·埃利斯（Susie Ellis）说："我们在刚果花费了数百万美元，试图就地拯救犀牛。由于种种不可控因素，我们的做法并没有奏效。"2008 年，一个生物学家小组来到加兰巴地区寻找犀牛，但是一无所获。"我们一致认为，犀牛种群已经灭绝。"埃利斯说道，"在刚果民主共和国里肯定找不到了，很可能苏丹也没有了。"与圣地亚哥冷冻动物园的奥利弗·莱德等人一样，埃利斯也认为人工饲养的最后一批犀牛注定要灭绝，而错失了从野外引进更多犀牛的机会是一个悲剧。"我们大多数人认为，北白犀的拯救行动为时已晚。我们真的搞砸了。通过克隆让它们回归新生的技术还遥不可期。不过，我认为我们最重要的收获应该是看清我们错在了哪里，这种情况绝不会在犀牛的其他物种身上上演。”

*　　*　　*

傍晚时分，太阳把一天中的最后一抹余晖洒向肯尼亚山时，我们抵达了奥尔佩杰塔保护区，肯尼亚山就在我们的东面。登记处的护林员热情地接待了专门来看犀牛的凯斯。我们驱车沿着空旷的土路穿过开阔的灌木丛，沿途有成群的水牛、平原斑马，还有正在啃食绿草的小羚羊。穿过内罗毕拥挤喧嚣的街道，一阵清风从山上吹来，这里的空气清新了许多。我们到达保护区里的考察站时，那里只有两个人，一位收集虱子的女士，还有一个用无线电追踪狮子的年轻学生。当晚，我们睡在马赛克图案的厚羽绒被堆成的床上。 170

第二天早上 7 点，我们继续上路，向着占地 9 万英亩的保护区深处驶去。在那里，犀牛被关在大型围栏中，周围有电网和武装警卫保护。当地人把奥尔佩杰塔保护区简称为奥尔佩杰（Ol Pej），这是肯尼亚安全级别最高的国家公园之一。这里有一支由德国牧羊犬组成的反偷猎小分队，负责发现并追捕偷猎者。2013 年，保护区集资 4.5 万美元购入了几架无人机，在周边协助巡逻。但是，偷猎者始终杜而不绝。上个月，偷猎者趁夜色前来，杀死了一头南白犀。“我痛恨偷猎者。”奥尔佩杰的犀牛主管穆罕默德 · 多约（Mohammed Doyo）说道。多约从 1989 年就开始与犀牛打交道，当时他还是个十几岁的孩子，负责在园区照顾一只失去双亲的犀牛宝宝。他和小犀牛睡在一个房间里，半夜被想喝奶的小犀牛闹醒，然后他会用奶瓶喂小犀牛。多约有 3 个年幼的孩子，不过他说犀牛才是他真正的孩子。后来，4 只北白犀来到奥尔佩杰，它们的生存和繁衍都成了多约的一个人事。他说："等它们生了宝宝，我们就去找凯斯，然后开一瓶香槟庆祝。"

警卫把我们带到第一个围栏区域，那里有大约 140 英亩的灌木丛和草地。多约坐在越野车的后排，给凯斯介绍了这里的最新情况。4 个月前，饲养员从旁边的保护区引进了一只年轻的雄性南白犀，把它带到法图和它的母亲纳金面前，寄希望于杂交育种，因为雄性北白犀作为种马真的非常不可靠。除了年轻的雄犀牛苏尼与纳金交配过一次，其他犀牛的交配次数并不多，也没有一次成功受孕。不知道这是生理还是环境的问题，或者只是单纯运气不好。雌犀牛在生育方面存在什么缺陷吗？它们长年生活在动物园里，体内激素水平不高，这可能影响了它们的生殖器官。至少有一个问题是确定的，当时最年长的 41 171 岁雄犀牛苏丹，由于在圈养环境中长大，腿部患有关节炎，这让它很难爬上雌犀牛的背部与之交配。多约开玩笑说："也许我们可以给它弄个凳子。"另外，36 岁的苏尼看起来仍然像青春期的孩子一样毛手毛脚，而且对伴侣十分挑剔。

尝试南北白犀杂交是一项很极端的举措。这一决定由管理委员会提出，其成员包括德·克劳福动物园代表、曾在加兰巴与凯斯共事的野生动物兽医彼得·莫克尔（Peter Morkel），以及奥尔佩杰的首席动物保护官马丁·穆拉马（Martin Mulama）。杂交育种有可能加速物种的灭绝，而且也没有人知道这样结合出来的后代是否具备繁殖能力。但是，比起湮没在历史长河中，把现存活体动物的**任何**基因保留下来，现在看上去是更好的选择。委员会给出的理由是，如果杂交育种成功，那么杂交后代或许可以与纯种的北白犀交配，尝试挽救更多的物种基因。于是，2014年1月，保护区管理员把一头雄性南白犀移至法图和纳金所在的围栏，不久后，他们又把两头雌性南白犀移到了苏尼的围栏里。

我们在第一个围栏区域里发现了苏尼，它正一边啃食矮草，一边懒洋洋地踱着步。大约30码之外，两头雌性南白犀也在做着同样的事情。我们从越野车上下来，多约拿起一些干草，挥舞着吸引苏尼的注意。苏尼和奥尔佩杰的其他北白犀都是在动物园里长大的，它们已经习惯了人类，条件允许的时候，我们可以小心翼翼地靠近它们。苏尼朝着我们蹒跚走来，它低垂着头，近到离我们只有几码的距离时，仍然没有要停下来的意思。多约不得不高声斥责它："苏尼，不要！不可以，不！"犀牛停了下来，退后几步，开始啃它的干草。很快，雌犀牛靠了过来，它们想瞧瞧这里有什么热闹，而苏尼马上把自己的食物让了出来。"它们对苏尼很感兴趣，"多约解释道，"但有时会欺负它。"多约试图把雌犀牛引向撒在附近的新鲜干草，但是它们似乎就是想把苏尼赶开，它们追着苏尼跑，粗壮的腿卷起一阵阵灰尘。我没想到我们会离这些犀牛这么近，一直试 172

着躲开。有时，它们庞大的身躯和我之间只隔着一小片灌木丛，这让我的心怦怦直跳。

一直以来，野生犀牛都以脾气暴躁、危险、蠢笨而著称。在一本介绍肯尼亚殖民史的期刊上，我读到过这样一则故事：一头犀牛冲向一辆停在路边的公共汽车，用它的角使劲一戳，直接穿透了车体的铁皮。狩猎者认为犀牛脾气暴躁，会因为一时起意而去破坏营地的篝火。但事实上，犀牛是相当温顺的素食主义者，它们每天有一半的时间都在吃草，其余大部分时间则是在打盹。我问凯斯在野外观察犀牛是一种什么样的体验，她轻声笑了笑，解释说，起初这是一项非常枯燥的工作。她告诉我，在监控犀牛的过程中，他们经常要顶着大太阳坐在高草之间，而犀牛则在唯一的树荫下舒服地打着盹。在我看来，犀牛的性情既可爱又顽固，需要时常训斥它们，就像那些跟人类过于亲昵的狗狗一样，因为它们不知道自己有多凶猛。

我们前往下一个围栏区域，一处占地 700 英亩的开阔平原，法图和纳金就住在这里。凯斯对这里的管理方式大为失望。所有雌犀牛都待在原地，而苏尼和苏丹却在一个个围栏之间不断被移动，凯斯认为这样一来雄犀牛根本不可能在一个领地上站稳脚跟。她说："这种野外环境的呈现方式并不利于交配。"每个围栏区域之间需要保持对等并且相互独立，固定雄性，交换雌性，以刺激它们的发情周期。"**那样做**有助于刺激它们交配。"多约鼓励凯斯向管理委员会提建议。这些犀牛已经在肯尼亚生活了 5 年，但不见任何改善，所以任何新的调整都值得一试。我们停下车，法图和纳金就在 30 码开外的地方。它们紧挨着站在一起，盯着我们，然后靠了过来，探看我们在干什么。远观的话，犀牛就像是从岩石中开凿出来的，它们的外形既像牛又像恐龙，肤色是单调的灰色。近看时，会发现它们的皮肤纹理上有很多凹槽和裂缝，就像干涸的地表。它们的角也并不是完美的圆柱体，而是像一块削尖了却削得不够平滑的木头。法图的身材像维纳斯一般圆润，它睡眼惺忪，睫毛又长又黑，身后有着迷你版的大象尾巴。我觉得犀牛是我见过的最笨拙、最美丽的动物。进化造就了如此奇特的生物，大自然的鬼斧神工，实在令人惊叹。

173

法图和纳金两母女最终还是走开了；快到中午了，它们该睡午觉了。它们躺下的姿势出奇地优雅，一只胳膊和一条腿垫在身体下面，像卧在躺椅上一样。我们站在不远处，默默地观察着它们，凯斯看起来可以心满意足地看上一整天，一直看到第二天。

我没有经过专业训练，完全看不出北白犀和南白犀有什么明显的区别。对此，我请教了凯斯，她解释说，自从 100 万年前它们从共同的祖先分化出来之后，北白犀形成了明显的特征。它们的肩部更低、头更小、背部的凹陷也更平，在加兰巴的高草生态环境里，这样的体形特征很有优势。不论是通过诱导性多能干细胞系，还是通过杂交育种的方式，“这些特征都值得保留”。凯斯这样说道。或许有一天，犀牛能够重回加兰巴，让那里的环境再次为它们塑造出独有的特征。就几代之内的犀牛而言，哪怕是像凯斯这样的生物学专家，恐怕也难以分辨出生在实验室里的北白犀和野外出生的北白犀之间有什么区别。

加兰巴的生态系统能否坚持到犀牛回归，这本身就存在很大的疑问。凯斯夫妇离开国家公园的几年之后，在凶残的战犯约瑟夫·科尼（Joseph Kony）的带领下，因为使用童兵而臭名昭著的乌干达反叛组织“圣灵抵抗军”（Lord's Resistance Army）开始在加兰巴建立营地，他们为了获取象牙而偷猎大象。那里现在由一个名为“非洲公园”的组织管理着。在当地和苏丹的偷猎者以外，又加上了乌干达叛军。据报道，乌干达叛军会在偷猎时使用直升机，一次消灭 50 头大象，多数大象都是头部被一枪致命。刚果民主共和国军队派遣士兵增援园区护林员，然而，历史似乎又在重演。这个准军事组织急功近利地想要开发加兰巴区域内野生动物的价值，暴力行为不断从四面八方朝着国家公园袭来。可以说，如今的情况空前糟糕，而且，整个非洲大陆上的大多野生动物都面临这样的境遇。

174

凯斯在 20 来岁时到非洲进行飞行调查，那时她是热情满怀的自然保护主义者中的一员，他们来到非洲研究野生动物。然而，她的经历改变了她，此后她再也没有离开过非洲。一天晚上，在凯斯夫妇家，我和他们的几位朋友围坐在餐桌旁，席间有野生动物电影制片人艾伦·鲁特和自然资源保护主义者罗斯玛丽·鲁夫（Rosemarie Ruf）。鲁夫是瑞士人，从刚果民主共和国来肯尼亚内罗毕旅行。她从 1979 年起就住在刚果，几乎把所有时间都花在了伊图里雨林[1]里，致力于保护霍加狓（okapi），一种行踪不定的嵌合体动物。霍加狓至少有 600 万年的历史，看起来像是长颈鹿、马和斑马的混血儿，行为和性情又像温顺害羞的小鹿。非法淘金、国内冲突以及保护区内的偷猎行为威胁着它们的生存。2002 年，鲁夫的丈夫，负责霍加狓保护项目的卡尔（Karl）在刚果民主共和国东部的一场车祸中不幸丧生。2012 年，鲁夫的 6 名员工和他们圈养的 14 只霍加狓被一名麦麦叛军[2]屠杀，凶手名叫摩根（Morgan），是一名食人战犯，喜欢自称查克・诺里斯（Chuck Norris），热衷偷猎大象。屠杀发生时，鲁夫恰好不在现场，但她后来发现，摩根对她不在场非常失望，因为他想要公开奸污她。2013 年，世界自然保护联盟将霍加狓列为濒危物种。（刚果民主共和国于 2014 年 4 月处决了摩根。）艾伦・鲁特在回忆录《象牙、猿和孔雀》（*Ivory, Apes & Peacocks*）中写道，自己在非洲的生活“与一场令人心碎的大屠杀相重叠，野生动物保护被证明是一场灾难性的失败。其中有诸多方面的原因，从人性的贪婪、短视和失败的政策，到呈指数式增长的人口，这些都在不断吞

---

① Ituri Rainforest，位于刚果民主共和国东北部伊图里省的热带雨林，森林的名字来源于附近的伊图里河。

② Mai-Mai，指活跃在刚果民主共和国的任何一种以社区为基础的民兵组织，其成立的目的是保护当地社区和领土不受其他武装团体的侵害。大多数民兵组织是为了抵抗卢旺达军队和与卢旺达有关联的刚果反叛组织的入侵，但有些可能是为了利用战争，通过偷猎或抢劫来为自己谋利。

噬着野生动物和野生环境”。晚餐时我忍不住地想，竭尽全力而战直至最终战败的那一刻，这需要付出何等的牺牲，又需要面对何等悲剧的命运，在座的这些人就是最好的证明。

175 这些想法再次浮上心头是在5个月后，当时，我听说被寄予厚望的年轻雄犀牛苏尼于某天晚上死在了奥尔佩杰塔的围栏里。不久，圣地亚哥的雄犀牛安加利夫（Angalifu）也去世了。至此，北白犀仅剩5只。凯斯在电子邮件中提到了苏尼的悲剧，不过她并没有对这一物种的未来显示出宿命论的悲观。她仍然相信，刚果民主共和国可能还存在一些北白犀，但不是在国家公园里，而是在加兰巴周边树木茂密的地方。2012年，有报告称在乌干达发现了一头犀牛，这让凯斯非常振奋，尽管该报告无法得到证实。尽管听起来或许过于乐观，但是这类发现也并非前所未有。事实上，生物保护领域有很多这样的奇迹，已经灭绝的动物在生物学家认为它们消失很久之后又重新出现。2000年，原本被认为自1908年就已灭绝的缅甸山龟在缅甸重新被发现。2009年，研究人员在墨西哥南部发现了3只已经109年未曾出现过的小耳鼩鼱。最近，有人在南太平洋的一块偏远岩石上，发现了一种被认为已经灭绝了80年的昆虫——树龙虾①。2013年，在婆罗洲东部，人们在一段黑白视频中捕捉到一只野生苏门答腊犀牛的身影。这种犀牛被认为几

① 学名豪勋爵岛竹节虫（Dryococelus australis），体形较大，俗称树龙虾。1930年时一度被认为已灭绝，2001年重新被发现。

十年前就已经在该地区灭绝了，它宛如森林中的幽灵，对因为自己的存在而带来的奇迹浑然不觉。近几十年来，约有67种哺乳动物被重新发现。这些故事向我们展示了某些物种不畏艰险、顽强生存的神秘力量。按照四维的思维逻辑，这些奇迹的存在自有道理。根据“接续论”，物种永远不会真正消失，也永远不会灭绝。一个物种的过去和现在之间的时空虫洞会变得越来越长，而死去的人其实只是离他们活着的那一刻越来越远。

第7章　旅鸽的重生

新旅鸽

177

1794年，苏格兰诗人亚历山大·威尔逊（Alexander Wilson）移居美国，这片大陆上被他称为“羽毛部族”的存在让他深深痴迷。威尔逊对鸟类的热爱难以自抑，他曾写道：“别人醉心于各种投机和扩张的计划，拼命地建造城镇、购买种植园的时候，我要么在对着百灵鸟沉思，要么像一个绝望的情人那般，凝望着猫头鹰的倩影。”威尔逊把置身荒野之中的感受描述为与“伟大的宇宙创造者”的对话。每一只小鸟身上都蕴含着有关存在的奥秘，他称之为“不可解的第一因[①]”。威尔逊为了寻找新的鸟类，或乘舟或骑马或徒步，穿越了几千英里。有一年，他途经肯塔基州的谢尔比维尔（Shelbyville）附近，目睹了令人惊人的一幕：一群他估计不少于20亿只的旅鸽。那群胸前挂着一团火红的飞禽从他头顶掠过，整个过程

---

① 神学哲学名词，又称“终极因”，被认为是一切因果关系的起点，即所有事物和现象的起源。

花了几个小时之久。威尔逊说，这是他来到美国之后看到的最 178
不可思议的事情。

旅鸽鸽群的规模之大，让美洲大陆的早期定居者非常害怕。18世纪50年代，一位探险家表示："鸽子的数量太过惊人，毫不夸张地说，它们有时可以遮天蔽日。"一些白人定居者认为，看到这种鸽子是厄运的预兆，可能预示着来自印第安人的大屠杀，也可能是一场即将到来的瘟疫。鸽群发出的巨大声响被称为只应天上有的超凡之音。1834年，一位在阿肯色州旅行的英国地质学家描述说，当鸽群从头顶上掠过时，他的马被吓得发抖。"像野鸽子这样胆小的鸟儿，成群结队地展翅飞翔时也会化为一股可怕的力量。它们总是盘旋许久，上演着如同烟火表演一般纷繁复杂的动作和队形，带起一阵旋风。每当鸟群从旁飞过，我们的密苏里（马的名字）都会被吓得一动也不敢动，瑟瑟发抖，而我们感到很兴奋。"

只有一件事比见到空中盘旋的旅鸽群更令人心生敬畏，那就是目睹它们在森林里筑巢。旅鸽在每棵树上筑的巢多达50个，数千英亩的森林里全都是带有鸽子巢的树。有记录的旅鸽最大规模筑巢行为发生于1871年的威斯康星州中部，当时鸽群聚集的面积超过850平方英里，在大约1.36亿只鸽子的重压下橡树纷纷断裂倒塌。当地一家报纸上刊登了一位猎人对黎明时分景象的描述：

> 一阵轰鸣声响起，相比之下，以前听到的所有声响都

> 不过是安眠曲。这声响让满怀期待、兴奋不已的猎人纷纷放下枪，或躲到掩体之后，或藏到近旁的树下。这声响是一团凝缩的恐怖。想象一下，一千台脱粒机正在全速运转，与此同时，同样多的汽船正在发出呻吟，还有同样多的铁路列车正穿过隧道。想象这些声音都汇聚在一起，你也许就能模糊地想象出，在灰蒙蒙的晨光中，鸽群从离我们眼前几英尺的地方呼啸而过时，那片巨大的黑云所发出的可怕轰鸣声。

179

1871 年的筑巢期的确是一个厄兆，不过并非针对人类而言。十多万人前来威斯康星州捕杀旅鸽，有的人打鸽子是为了吃，有的人是把打鸽子当作一项运动。死伤的旅鸽数量惊人，尸横遍野，只剩幼鸟在巢中挨饿。被捕杀的大约 30 万只旅鸽成桶成桶地运往美国东部，泛滥于市，贱卖到几美分的价格。通过电报得知旅鸽筑巢消息的专业“网捕者”捕获了 120 万只旅鸽。不计其数的鸽子惨遭枪杀，一个军火商卖给猎人 3 吨火药、16 吨子弹。目击者称：“屠杀的惨烈程度难以言喻。”直到 19 世纪末，鸽子只要停下来筑巢就会被猎杀，直至鸽群明显变得不再那么壮观。

1877 年，威斯康星州的政府官员意识到，他们有必要遏制这种捕杀行为。于是他们通过了一项法律，明令禁止任何残害、杀害、破坏或者打扰鸽子孵化幼鸽的行为。早在 1848 年，美国一部分州就开始着手保护旅鸽，然而大多数美国人认为，旅鸽的数量如此庞大，它们永远不会面临什么严重的生存威胁。1857年，俄亥俄州的政府委员会表示："旅鸽不需要保护。它们的繁殖能力极强，北方广袤的森林都是它们的繁殖地。旅鸽会跋涉数百英里去寻找食物，今天在这里，明天在那里。任何普通程度的破坏都不会减损它们的数量，也不会对每年诞生的千百万只新生幼鸽有什么影响。"威斯康星州1877年颁布的禁令几乎沦为一纸空文。有人预言过这一物种将会面临的可怕命运。作家贝内德里克·亨利·里沃尔[①]说："我敢打赌，如果地球还能存续一个世纪，那么到时除了某些自然历史博物馆以外，鸟类爱好者将再也找不到一只旅鸽。"

1899年，威斯康星州的最后一只旅鸽被射杀。1914年，旅鸽仅存的一只已知个体死在了辛辛那提动物园。标本制作师舒费尔特（R. W. Shufeldt）解剖了这只名叫"玛莎"的旅鸽。（玛莎的伴侣乔治已于几年前去世。）"在未来的某一天，世界上几乎全部鸟类都会彻底灭绝。"舒费尔特在解剖玛莎后说道，"而现在，这个命运即将降临，比大多数人以为的早了很多。"舒费尔特做了一件让人意外的事，他没有解剖玛莎的心脏，而是把最后一只旅鸽的重要器官完整地保留了下来。 180

当然，旅鸽甫一消失，美国公众马上表现出一阵惋惜。他们似乎无法接受旅鸽这个新世界的奇迹就这样消失，更无法接

---

① Benedict Henry Revoil（1816—1882），法国作家，画家皮埃尔·亨利·雷维尔之子。

受人类要为此负责。这么多的鸟儿怎么会就这样消失得无影无踪呢？一种说法是，这些鸟儿在墨西哥湾集体溺死了，另一种说法是它们全都迁徙到了南美洲。或许因为鸽子蛋是白色的，在野外没有伪装保护，才导致了灭绝。1909 年，美国鸟类学家联盟开始悬赏寻找旅鸽群落，结果一无所获。1947 年，威斯康星鸟类学协会确认了旅鸽灭绝的事实，立了一座青铜纪念碑，上面写着："这个物种灭绝于人类的贪婪和轻率。"

美国自然主义者、海洋生物学家、纽约动物学会鸟类馆馆长威廉·毕比（William Beebe）意识到，人类轻率行径的受害者绝不只有旅鸽。他在 1906 年出版的《鸟类：形态与功能》（*The Bird: Its Form and Function*）一书中指出，鸟类代表着"大自然的力量巅峰"，它们从数百万年的自然选择中幸存下来，如今全要仰承人类的鼻息。"我们必须小心，谨防无谓地毁掉任何生命，正是它们为一代又一代的进化荣耀加冕。一件艺术品，即使最初的物质表现形式被毁，其中的美和奇思妙想还可以重构；消失的和声也有可能重新激发作曲家的灵感；然而，如果一个种族的最后一个个体停止了呼吸，我们就需要重新经历一番沧海桑田，才有可能让这个生命再现。"

在之后的几十年里，当濒临灭绝的物种激增，一个又一个物种摇摇欲坠，走向湮灭，毕比的告诫将被大量引用。不过，181 毕比不曾料到，科学家会在 100 年之内掌握一种技术，这种技术可以让曾经多得让人类和野兽害怕的长空骄子重现于世。

*　*　*

2013 年秋，加州大学圣克鲁斯分校的校园里，一束束阳光从红杉树的枝叶间洒下。在大批学生返校的几天前，我见到了本 · 诺瓦克（Ben Novak）。诺瓦克是该校古基因组学实验室的客座研究员，师从基因组科学家贝丝 · 夏皮罗（Beth Shapiro）和埃德 · 格林（Ed Green）。夏皮罗和格林既是同事也是夫妻，他们通过基因组学研究物种和种群是如何随着时间的推移而进化的，近年因为对北极熊、古代马和尼安德特人的分析而备受非议。2010 年，这对伉俪与著名的瑞典遗传学家斯万特 · 佩博（Svante Pääbo）一起，公布了有史以来第一个尼安德特人基因组序列草图，基因采集自 38,000 年前的 3 位女性，她们曾生活在今天的克罗地亚一带。

诺瓦克在实验室里负责筹备并从旅鸽样本提取DNA，这些样本是世界各地博物馆和收藏中 1500 只旅鸽中的一部分。这个古基因组学实验室共收集了 65 个样本，其中一些已有 400 多年的历史，大部分样本是夏皮罗从安大略皇家博物馆和私人收藏中收集来的。（后来，罗切斯特博物馆和科学中心给他们提供了 4000 年前的旅鸽标本。）得益于诺瓦克的DNA分析，我们有机会一探旅鸽生物学和灭绝的未解之谜。它们从什么时候开始变得如此之多？这个物种的年龄有多大？它们的进化史能否揭示它们轻易灭绝的原因？这些都只是第一步，诺瓦克还有更为雄大的计划。诺瓦克带着我在实验室里四处参观，他对我说："我们会复活旅鸽，就算失败了，我也会弄清原因，然后重新开始。不论需要 10 年还是 40 年都没有关系，我志在必得。"诺瓦克登上了《纽约时报》杂志的封面故事人物，那一182 期的主题是讨论像侏罗纪公园那样复活灭绝动物的可能性。在这之前，他早已是福音传道士的化身，不加掩饰地相信着反灭绝时代即将到来。他坚信反灭绝是一项令人惊叹、极具价值的科学事业，对物种保护有着重大的意义。

我造访他们实验室那天，恰逢对诺瓦克来说是一个非常重要的日子。30 个旅鸽样本经过一个通宵的处理，诺瓦克正在等待结果。在几个月的辛勤工作之后，他马上就能知道是否产出了足够的DNA供他们拼凑旅鸽的基因组。只要弄清每个样本中实际含有旅鸽DNA的百分比，他就可以找出描绘基因组序列的最佳候选。样本中含有的旅鸽DNA百分比越高，绘制图谱的过程就越顺利。诺瓦克希望从旅鸽骨骼提取的几个样本可以提供高质量的DNA。他说："以前从来没有人研究过这种鸟的骨头；骨骼中含有的DNA通常很少，而且有大量杂质。"但是，这些鸽子骨头非常古老，比美国殖民期间大规模屠杀旅鸽造成种群瓶颈的时期还要更早，也许在旅鸽开始大规模消失之前，就存在什么揭示它们基因和种群结构的信息。诺瓦克相信这一信息至关重要，因为他不接受旅鸽依赖群体规模维持生存的观点，也不认为必须有几百万只反灭绝个体，才能保证旅鸽在野外存活。有一些研究表明诺瓦克可能是对的，但是还没有人用基因数据得到过证实。

在我前往圣克鲁斯见诺瓦克的几个月之前，诺瓦克在TEDx的一次活动上，发表了计划复活旅鸽的演讲，他的演讲被媒体大量转载。不过，他作为反灭绝的代言人，在学界并没有得到太多支持。保护生物学家告诉我，物种在不远的将来可能会迅速灭绝，这才是真正的威胁，相比之下，有关旅鸽灭绝的探讨和媒体对该项目的关注显得颇为“冒犯”。即使在圣克鲁斯实验室，20来岁的诺瓦克也只是一位每天都在提取DNA的研究员，他提取的DNA与古代马和尼安德特人相比，甚至都算不上古老。我问实验室里其他人对诺瓦克复活旅鸽的雄心壮志作何感想，他们大方地承认这个想法很有趣，然后再加上一句，也很疯狂。最重要的是，诺瓦克没有什么学术背景，他 183 本人谈到这一事实时十分坦然。“我既没有博士学位，也没有专著。很多人认为我是一个狂热分子或是异想天开的梦想家，更多时候，他们只是把我当成一个笑话。”

支持诺瓦克的是他对旅鸽那一腔难以置信的爱，他爱得近乎痴狂。他说：“如果你喜欢旅鸽，那它们就是你生活的全部。我不知道为什么，但它们似乎吸引了最情绪化、最热情、最死硬派的一群人。我也是其中之一，我和他们一样。”我与其他旅鸽爱好者交流时，也听过同样的话。他们花费了大量的时间和精力，试图保住人们对这个物种的鲜活记忆。这个圈子的人都知道诺瓦克，有些听过他的名号，有些跟他私交甚笃。这些人都喜欢收集标本和历史纪念品。他们有一个非官方的领头人，名叫加里·兰德里（Garrie Landry），一个路易斯安那州土生土长的卡津人①，母语是法语，他制作的专门介绍旅鸽历史的网站，已经成了旅鸽爱好者的线上聚集地。“告诉你一个我这些年来的发现，”兰德里向我解释道，“我非常确定，我遇到的许多旅鸽爱好者都有一个共同之处，那就是他们是从童年起就对旅鸽产生了兴趣。数量如此惊人的鸽子居然会彻底消失，这件事或许在孩子眼中更有吸引力。”几年前，兰德里参加了“旅鸽项目”的第一次会议，“旅鸽项目”是一个通过物种教育来促进物种和栖息地保护的组织。聚集一堂的参会者意识到，他们很多人对这一物种的热爱可以追溯到童年，他们小时候走进树林，试图想象树林里栖息着几百万只鸽子。同样吸引他们的一个念头是，**至少**有一种，甚至可能有几种鸟类成功地逃脱了灭绝的命运。兰德里笑着说：“小时候我们去寻找旅鸽，一心想要证明大人们错了。”他回忆起威斯康星大学备受尊敬的鸟类学家斯坦利·坦普尔（Stanley Temple），坦普尔小时候也曾组织附近的孩子一起寻找旅鸽。

184

兰德里在路易斯安那大学拉菲特分校教植物学，他在家乡富兰克林县②有一个鸟舍，养着几千只鸟，包括七彩文鸟、吕宋鸡鸠、爪哇禾雀和三趾鹑。（他认为美国三趾鹑出现的所有基因突变，都是因为1991年他从英国进口了一只三趾鹑。）不过，兰德里最珍视的还是他在易贝上花3000美元买来的一个

① Cajun，法裔加拿大人的后裔。

② 美国路易斯安那州东北部的一个县。

旅鸽标本。买下这个旅鸽标本之后，他在自己的网站上写道："我从小就对旅鸽非常着迷，现在能够拥有一只旅鸽，这真的是上天赐予我的礼物，这种感觉难以言喻。"兰德里给他的旅鸽起名为乔治，他花了几十个小时来追查这只鸽子的历史，最终确定乔治是在1870年至1888年在野外被杀的。市场上每年会有一两只旅鸽标本出售，这类填充标本没有固定的市场价格，它们的价值取决于潜在买家对标本的渴望程度，有时可能高达1万美元。"它只是一只鸽子。"兰德里说，"我不认为它有什么特别之处，除了它们曾经的数量是一个天文数字，而人类消灭了所有。这就是它们与众不同的原因。还有很多其他种类的鸽子也灭绝了，但我们不在乎；也有其他面临灭绝威胁的鸽子，但我们也没有被吸引。如果旅鸽曾经存在的数量很少，恐怕我们现在对它们同样也是不屑一顾。"

在古基因组学实验室，诺瓦克一边坐在转椅上随意地晃着，一边浏览着电子邮件，他的iMac上装饰着变形金刚玩具，键盘旁边放着一袋自制的糖浆饼干，这是他最近一次回北达科他州老家时祖母给他的礼物。他给我看了一些照片，拍的是他自己画的画，画布上大多横陈着双螺旋结构，而前景是旅鸽。诺瓦克顶着一头蓬松的偏分棕发，身穿T恤配牛仔裤，脚上是一双白色的运动鞋。他说自己生长在一个蓝领家庭，家人之间关系密切。他的家乡亚历山大市（Alexander），人口只有200来人。诺瓦克的父亲不希望儿子追随自己的步伐成为汽车修理工，他从小就培养诺瓦克对恐龙和科学的兴趣，带他去博物

185 馆，还订阅了《国家地理》杂志。诺瓦克的祖父安东（Anton）是一名技师，也是一名专业修补工，诺瓦克对鸟类的热爱就是遗传自祖父。安东在自家后院养了鸡、鹅、火鸡、珍珠鸡、白鸽和信鸽；有一段时期，他养着250对金丝雀，还负责为当地的宠物店育种。

亚历山大市只有一所公立学校，学生人数太少，连一支运动队都凑不齐。聪明孩子从小就优秀，诺瓦克就是如此。他在当地的科学博览会上参与了被他称作“怪诞时代”（freaky dynasty）的设计展出。当时8年级的诺瓦克在《国家地理》上读到了一篇有关生物多样性和物种灭绝的文章，心中冒出一个疯狂的念头：要是有一天我们克隆出了渡渡鸟会怎么样呢？围绕这个想法，他做了一份完整的调查，并在北达科他州科学博览会上荣获了分部门最佳项目奖。翌年，科学博览会在北达科他州的米诺特市（Minot）举行，诺瓦克在博览会上看到了一本奥杜邦学会[1]的书，书一翻开就是一张旅鸽的照片。这是他第一次见到这种鸟，那张照片紧紧地抓住了他的想象，让他无法释怀。他后来写到，当时的感觉就像是突然坠入了爱河。“和渡渡鸟一样，这种鸽子已经灭绝了。它们的外形很接近那些从我家乡的草原上空飞过的白鸽，也很像街上闲庭阔步的信鸽，在每个城市都能见到。但不同的是，那是我见过的最美丽

① National Audubon Society，美国的一个非营利性民间环保组织，以美国著名画家、博物学家、鸟类学家奥杜邦的名字命名。

的鸟。”

高中毕业后，诺瓦克离开家乡，前往蒙大拿州立大学求学。他尽可能多地选修了遗传学和古生物学的课程，对物种灭绝问题也越来越着迷。21岁时，他读了一本名为《旅鸽的自然史及灭绝》（*The Passenger Pigeon: Its Natural History and Extinction*）的书，作者是俄亥俄州出生的博物学家舒尔格①。舒尔格的书是旅鸽历史方面的权威，诺瓦克读过之后深受震撼，他说：“你走进一片森林，或许会感叹‘我的天啊，这太神奇了！’但是，如果你走进森林，并且知道那里曾经有旅鸽存在过，又当如何？我走进森林时与其说感到敬畏，不如说我深知这只是一个缩小版，森林不像以前那么大、那么宏伟了。”

研究生阶段，诺瓦克去了位于加拿大安大略省汉密尔顿市的麦克马斯特斯大学学习古遗传学。但几年后，诺瓦克的学业渐渐荒废。他非常沮丧，焦虑和不快让他越来越颓废。他以前也有过这样的经历，但这次他的学习能力受到了影响。他去看了精神科，被诊断患有强迫症。听诺瓦克谈起医生对他的诊断，我能明显地感到，那对他来说是一个决定性的时刻，同时也是一种解脱。他开始服用药物，接受认知治疗。经过反复自省，他认定自己是一个无神论者。“我决定走出去，去探索什 186

① Arlie William Schorger（1884—1972），美国化学家、商人，同时还是一位活跃的鸟类学家，美国鸟类学家联盟的成员，在哺乳动物研究方面也有所涉猎。

么是真理，或者说，去探索哲学对我们有什么帮助。我对自己遇到的所有事都不满意。对我来说，基督教并不是有意义的终极真理。”诺瓦克坚信着克隆旅鸽的梦想。他开始寻找可供提取DNA的旅鸽标本，在网上搜索、调查，直到他发现了一则佛罗里达州出售旅鸽标本的广告，于是联系了卖家。那个卖家手上的3个标本已经都卖掉了，不过卖家告诉诺瓦克可以联系加里·兰德里，兰德里很可能知道市场上是否还有其他标本在售。多年来，兰德里遇到的鸟类爱好者不下几百，但除了诺瓦克，还不曾有人提出想要复活这种已经灭绝的鸟。兰德里说：“哪怕复活之后要被关在动物园的鸟舍里，复活旅鸽的想法还是让人非常兴奋。”兰德里告诉伊利诺伊州的朋友乔尔·格林伯格（Joel Greenberg），有一个年轻人正在畅想如何让他们最钟爱的鸟儿复生。

时任芝加哥科学院助理研究员的格林伯格正在撰写他的著作：《天空流过乱羽河：旅鸽灭绝的旅程》（*A Feathered River Across the Sky*）。这本书有关旅鸽的历史，是自舒尔格的著作以来，在旅鸽研究方面的首部集大成之作。对于旅鸽在美国文化中的地位，格林伯格提出了一个更为广阔的历史视角。他指出，在物种灭绝威胁不断加速的当下，旅鸽的灭绝应该被看作一个警示。在他看来，如果大家了解这种鸟，了解美国人曾经认为它们多得不可能消失，那么今天的危机就可能会让他们产生更多共鸣。格林伯格向我解释道：“观察鸟类一直是我的生活动力。要说我见过的数量最多的鸟是什么，那大概是内布拉斯加州普拉特河（Platte River）上的 25 万只沙丘鹤。我们珍视现在有什么，但也需要意识到以前有过什么，北美这片土地有着世界上无与伦比的生命形态……”他说这些的时候情绪激动，声音都在颤抖。最后，他说：“就算数量再多，也可能会消失。没有什么比这更好的警示了。”格林伯格和诺瓦克因为对旅鸽的共同迷恋而联系在了一起，但是，格林伯格对反灭绝的态度存在矛盾。反灭绝会让他多年来一直致力讲述的警示故事变得微不足道吗？尽管如此，格林伯格还是邀请诺瓦克加入了“旅鸽项目”，这是一项由 160 家博物馆和环保组织联合举办的活动，旨在通过在美国全国范围内开展环保宣传和教育，纪念旅鸽灭绝 100 周年。

187

大约同一时期，美国旧金山湾区作家斯图尔特·布兰德（Stewart Brand）和他的妻子企业家瑞安·费兰（Ryan Phelan），发起了一个被他们称为“复兴与恢复”（Revive & Rcstorc project）的组织，并召集了第一次集会。布兰德因为发起运动游说美国国家航空航天局发布从太空拍摄的第一张地球图像而闻名，近年成了一名“生态实用主义者”。在此之前，布兰德一直在反主流文化的运动中针砭时弊，从环保主义到网络文化的各个领域都有所涉猎。在布兰德看来，生态实用主义需要面对事实，全球变暖已经永久地改变了环境，为了拯救人类文明，人类需要开始改造自然，而仅仅在土地周围立起护栏显然是不够的。布兰德认为，未来我们需要谨慎地管理自然，否则就有失去它的风险。

布兰德与环保运动的渊源很深。20 世纪 60 年代，他在斯坦福大学主攻生物学，后来在旧金山结识了肯·凯西①以及“快活的恶作剧者②”。后来，他推出了杂志《全球概览》（*Whole Earth Catalog*）。这是一本关于集体生活或农村生活中所需工具和产品的目录指南，反映了嬉皮士运动“重返大地③”的浪漫主义情怀。这一杂志的形式在当时被认为相当激进，它围绕一种新的环境理想主义，把思想、人、产品和消费者联系在了一起。史蒂夫·乔布斯曾将该杂志奉为谷歌理念的源泉④。《全球概览》推出后，布兰德的想法一变再变。他先是创作了一本关于太空殖民地的书，并在新墨西哥州受人尊敬的科学智库圣达菲研究所（Santa Fe Institute）担

---

① Ken Kesey（1935—2001），美国小说家，20 世纪 60 年代时曾在斯坦福大学学习写作，被认为是美国“垮掉的一代”代表作家之一，代表作有《飞越布谷鸟巢》（电影《飞越疯人院》的原作）等。

② Merry Pranksters，肯·凯西的追随者，一群象征反叛精神的嬉皮士青年男女。肯·凯西用《飞越布谷鸟巢》的版税组织了一次轰动全美的行为艺术活动。他们开着一辆车身被涂得绚丽多彩的校车，载着“快活的恶作剧者”，从加里福利亚州出发，横跨美国大陆，抵达纽约世界贸易大厦后返回。很多嬉皮士后来积极地参与反越战活动，以及争取种族平等、妇女解放和生态保护运动等。

③ Back-to-the-land movement，指人群由城市向乡村的迁移活动，起源于 20 世纪的美国，后来传播到欧洲，并在世界范围内形成了一股思潮。从意识形态上来看，该运动在 20 世纪初试图从资本主义和社会主义之间找到“第三条道路”。

④ 乔布斯的经典名言“Stay hungry，stay foolish”（求知若渴，虚心若愚），就出自 1974 年《全球概览》最终篇的封底告别词。

188

任董事会成员。后来，2010年，布兰德又出版了《地球的法则：为什么密集的城市、核能、转基因作物、恢复的荒地和地质工程是必要的》（*Whole Earth Discipline: Why Dense Cities, Nuclear Power, Transgenic Crops, Restored Wildlands, and Geoengineering Are Necessary*）一书，这被一些人认为他背离了自己的初衷。批评者认为这本书是布兰德对现状的妥协，或者说这本书表达了一种反乌托邦的逻辑，主张大规模生态系统工程是规避当下环境危机的唯一途径。事实上，许多科学家、工程师和生态学家都在积极地探索生物系统工程学以及“合成生物学”，把工程科学、设计和环境科学结合在一起，来应对气候变化。对布兰德来说，这一理念与他亲自打下基础的环保运动在哲学上分属两极。于是，他和妻子开始探索一种全新的观点：在未来的地球工程学新纪元，反灭绝可能是一项重要的策略，可以创造出他们所说的“深度生态富足”。

“复兴与恢复”是致力于促进保护遗传学发展的非营利组织，自发起之初，该组织就提出了“基因拯救”的概念，这个概念曾在20世纪90年代初用于描述佛罗里达美洲狮的保护工作。他们把“基因拯救”的含义从通过迁移种群来减少近亲繁殖，扩展到更大范围的人为干预，包括为了治疗疾病或调整遗传特征等而对现存物种进行基因组编辑，以及通过克隆、体外受精及代孕的方式复生已经灭绝物种的全基因组重编工程。“复兴与恢复”似乎有着无限的雄心壮志，除了召开会议推动反灭绝领域发展之外，他们还确定了许多反灭绝的候选物种。目前的候选列表涉及海洋哺乳动物、植物、昆虫、两栖动物、更新世巨型动物和鸟类，包括大海雀、渡渡鸟、新西兰巨鸸鹋、象牙喙啄木鸟、帝王喙啄木鸟、卡罗莱纳鹦鹉、夏威夷吸蜜鸟、斯特拉海牛、加勒比僧海豹、胃育蛙、加利福尼亚甜灰蝶、原牛、袋狼、拔毛犀、爱尔兰麋鹿，等等。他们列出候选名单的底层逻辑是，人类作为这些物种灭绝的驱动者，有责任为之伸张正义，换言之，人类有责任做出补偿。2013 年，布兰德在TED演讲中说："我们只需要简单地克隆一下就能让它们回来。因为事实就是，在过去的 10,000 年里，人类给自然界挖了一个巨大的坑。现在我们有能力，也许在道德上还有义务，去修复我们造成的部分破坏。"在反灭绝的倡导者看来，我们目前拥有的技术力量意味着自然法则是可塑、可逆的，并且可以朝着他们秉持的环境正义观进行修正。

189

毫不意外，在"复兴与恢复"的官网上，常见问题之一是关于电影《侏罗纪公园》（*Jurassic Park*）。该组织表示："这是一部精彩的电影，早在 1993 年就把反灭绝的概念带到了我们的面前。不过，科幻小说与当前的现实存在很大差距。首先，我们无法复生恐龙——抱歉！我们没有从恐龙化石（以及琥珀里的蚊子[①]）中发现可回收的DNA。就像罗伯特·兰扎指出的：'我们无法无中生有。'其次，在这部电影的情节里，那个岛

① 此处对应电影《侏罗纪公园》里的情节。电影中，科学家利用困在琥珀里的远古蚊子体内的血液，提取出了恐龙的基因信息，进而培育繁殖恐龙，让绝迹了 6500 万年的史前动物得以重生。

屿主题公园是一个需要保护的商业秘密。但是，现实世界里的反灭绝工作是完全透明的。复生的物种最终要重新放归野外环境，而这样做并不会比目前世界范围内濒危物种和荒地的保护更具商业价值。当然，生态旅游是商业活动的一种，通常可以为保护区的管理提供资助。”

这里有关商业透明度的说法并不完全准确。除了保护之外，应用于反灭绝的技术还有着巨大的商业应用空间。2013年，就在布兰德发表TED演讲的一个月之后，《麻省理工科技评论》（*MIT Technology Review*）杂志上发表了一篇文章，讲述了“复兴与恢复”的两位顾问——干细胞研究先驱罗伯特·兰扎（Robert Lanza）和哈佛医学院遗传学家乔治·丘奇（George Church）——如何创办了一家名为方舟公司（Ark Corporation）的生物技术公司。方舟公司的核心技术是诱导性多能干细胞，就像为复生北白犀制造的那些一样。这是一家商业潜力巨大的企业，通过诱导性多能干细胞，他们不仅可以复生已经灭绝的动物，还可以创造出基因更理想的畜牧养殖动物。今后，方舟公司可能还会通过这项技术，实现用男性皮肤组织制造卵子或者用女性身体组织制造精子，又或者是让两个同性孕育出含有他们二者基因的孩子。未来，由于年龄或生殖问题导致的不孕不育可能彻底消失。正如《麻省理工科技评论》的生物医学编辑安东尼奥·尼加拉多（Antonio Regalado）指出的，反灭绝技术为商业价值潜力巨大的科学实验蒙上了一层温暖而模糊的面纱。

190

我对这个话题抱有一种近乎愤世嫉俗的怀疑态度。在我看来，人们对反灭绝的兴趣越来越浓厚，这似乎恰好与一个倡议相呼应，那个倡议同样也发起于阳光明媚的加利福尼亚州。2013年，谷歌宣布成立一家名为加州生命公司（California Life Company, Calico）的新医疗公司，就像布兰德等人希望解决物种灭绝一样，这家公司旨在“消灭死亡”。物种灭绝和人类死亡之间的联系或许并非巧合。1959年，彼得·马西森[①]出版了他的第一部纪实文学作品《美洲野生动物》（*Wildlife in America*），他在书中将物种灭绝和人类的死亡相提并论。他写道：“灭绝的终结令人敬畏，这与永恒的终结不无关系。人类在浩渺的太空中怅然若失，努力地想象着在漫长的恒星光年之外、宇宙之外、虚空之外还可能存在着什么；在人类出现在地球上之前，物种消亡已经上演了无数次，在人类消失之后也必定会继续下去。在物种消亡面前，人类陷入了时间意义上的孤寂，被迫面对另一种虚空。物种出现，又被不断变化的地球抛下，最终永远消失。然而，不可阻挡的命运之中存在着某种慰藉。”

---

① Peter Matthiessen（1927—2014），美国小说家、博物学家、作家。文学杂志《巴黎评论》的联合创始人，他的非虚构类作品（《雪豹》1979年）和虚构类作品（《影子乡村》2008年）都曾获得美国国家图书奖，他还是一位杰出的环保活动家。1959年发行了《美洲野生动物》的第一版，书中讲述了整个北美历史上由于人类定居而造成的动物灭绝或濒危的历史，以及人类为保护濒危物种作出的种种努力。

诺瓦克能够来到加州大学，布兰德、丘奇和格林伯格功不可没。2012 年，“复兴与恢复”的早期会议上，布兰德和妻子费兰在哈佛医学院召集了一小群科学家、鸟类学家和作家，其中包括格林伯格、丘奇以及贝丝·夏皮罗。旅鸽这类动物的反灭绝工作都需要什么？丘奇提出利用当时他们实验室正在研发的技术，构建一个旅鸽基因组需要耗时 5 年，成本约为 120 万美元。他在同年出版的《再创世纪：合成生物学将如何重新创造自然和我们人类》（*Regenesis: How Synthetic Biology Will Reinvent Nature and Ourselves*）一书中写到，复活像旅鸽这样已经灭绝的物种，最直接的动机是：“缓解，哪怕是部分缓解当前正在发生的大规模灭绝浪潮。这也是全新世的标志，是属于我们自己的时代。如果说不断失去无数物种是一种不幸，那么采取有效的应对措施，增加物种的多样性，就是这个时代之幸。”当然，丘奇还指出，复活符合我们品位和偏好的物种，会造就 个人格化的“精致”环境，然而，我们其实已经在根据自己的愿望和需求重建周围的世界。自农业革命以来，我们一直都在这样做。

191

格林伯格在马萨诸塞州剑桥市的哈佛大学参加会议之后，写信给诺瓦克：“我和这些人开了这次会，他们正在认真地考虑你一直想做的事情，你绝对应该和他们联系一下。”诺瓦克当时还在加拿大，他已经测试了从芝加哥菲尔德自然史博物馆（Chicago Field Museum）获得的一些旅鸽样本，并联系了丘奇，告知他的研究成果。丘奇把诺瓦克的电子邮件转发给了布兰德和费兰。几个月后，在“复兴与恢复”的资助下，诺瓦克来到加州大学圣克鲁斯分校的实验室工作，展开了旅鸽基因组测序的初步工作，尝试复活旅鸽。他希望将复生的旅鸽命名为**新旅鸽**（*Neo-Ectopistes migratorius*）。

诺瓦克很了解反灭绝怀疑论者的想法，还曾和其中一些人在会上讨论过反灭绝技术会产生怎样的影响。在一次会议上，会议的主持人是斯坦福大学法学和生物伦理学教授汉克·格里利（Hank Greely），他是迄今为止为数不多对反灭绝感兴趣的学者之一。2013 年 5 月，格里利召集了一群环境伦理学家、保护生物学家、科学家和律师，就反灭绝的话题展开了深入的探讨。令格里利惊讶的是，斯坦福大学的学术圈对这一话题持消极态度。格里利告诉我：“斯坦福大学一位著名的生物学家给我发了一封电子邮件，批评说斯坦福大学举办这个会议本身就不成体统。有些人认为反灭绝是一个非常可怕的想法。”但是，格里利认为反灭绝是不可避免的。一旦这种技术实力成为现实，就会有人找到利用这一神奇技术的途径，而这在一些政府官员眼中也是在所难免。加州鱼类和野生动物局的人告诉格里利：“在这个问题真的成为一个问题被提交到我的办公桌上之前，我们需要好好来谈一谈。”复生的物种在《濒危物种保护法》中应当如何分类？政府本就有限的栖息地和自然保护研究资金，最终真的该被用在基因组工程和克隆上吗？

192 在斯坦福大学的会议上，与会者关注的焦点在于，复活灭绝物种的能力是否会让政策制定者和公众认为，当前的灭绝危机并不是那么严重的灾难。反灭绝的力量可以为我们提供一种简单的方法，回避野生物种保护方面棘手的政治伦理议题。人们把遗传物质冷冻保存起来，以便日后用于物种复生。这将成为标准的做法，而不再投资于人工圈养繁殖。非营利组织“野生动物保护者”（Defenders of Wildlife）的总裁兼首席执行官、美国鱼类和野生动物管理局前局长杰米·拉帕波特·克拉克（Jamie Rappaport Clark）在会上指出，毫无疑问，政客会利用反灭绝技术来阻挠物种保护。“‘濒危’的定义是存在灭绝的危险，但是现在可以实现反灭绝，那就无法证明濒危。这样一来，我们会看到许多难以置信的恶用。”20世纪90年代，克拉克在得克萨斯州美洲狮迁入佛罗里达州的过程中发挥了重要的作用。克拉克说：“复生的物种很棒，人们会愿意花钱前去参观，但这并不能给当下需要拯救的野生动物带来什么帮助。”美国东北大学哲学教授罗纳德·桑德勒（Ronald Sandler）指出，反灭绝未必可以保护物种的整体价值，也未必可以保护物种与栖息地的关系。反灭绝无法阻止灭绝，也不可能从根本上解决问题。

刘易斯克拉克学院哲学系助理教授兼系主任杰伊·欧根鲍夫（Jay Odenbaugh）提出了一个我认为非常有趣的伦理问题。欧根鲍夫说，人类带来了气候变化，让我们赖以生存的星球变得越来越人造化。他引用了一项研究的数据，该研究称地球表面至少80%都直接受到人类的影响。他提出的问题是：这个数字为什么重要？因为这表明人类正在以前所未有的规模控制着气候和环境。他还问到，如果我们已经作为造物者接管了地球上的生命进化或灭绝，我们该如何保持敬畏之心？我们面临的阻碍是什么？欧根鲍夫认为，敬畏在思考环境价值方面非常重要，因为只有心怀敬畏，我们才能看清自己与生命之间的关系。一旦失去敬畏之心，我们就很容易低估或高估我们之于宇宙的价值。

193

这个观点并不算新。长久以来，敬畏心一直都是保护主义者主张人类在改变自然时应当保持谨慎的论据之一。然而，当我们的技术力量达到了令人兴奋的高度，这个词或许也是最无力的。因为在某种程度上，反灭绝可以说是人类在“扮演上帝”，所以它在本质上是不好的，但在欧根鲍夫看来，这个说法无什么所谓。他说，现在“才担心扮演上帝，有点为晚已晚。我们早就在这样做了，而且不得不继续这样下去”。

斯图尔特·布兰德也出席了斯坦福的会议。当天会后，一名与会者问他，人们对新兴的反灭绝领域在伦理和价值观方面的担忧是否改变了他的观点。“你能马上说出什么是道德风险吗？”布兰德半开玩地笑着说，“道德意味着正确的事？我真的在维基百科上查过。”接着，他辩护说反灭绝是一种保护策略。布兰德说，如果孩子们在动物园里见过猛犸象宝宝，这种独特的经历或许会让他们对大自然的态度发生翻天覆地的转变。这让下一代有机会“与自然和保护建立起非悲剧的关系，让他们觉得人类可以做得很好，甚至可以消除过去造成的物种灭绝等严重破坏”。

在圣克鲁斯的实验室等待实验结果时，我问诺瓦克对于人类通过生物工程越来越多地管理自然作何感想。他说："有些人不喜欢我们成为世界造物主的说法，那听上去像是我们在操纵着世界，但是其实我们已经在塑造着这个星球了！我们必须意识到这一点。我们需要想一想，现在做出的改变不仅会影响未来10年、100年或1000年，甚至会影响未来10,000年。"有些人认为，人类通过诸如基因组工程的手段控制自然进程会削弱大自然，这种观点让他愤慨不已。"旅鸽的基因组包括11亿个碱基对，形成于地球过去40亿年间的生命进化，而现在我们可以对它进行测序，这在我看来才是最值得敬畏的事情。我们得到了这个序列，它比实际看起来的更宏大。它不比任何人类的基因组渺小，它比我们所有人都庞大。"[①]诺瓦克认为，人们只要看到一只活生生的、会呼吸的旅鸽，就能体会反灭绝的力量多么值得我们敬畏。"这就是我们探索宇宙、探索生命起源的方式。这与仰望星空一样伟大。"

194

① 事实上，人类基因组的碱基对数量大约是30亿个，比鸟类基因组的11亿个要多。这里的"在"不应理解为数量上的比较，而是强调了基因组的复杂性和它在进化过程中积累的丰富信息，以及我们在理解和掌握上的局限性。虽然我们可以对基因组测序，但它的规模和复杂性其实远超我们的理解。鸟类的基因组中凝聚着40亿年的进化史，其中包含的信息超出了人类的认知水平。这句话更多的是在表达对基因组复杂性和进化过程中积累的庞大信息的敬畏之情，生命科学浩渺神秘，我们应当对自然界的奥秘抱有敬畏和谦逊态度。

*　　*　　*

有一天在纽约，我出门寻找那本至今都被旅鸽爱好者奉为圣经的书——舒尔格的《旅鸽的自然史及灭绝》。这本书中凝结着舒尔格几十年来对旅鸽历史的研究成果。我去了位于三十四街和麦迪逊大道交会处的纽约公共图书馆工商科学分馆①，但徒劳而返，唯一的藏本在很久以前就遗失了。我打了几个电话咨询，终于在布鲁克林公共图书馆中央总馆找到了《旅鸽的自然史及灭绝》的初版。这本书虽然被归为非外借的参考资料，但是图书管理员觉得这本书完全无人问津，所以允许我借出去。在接下来的一周里，我仔细地阅读了书中的内容，还要小心翼翼地不弄坏脆弱的书页，它们太脆了，就像威化饼干一样易碎。

被朋友亲切地称作比尔的生物化学家阿利·威廉·舒尔格(Arlie William Schorger)，1916 年凭借一篇关于针叶树油的晦涩难懂的论文，在威斯康星大学取得了博士学位。舒尔格曾在美国联邦政府和中西部的多个实验室工作过，1926 年出版了著作《纤维素和木材的化学》(*The Chemistry of Cellulose and Wood*)，在木材化学领域拥有 35 项专利。与此同时，舒尔格还沉迷自然史，他的孜孜不倦让他在自然史领域有着科研生命的第二春。舒尔格主要钻研鸟类学。他发表了 172 篇关于鸟类

---

① 该分馆已于 2020 年永久闭馆，馆藏资料移至曼哈顿中城区图书馆。

和野生动物的论文，长年致力于研究一些晦涩难懂的课题，比如鸡脚中的脂肪含量之类，还试图用野生火鸡的胡须制作毛发横截面，不过以失败告终。他还查阅了威斯康星州1900年之前发行的全部新闻报道，浏览了所有提及在该州寻找野生动物的文章。这项调查他坚持了20年。1951年，67岁的舒尔格以化学家的身份退休后，被威斯康星大学聘请为野生动物管理学名誉教授。他担任该职位20年，将他象征性的薪水全都捐给了学校的图书馆。就连好友也认为舒尔格是一个非常难懂的人。舒尔格在政见和社交上是保守派，很少听广播，家里也没有电视机；他更喜欢把时间花在阅读自己收藏的海量自然历史书籍，或者在星期天出门观察鸟类。195

舒尔格的著作引人注目，学术细节严谨，但毫无文笔可言。他第一次发表关于旅鸽的文章是在1939年，为威斯康星鸟类学会的创刊月刊撰写的三部连载，主题是"伟大的1871年威斯康星州旅鸽筑巢季"。舒尔格在文章中详细地描述了那场杀戮。"连续40个工作日，每天运出100桶，共计4000桶，约合1,200,000只鸽子。就被捕杀的旅鸽总数来看，这个数字是相对保守的。"从舒尔格后来的著作中可以看出，他对这个自己比任何人都更了解的物种怀有怎样的感情。舒尔格还是孩子的时候，第一次从一位叔叔那里了解到旅鸽，当时他们正在俄亥俄州北部的一条乡村公路上骑行。叔叔告诉他，现在眼前一望无际的农田曾经是一片山毛榉林。每年春天，到了坚果成熟的季节，就会有成千上万的旅鸽前来觅食。人们躲在树木的缝隙之间，朝着过往的飞鸟开火。“路上星星点点全是它们泛着蓝色的尸身，被杀的旅鸽多得搬都搬不完。”对年幼的舒尔格来说，一个数量庞大至此的物种竟然灭绝了，这令人难以置信，而且这份震惊不曾随着时间的流逝而减少。“早年留下的深刻印象不容易抹去。”他如是写道。

196

舒尔格对旅鸽的研究长达20年，最终完成了7卷手写笔记，并在成书定稿中添加了2200个引用文献。关于这个物种迅速灭绝的原因，他心中有着确定的答案。“不可避免的结论是，旅鸽由于不断遭受迫害而灭绝，以至于它们没能培育出足够的幼鸽来让种群延续。”然而，即便舒尔格完成了世界上有关旅鸽最权威的专著，他也不确定，是否存在一个阈值可以保证这个物种存活下来。如果当时保存下来几千只人工圈养的旅鸽，这个物种就会得救吗？舒尔格回答不了这个问题。他以石南鸡为例进行了比较研究。（“复兴与恢复”正在研究该物种是否有复生的可能。）1890年至1916年，在一个保护区内，这种北美鸟类的数量从200只增加到2000只。灌木丛火灾有助于为石南鸡创造理想的栖息环境，但是作为保护区的一项政策，管理人员严防灌木丛起火。然而意外的是，1916年爆发了一场失控的灌木丛大火，大多数石南鸡葬身火海。1926年，石南鸡的数量减少到50只，最终该物种在1932年灭绝。舒尔格指出：“一个多世纪以来，旅鸽一直面临着灭绝的威胁，我们无法确定临界值。”

舒尔格提到，19世纪以来一直存在一种理论，认为旅鸽的生存取决于大规模集群，也就是曾经让亚历山大·威尔逊等人印象深刻的那种景象。1980年，一位英国爬行动物学家在杂志《生物保护》(*Biological Conservation*）上发表了一篇论文，为这种说法提供了新的论据。英国米尔顿凯恩斯开放大学的蒂姆·哈利迪（Tim Halliday）指出，旅鸽的数量减少得太快，不能完全归因于人类活动，旅鸽是“阿利效应”(Allee Effect）的受害者。阿利效应是生物学中的一个原理，认为种群规模或密度与物种在社会中的存活相关，当物种的种群规模或密度达到临界点，那么该物种将无法维持生存。哈利迪认为，旅鸽成功的繁衍行为让它们的存活可以依赖大规模群聚，一旦繁殖率下降，它们的繁殖率就不足以抵消死亡率。哈利迪的论文发表后不久，他的观点就成了旅鸽传说的一部分，被其他生物学家广泛接受。1992年，南美洲生物学家恩里克·布彻（Enrique Bucher）同样援引了阿利效应，他认为当旅鸽可以成功定位食物时，赖以存活的种群规模最小。布彻认为，由于土地开垦和人类导致的荒野面积碎片化，19世纪北美的山毛榉和橡树林不断减少，旅鸽种群的觅食能力面临了挑战。随着种群数量的减少，旅鸽陷入了一个致命的循环，它们在觅食这项核心任务上变得越来越无能为力。布彻写到，失去繁殖栖息地和“低强度的社会促进[①]足以导致旅鸽灭绝。哪怕我们不曾杀死一只鸽

197

① social facilitation，社会学术语，也称社会助长，指个体在有他人旁观的情况下，工作表现比单独进行时更好的现象。这里想表达意思的应该是鸽群规模少，个体数量少，种群密度低。

子，哪怕还有相当多的森林”。

舒尔格估计，在美国定居者开始大规模狩猎之前，旅鸽的数量在 30 亿至 50 亿只之间。如果哈利迪和布彻他们是对的，这种鸟只能以天文数字的量级存在，那么在 21 世纪复活旅鸽的想法即便不是痴人说梦，也非常的不切实际。在飞机、工业化农业、摩天大楼和城郊出现之前，旅鸽是 19 世纪美国的一股破坏性力量。为了吓退鸽群，农民有时需要拿着枪或棍子在新播种的田地里守上好几天。这些鸟是惊人的掠食者，几乎没有它们不吃的东西。它们偏爱森林坚果，按喜爱度来说，首先是山毛榉，其次是橡子，栗子再次之。但是，它们什么都吃：杜松子、黑树胶浆果、黑樱桃、白檫木核果、漆树种子、野生葡萄、草莓、杂草、昆虫、蚯蚓以及野生水稻。受人尊敬的博物学家奥尔多·利奥波德（Aldo Leopold）把旅鸽称作一场生物风暴，“它们吞噬着森林和草原上结出的丰硕果实，在生命的旅途中将一切燃烧殆尽”。现代美国人已经无法忍受森林大火、洪水和其他自然灾害，他们不可能欢迎这股暴躁的力量重返日常。

这是环境伦理学家、佐治亚理工学院公共政策教授布莱恩·诺顿（Bryan Norton）在我与他谈论旅鸽灭绝问题时提出的第一个担忧。他说，旅鸽或许对森林生态有益，但对 19 世纪美国经济中不断壮大起来的农民队伍来说，这些鸽子是噩梦。“这带给我们一个警示，当旅鸽还在的时候，人们并不喜欢它们。（这些鸟）把农民的作物全毁了。即使它们没有像乳鸽一样被吃掉，也会像害虫一样被除掉。”

诺顿认为，基因工程和环境保护都是统一而连续的干预措施的一部分。作为一系列干预措施的开端，我们应当谨慎地利用遗传学，避免濒危种群的杂交；而在干预措施的中间阶段，我们应当创造性地操纵人工特征，帮助物种生存下去。“就现阶段的举措来说，我是一个乐观的遗传学家。至于接下来的，我会开始担心我们是在用遗传学炫技，而不是保护。我们真的应该扪心自问，脚步指向何方？在探索延续物种的能力时，我们应该把舒适区划定在哪里？”在自己的领域里，诺顿自诩实用主义者，他对用伦理策略和手段解决实际的环境问题颇感兴趣。他认为，对于将一切划分成自然或非自然的非黑即白的态度，我们需要保持谨慎。“这种态度要求我们强行划清界限，认为一边全是自然的，而另一边全是非自然的。”尽管诺顿忧心这个时代的基因技术过于精湛，担心旅鸽可能影响现代美国的经济，但他还是欣然承认，他很愿意看到一只活的旅鸽，这项科技壮举会为科学发展带来宝贵的经验。“复生旅鸽是一个非常值得关注的案例，这是复杂而有趣的生物学问题，也非常令人兴奋。”

198

然而，诺顿的一些同事认为，复生旅鸽是可憎甚至危险的举动。在他们看来，复生旅鸽会颠覆保护自然的逻辑。新泽西理工学院教授埃里克·卡茨（Eric Katz）就是抱有这种态度的人物之一。卡茨说：“如果我们在实验室实现了物种再生，让我们灭绝物种的行径显得无关紧要，那么保护的概念就被彻底改写了。”20世纪70年代，卡茨在波士顿大学读研究生时，完成了北美最早有关环境伦理学的论文，题为《环境保护主义的道德辩护》（The Moral Justification for Environmentalism）。这篇论文源于卡茨对医学伦理学的兴趣，他想知道道德理论如何适用于昏迷、衰老或精神失常的人，即那些不具备“人”的必要条件的人。这一研究方向引领着卡茨，让他开始思考非人主体、动物以及生态系统的道德义务问题。

199

在卡茨所处的时代，内在价值的概念还相对初期。受霍尔姆斯·罗尔斯顿早期学说的启发，卡茨开始构建自己的道德理论。在他看来，试图调和环境伦理与效用逻辑[①]的做法不过是无谓的徒劳，比如在第三世界，人类生存和环境保护的需求经常存在冲突。在探讨保护环境方面的非人类中心理由时，卡茨提出了**自主**原则，这也成了他后期全部研究的主题。卡茨说，自主性（autonomy）是指个体和自然过程的自由发展，与之相对的概念是统治性（domination）。人类把自己的理想和计划强加给大自然和自然进程，就是一种以人类为中心的统治形式。卡茨在著作《作为主体的自然》（*Nature as Subject*）中说：“作为道德行为体[②]，我们的主要道德目标是维护自主性，抵制

① 指效用理论范式下的逻辑，西方微观经济学的核心思想。这里可以简单理解为于人而言的实用性，特别是经济效益。

② moral agent，传统哲学领域多译为“道德代理人”，但该译法在伦理学领域存在争议。有文献指出，霍尔姆斯·罗尔斯顿有关 moral agent 的一系列思想强调的是人的能动性，即人有道德判断力，会自觉地承担责任和义务，人与自然之间不是单纯的代理与被代理的关系。近年，针对这一概念的探讨中多见“道德行为体”“道德能动者”“道德主体”等说法。

人类社会和自然世界中一切形式的统治。”卡茨认为，生物工程是人类塑造、操纵和支配环境力量的又一次扩张，复生灭绝物种亦然。在他看来，复生旅鸽是因为人类的怀旧心理，这并不是为保护环境而付出的理性努力。“在所有情况下，无论是复生物种、生态恢复还是地球工程，人类一直在说：我们掌握了按照自己的利益去操纵世界的诀窍。我认为这是不对的。从本体论来说，复生的物种与原始物种并不相同；它们与原始物种有着不同的存在或本质。新的物种并不是真正的自然物种，它们的样子和行为可能像是一个物种，但实际上是人造物。”

*　*　*

本·诺瓦克的本意并不是打造一个科学传奇或动物园景点，他想要的是让美国的天空中重新出现成群的旅鸽，想要有一天这些鸟可以在没有人类干预的情况下维持生存。他认为，让旅鸽重返美国森林可以提高生态系统的健康水平，就像野火可以让土壤变得肥沃，恢复养分，让新生命沐浴在阳光下。生物学家预计，奥尔多·利奥波德描述的生物风暴是生态系统工程师的一种形式，倒塌的树木为野火助燃，进而引发新一轮的生长。旅鸽的灭绝和由此带来的橡子消耗量下降，会让橡树的数量有所增加，进而让白足鼠和鹿变多。这两种动物也是重要的橡子捕食者，此外，它们身上还携带蜱虫，会传播莱姆病。1998 年，美国国家科学与环境委员会的高级科学家兼旅鸽爱

200

好者大卫·布洛克史坦恩（David Blockstein）为《科学》杂志撰写的一篇论文中指出，美国莱姆病感染人数的飙升与旅鸽的灭绝有关。

2014 年，诺瓦克和“复兴与恢复”开始进一步强调他们工作的重要性，他们的所作所为绝不仅仅是煽情，不是为了给一个已经灭绝的物种伸张生态正义，而是对恢复美国森林和旅鸽之间的关键生态关系有着至关重要的作用。在诺瓦克看来，他们与过去许多保护生物学家不同，他们要拯救的不是某一个物种，而是整个环境，他们强调恢复整个生态系统，恢复生物之间的关系。诺瓦克的工作重心也转向更务实的方面，他开始着眼于如何把复生后的旅鸽放归森林。为此，他进行了风险评估，系统地回顾了可用数据，探讨了 4 种不同的情况。在某种意义上，他证明了复生旅鸽不仅仅是一个科学魔法。他提出的 4 种情况包括：如果只把旅鸽的近亲斑尾鸽引入美国东北会怎么样？如果什么都不做会怎么样？如果把斑尾鸽改造成旅鸽会怎么样？如果人类能够以某种方式重现旅鸽对森林的影响，又会怎么样？诺瓦克还测试了 500 种不同的橡子和栗子，将其中一些喂给斑尾鸽，然后把斑尾鸽的粪便当作种子种在地里，以确定哪些种子会被鸽子消化，又有哪些种子可以存活下来，开枝散叶，长成大树。

201

具体来说，怎么做才能让旅鸽重生呢？要想得到一只活的旅鸽幼鸽，需要经过一系列的技术步骤，这些步骤还从未在反灭绝的语境下做过尝试。诺瓦克要先弄清每个鸽子标本中含有多少DNA，然后挑出几个样本进行测序。通过基因序列，我们可以看到旅鸽不同于其他鸽子的线索，还有使其成为一个物种的进化突变。但是，这些序列是图谱的形式，以细胞无法读取的格式存储着。为了让图谱发挥作用，我们需要把图谱包装成染色体，插入细胞核内部，在那里才可以真正对细胞发号施令。然而，没有人知道应该怎么做。不过，诺瓦克的策略可以绕开这个问题。他们编辑斑尾鸽的DNA，将关键的旅鸽突变包含其中。他们使用CRISPR-Cas9①基因组编辑工具，该工具的首创者是加州大学伯克利分校的分子科学家詹妮弗·杜德纳（Jennifer Doudna）和她的同事。CRISPR-Cas9是一种细菌中的天然蛋白质，它能够扫描宿主基因组，定位外来DNA，然后将这些DNA从基因组中“剪掉”，所以这种工具也被称为“分子剪刀”。现在，科学家可以把CRISPR-Cas9导入植物、动物或人类基因组的任意位置，切割或修饰特定的基因。在哈佛大学威斯研究所，乔治·丘奇正在利用CRISPR-Cas9基本编辑技术进行实验，他们试图改造蚊子，使其不再传播疟疾，他们还在尝试控制人类细胞中可以抑制HIV病毒效力的基因表达。丘奇的另一个项目是使用这一工具来编辑大象细胞，他的目标是再造猛犸象。

诺瓦克在旅鸽的实验中，使用CRISPR-Cas9技术编辑斑尾

---

① 一种基因治疗法，通过删除、添加或改变DNA序列的一部分来编辑部分基因组，是目前最简单、最通用、最精确的基因操作方法。

鸽的原始生殖细胞DNA，以此来制造一只旅鸽。原始生殖细胞可以发育成精子和卵细胞，其中包含着旅鸽的特征，比如较长的尾羽或红色的胸部等，这些活的嵌合细胞要被植入胚胎。从理论上来说，技术复生的旅鸽孵化自斑尾鸽宿主。2012年，加州一家名为晶体生物科技（Crystal Biosciences）的公司公布了他们的研究成果，称他们成功地创造了一种方法，可以通过不同鸟类的替代物种来繁殖濒危鸟类。该公司的研究人员将普通家养鸡的生殖细胞植入到雄性珍珠鸡的睾丸中，得到雄性珍珠鸡的“种间嵌合体”。在雄性珍珠鸡“种间嵌合体”的体内，被植入的家养鸡细胞转化为“家养鸡”精子，这种精子授精到家养鸡胚胎中，就可以培育出正常的家养鸡子代。该公司预计，他们只需要100只宿主鸟，就可以在短时间内培育出几千只濒危鸟类。这家公司已经与“复兴与恢复”达成合作，他们的目标是利用这一技术方案来孵化旅鸽。

202

诺瓦克认为，只要培育出一只活体旅鸽，那么不出几年的时间，就能繁殖出一整群可以自我维持的旅鸽。他打算把旅鸽幼鸽引入原鸽种群，给原鸽涂色，“扮成”已经灭绝的旅鸽。几周后，代孕父母鸽会被移走，让幼鸽聚集在一起，就像舒尔格描述的野外那样。然后，把一群家鸽伪装成成年旅鸽，让它们吸引幼鸽，为幼鸽带路，前往森林中装满食物的鸟舍。诺瓦克在TEDx演讲中说：“两三年后，我们一点点收回伪装鸽群，拆除鸟舍。我们会见证旅鸽在新英格兰和北美大湖森林中重生。”在这次演讲之后，有一些人联系诺瓦克，提出愿意成为志愿者训练旅鸽，或者愿意为旅鸽放归自然提供土地。私人土地与公共土地的问题是该项目的一个关键问题。诺瓦克说："没有人在乎旅鸽是否给某个州或是国家森林造成几平方英里的破坏。可一旦涉及私人土地，情况就完全不同了。"

* * *

诺瓦克拿到的数据处理结果显示，几乎所有标本的质量都超出了他的预期。有10个标本显示出旅鸽DNA含量在60%以上，最好的一个样本来自加拿大皇家安大略博物馆，这应该会成为全基因组序列测序的候选。那是一只雌鸟，1871年一位名叫威廉·S.W.格兰杰（William S. W. Grainger）的男子在多伦多顿河沿岸射杀了它。也是在那一年，历史上最大一片旅鸽集群出现在威斯康星州。这个标本恰好是诺瓦克在实验室处理的第一个组织样本，因此被命名为BN1-1，即"本·诺瓦克，1号提取—1号样本"。 203

还有一个问题诺瓦克依然搞不清楚：要有多少只旅鸽才能保证这个物种生存下去？在接下来的一年里，他的工作重点是用数据来回答这个问题。虽然一些生物学家认为旅鸽需要大量存在才能维持生存，但是已经有人找到证据，证明旅鸽的量级并非总是数十亿上下。记者查尔斯·曼恩（Charles Mann）出版于2006年的《1491：哥伦布之前美洲的新启示》（*1491: New Revelations of the Americas Before Columbus*）一书中，讲述了 2003 年两位科学家前往伊利诺伊州，去探寻美洲最大的古城卡霍基亚遗址的经历。他们当时是去寻找旅鸽遗骨的，然而结果令人震惊。他们不仅没能在地里找到成千上万的旅鸽残骸，甚至几乎没有发现任何旅鸽的踪影。怎么会这样呢？如果旅鸽像美国定居者描述的那样无处不在，为什么很少有证据表明，这些鸟曾经是美洲原住民的重要食物来源呢？

考古学家托马斯·诺依曼（Thomas Neumann）早在 1985 年就提出过同样的疑问。通过分析美国东部史前遗址，诺依曼相信比起后来庞大的旅鸽种群，当时的旅鸽种群规模较小。他得出结论，在欧洲人来到美洲之前，制衡旅鸽数量的是人类与野生动物的竞争。美洲原住民与旅鸽一样，都要吃山毛榉、橡子和栗子，所以旅鸽的数量保持在较低的水平。但是，与欧洲人的第一次接触让土著部落暴发了疾病，出现大规模死亡，之前的生态关系遭到破坏。曼恩在为《纽约时报》撰写的专栏文章中指出，我们看到的数十亿只旅鸽筑巢集群其实是一场“种群爆发”①，是食物供应增加的结果，并非旅鸽天然生物进化的表现。同样的现象在野牛、麋鹿和驼鹿种群中也能见到。“欧洲人所看到的动物成群，并不意味着美洲物产丰饶，而是印第安人消失的证明。”

204

诺瓦克认为，旅鸽作用于森林并不一定需要数十亿只那么多，但是这种数量密度可能让它们拥有了充当生态系统工程师

---

① Population outbreaks，指动物密度比平常显著增加的现象。

的能力。2015 年初，他完成了两只斑尾鸽和两只旅鸽的全基因组测序，测序结果彻底改变了他对鸽子进化史的认知。“我们现在清楚旅鸽的进化谱系到底有多古老，”诺瓦克兴奋地停顿了一下，继续说道，“斑尾鸽和旅鸽分化自 2200 万年前。”这个数字着实令人震惊。当然，并不是说其他鸟类的历史都更短，比如蜂鸟，大约已经 4200 万岁了。但是，蜂鸟自诞生的一刻起，已经进化出了 338 种蜂鸟，而旅鸽从始至终只有一种。诺瓦克和他在古基因组学实验室的导师们认为，大约 2500 万年前，北美森林中存在大量的鸽子。2200 万年前左右，塞拉山脉和喀斯喀特山脉开始形成，将那里的种群一分为二。斑尾鸽的祖先蔓延到南美洲和加勒比地区，最终分化出 17 个不同的亚种，旅鸽是其中之一，存活了 2200 万年。正如诺瓦克指出的，鸽群的每一个属都分化出了许多亚种。诺瓦克激动地高声说道：“哥伦布谱系可能有 3000 万年左右的历史，但它有着大约 40 个物种，就连哀鸽属也分出了 5 到 10 个亚种！”

在整个鸽子进化史中，旅鸽的数量一直保持着明显的稳定性，没有迹象表明冰河时期或者气候变化给它们造成过遗传瓶颈。这让诺瓦克有些挠头。如果数万年前，旅鸽原生栖息地的一半都被冰川覆盖了，那为什么没有让它们种群规模变小呢？诺瓦克怀疑，这是因为旅鸽几乎可以吃任何东西，它们的食物不仅限于橡树果实。诺瓦克说：“任何森林变化都不曾对旅鸽造成影响，我们正在尝试弄清这意味着什么，这正好可以说明旅鸽是一种超级物种。鸽子不会迁徙，它们过着游牧生活。如

205

果森林出现变化，它们就换一个地方，并且调整饮食习惯。19世纪时人们观察到旅鸽吃橡子和山毛榉，但2万年前它们吃的可能是松树和云杉。旅鸽是应对环境变化的超级多面手。对它们来说，重要的是直接可供它们生活的森林面积，以及森林为它们提供食物的能力。”

还需要几个月的时间，诺瓦克才能完成斑尾鸽和旅鸽基因组的全面对比，进而确定这两个物种的差异究竟源自何处。它们的DNA大约存在3%的差异，越来越多的事实表明，二者之间的显著差异有很大的可能是在于社会性：它们筑巢的聚集规模究竟有多高？斑尾鸽分布得比较分散，而旅鸽以几棵树上聚集着上千只而闻名。诺瓦克希望可以在2016年的某个时候开启基因组编辑实验，不过目的不再是让班尾鸽看起来像旅鸽。他需要弄清某些特定的基因差异是否与旅鸽不同的社会行为有关，向基因组引入突变是否足以诱导新生鸟类出现这些行为。这将是一个巨大的挑战。从某种意义上说，他试图在实验室中复制2200万年以来的进化过程。也许鸟类的社交行为更多的是后天形成的，不是天性，只是他不知道。不论如何，诺瓦克依旧相信，10年之内，他会看到一个顶着猩红眼睛的新老鸽群。

对我来说难以置信的是，长达2200万年的进化历程以及旅鸽在这漫长时间里表现出的惊人韧性，意味着旅鸽在繁荣了亿万年之后，在其总进化史时长的千分之一的时间里彻底消失了。现在几乎可以肯定，人类捕杀是旅鸽灭绝的导火索。数百万年来，美国东北部的森林一直是旅鸽的栖息地，尽管它们只消失了 100 年，但是我们已经几乎完全忘记它们曾经在那里存在过。

离开圣克鲁斯的实验室之前，我问诺瓦克，你认为舒尔格会怎么看待你的努力。诺瓦克停顿了一下，说道："我相信他会支持我的。"他告诉我，他在TEDx演讲之后收到了一封来自佛罗里达州的电子邮件，发件人名叫埃德·莱尔（Ed Lyle）。邮件中，莱尔问诺瓦克是否愿意收下舒尔格签名版的初版旅鸽圣经。原来，莱尔年轻时是威斯康星大学生物系的学生，他在舒尔格失明失聪后，一直是这位自然历史学家的私人看护。1971 年夏，舒尔格在去世的前一年，把自己的签名藏本送给了莱尔。现在，莱尔希望把这本书送给诺瓦克。邮件中写道："我对这本书的要价是你承诺永远对自己所做的事抱有热情。这本书属于你，而不是我。"后来，莱尔告诉我，他相信舒尔格会喜欢诺瓦克的研究，因为舒尔格认为旅鸽本不应该灭绝，这是一个不幸的损失，他一定期待着我们有机会纠正这个错误。

第 8 章　你好，穴居人

尼安德特人

207　在反灭绝的所有可能性中，最荒谬、最诱人，同时也最具象征意义的，当数或许有朝一日我们能够复活与我们血缘最近的近亲——尼安德特人。1856 年，德国出土了世界上第一具尼安德特人化石，从那一刻开始，我们就对尼安德特人生出了兴趣。他们长什么样？为什么消失了？从 20 世纪初涌现的以尼安德特人为主人公的文学作品中可以看出，我们对这些已灭绝表亲的迷恋经久不息，并且对复活他们的可能性满怀希冀。1939 年，航空工程师兼科幻小说家莱昂·斯普拉格·德·坎普（Lyon Sprague de Camp）创作了短篇小说《野蛮人》（*The Gnarly Man*），讲述了一个名为克拉伦斯·阿洛伊修斯·加夫尼的尼安德特人的故事。主人公加夫尼在康尼岛上表演畸形秀①，

① 一种以反常的现象或畸形生物为主题，给猎奇的观众带来视觉和精神冲击的展览，流行于 19 世纪 40 年代至 20 世纪 40 年代的美国，内容千奇百怪，包括高得出奇的人、独眼的猪、畸形的婴儿等。

他其实已经 5 万岁了，因为在狩猎野牛时被闪电击中，成了不死之身。一个女人发现了加夫尼的秘密，她问他：“当时究竟发生了什么让你们都消失了？”加夫尼告诉她：“那群高个子非常野蛮，但他们的文明远远领先于我们，和他们相比，我们的生活和习俗看起来非常愚蠢。最后，我们什么也不干，就待在那儿，靠着从高个子的营地乞讨残羹剩饭过活。可以说，我们死于自卑。”1958 年，艾萨克·阿西莫夫（Isaac Asimov）发表了短篇小说《丑孩子》（*The Ugly Little Boy*），讲述了一个 4 岁的尼安德特小男孩被绑架到 21 世纪的故事。1984 年的电影《冰人四万年》（*Iccman*），描述了一个冻在北极冰块中的尼安德特人在现代解冻复活之后的故事。几十年来，就像我们坚信外星人的存在、执着于时间旅行一样，见一见我们在进化过程中的表亲，这个愿景一直分外诱人。

208

最近，让复活尼安德特人这一夙愿备受瞩目的不是别人，正是哈佛大学科学家乔治·丘奇（George Church）。2013 年，在接受德国《明镜周刊》（*Der Spiegel*）采访时，丘奇谈到了重现尼安德特人的可能性，他提出将尼安德特人的遗传多样性引入现代社会是规避社会风险的一个策略。丘奇指出，从人口规模来看，现代人类的遗传多样性，其实比包括黑猩猩和企鹅在内的许多物种都低得多，这个事实与我们的直觉相悖。丘奇说：“新尼安德特人甚至可能创造一种新的文化，成为一股政治力量。”他在《再创世纪》（*Regenesis*）[①]一书中写道：“问题

---

① 中译本有周东译《再创世纪：合成生物学将如何重新创造自然和我们人类》（电子工业出版社，2017 年）。

在于，我们是否有义务复活他们？不是作为马戏团的杂耍，而是真正作为重点科学项目的一部分，为了增加遗传多样性，将已经灭绝的基因组重新引入全球基因库。”

复活尼安德特人的技术与复活旅鸽的差不多。利用现有的最接近尼安德特人（晚期智人）的基因，修改并重现尼安德特人基因组。尼安德特人是遗传学家较早开始研究的灭绝物种之一。1997 年，研究人员从尼安德特人的标本中发现了线粒体 DNA，之后，马克斯普朗克进化人类学研究所的著名进化遗传学家斯万特·佩博（Svante Pääbo），耗时数年，绘制出了尼安德特人的基因图谱。但是，孕育尼安德特人的胚胎需要一个孵化器，而这就引出了丘奇在采访中说的那句冒犯大众而备受诟病的话——“没有比现代女性更好的选择”。那次采访发布之后，媒体炸了锅。英国《每日邮报》大肆报道：“寻人启事：求一位‘富有冒险精神的女性’来孕育尼安德特人——哈佛大学教授给克隆洞穴婴儿找妈妈。”后来，佩博（自己的书出版时）在《纽约时报》的专栏文章中抨击了尼安德特人克隆技术的可行性及其伦理道德问题，他写道：“尼安德特人毕竟是有感知能力的人类，在文明社会中，我们永远不应该为了满足科学好奇心而去创造人类。从伦理的角度上看，这种行为必须受到谴责。”

209

事实上，丘奇曾在《明镜周刊》的采访后公开表示过抗议，他说自己并没有主张复活尼安德特人。我与他交谈时，他重申了自己的观点。“我并没有试图复活尼安德特人。”他说，

“我不认为现在有足够有力的理论基础，基于某些原因，我们甚至还没有准备好接受克隆（人类）。不过我们已经接受了对人类的改造，转基因技术已经应用在了人类身上。”（丘奇指的是 1997 年的一项实验，在该实验中，至少 17 名美国婴儿诞生自含有三位父母遗传物质的胚胎。）丘奇澄清了自己的立场，他认为我们应该在充分讨论尼安德特人克隆问题的基础上，再决定未来是否要这样做。必须承认，丘奇对基因技术及其作用的理解远远领先普通大众，在他看来，更快、成本更低的基因组工程时代已然到来，未来复活尼安德特人也不再是科幻小说里才有的情节。丘奇说：“我的实验室有一个原则，不轻视任何新技术，我们会尽力预估新技术可能带来的问题。”从本质上来说，他认为利用技术力量改造自然的能力**本身就合乎自然**。他告诉我：“蚂蚁造穴，这是自然；我们建造摩天大楼，这也是自然。只不过，后者并非亘古有之。总的来说，我们探索地球和其他星球，探索并改造大自然，在这个过程中，无论我们带来的变化是大是小，都能帮助我们认清自然到底有多大。我们改造得越多，自然就越复杂、越多样。”

我试着揭开复活尼安德特人耸人听闻的表象，我发现，表象之下的问题与其他物种反灭绝进程所面临的问题惊人相似。这是一种生态正义吗？抑或是人类为了掌控自然法则暨掌握自己生死而发起的最终挑战？尝试解答这些问题，我们必须回到大约 24,000 年前，去看一看尼安德特人的灭绝时刻。　210

19 世纪的考古学家认为，尼安德特人化石就是我们的祖先，他们已经进化并同化到了我们的基因库当中。但是基因分析表明，尼安德特人拥有独特的进化谱系，他们并没有适应环境变化或变异出后续物种，而是像恐龙、猛犸象一样彻底地灭绝了。尼安德特人的活动范围一度覆盖了东至西伯利亚、西及北欧和地中海地区的广袤大地。他们可能集中生活在小范围的领土上，通常不超过 45 平方英里。他们使用配有石矛头的木柄长矛狩猎大型动物，比如长毛犀、猛犸象、野牛、马、驯鹿和野猪等。考古学家研究了他们的牙齿磨损状态，发现证据证明尼安德特人在食物和生存方面存在性别差异，不过妇女和儿童很可能会参与狩猎并获得肉类。数万年间，尼安德特人在绝大多数方面几乎毫无创新。考古记录表明，最后一批尼安德特人的生活与第一批尼安德特人非常相似，他们的主要食物来源都是大型动物，生活的领土范围都比较小，群体之间相对孤立，依靠石器和火来生存。但是他们存续了相当长的时间，超过 30 万年。这个事实令人困惑。如果尼安德特人在文化和技术方面发展得如此缓慢，那他们又是如何存续了这么长的时间呢？

曾经有观点认为尼安德特人没有语言或者智力水平不高，但近年，一系列的新发现以及随之而来的新思考让这一观点出现了动摇。新研究带来的最令人兴奋也最为关键的地方，主要是尼安德特人留下的无数石器，这些石器在亿万年的岁月中保存了下来。研究发现，即使对于计算能力超高的晚期智人来说，这些工具也称得上极其复杂，工艺难以复制。尼安德特人

211

制造石器的技术基本上分为两种，一种比较简易，而另一种非常先进，甚至称得上是一种石器工程。前一种是最为古老的石器技术，尼安德特人从石头上切下一块小薄片，打磨成矛尖或手斧。后来，旧石器时代中期，尼安德特人的石器技术有了质的飞跃，薄石片本身成为他们的制作对象，而不再是副产品。

第二种石器制造技术最初发现于法国，以发现地的名字命名，被称为勒瓦娄哇技术①(Levallois cores)。世界上了解如何使用这种技术制造石器的人不多，其中有一位年轻的美国人类学家，名叫梅廷·埃伦（Metin Eren)。一天早上，在英国考文垂②的办公室里，埃伦开着Skype，对着电脑摄像头拿起了一块深色的岩石，大小和形状都和杧果差不多。岩石表面纹理粗糙，显然，这是他用另一块石头从岩石表面打下来的碎块。埃伦解释道："旧石器时代中期，尼安德特人就是这样打下碎块，把岩石的一侧打磨成平滑的凸面。"将岩石敲成凸面形状后，凿石匠会大力击打岩石的末端，每次击打都会从岩石底部剥落一大片边缘锋利的薄片。薄片的形状左右对称，而且扭矩小，用于切割时更省力，也更高效。埃伦说："这些薄片有着前所未有的设计，薄片边缘可以反复打磨，而且质心就在中心的位置，符合人体工学。可见，他们的工具颇具设计性。"

---

① 这种石器技术的发现地为法国的勒瓦卢瓦·佩雷（Levallois-Perret)，塞纳省的一个镇，位于巴黎市郊。

② Coventry，英格兰西米德兰郡城市。

在《如何像尼安德特人一样思考》（*How to Think Like a Neanderthal*）一书中，执教于科罗拉多大学科罗拉多斯普林斯分校的人类学家托马斯·永利（Thomas Wynn）和心理学家弗雷德里克·柯立芝（Frederick Coolidge）指出，凿石头**这一行为**本身就传达出了很多有关尼安德特人思想和能力的信息。凿石头的动作需要大量肌肉记忆，这个动作很可能需要数千小时、重复数万次才能变得熟练高效。而且，这项任务具有总体的层次结构和既定目标，还需要拥有实现目标的技术。尼安德特人所掌握的技术思维能力与现代技术思维并无二致，和铁匠或木工在工作中使用的技术思维是一样的。埃伦本人是一位出色的钢琴家和足球运动员，他说，学习凿石头的过程与练习一种乐器或一项运动类似。“我非常努力地练习，然后休息几天。休息期间，大脑会思考之前的练习是怎么回事，肌肉会得到恢复。”他花了大约 18 个月的时间，才终于掌握了这项凿石头的技能。

212

勒瓦娄哇技术需要先进的规划和技术能力，很可能还需要某种形式的语言表达能力，否则尼安德特人无法互相传递信息，也就不能重复同样的动作。尼安德特人不仅会加工石头，他们还会用胶水把长矛和箭头粘在一起，而制作胶水需要好几个步骤，还需要借助火的力量。埃伦说，这些发现改变了我们对尼安德特人的看法。他们显然巧妙地掌握了技术，我们再也不能说他们是智力不高、无法适应环境的物种。现在有很多新的研究揭示出尼安德特人在制造石器上的智慧，这让一些研究人员认为他们和我们是一样的。“我们还不能确定，真相可能介于两者之间。”埃伦提醒道，“从进化的角度看，尼安德特人的技术缺乏变化，这说明他们足够适应。我们没有发现他们随着时间的推移而做出改变，与其说这是因为他们停滞不前或无法适应，不如说这是他们很好地适应了环境的证明。”

如果是这样，那么我们就可以合理地提出另一个问题：尼安德特人是否具备象征性思维，他们的认知中是否形成了宗教以及叙事传统？长期以来，我们一直自以为是地认为人类立于进化复杂性的巅峰，拥有独特的语言和象征性思维能力，这将我们与其他物种区分开来，是我们**之所以为人**的品质。但是，如果说尼安德特人先于我们就已经拥有了其中的某些能力呢？我们没有找到任何尼安德特人的洞穴壁画或者人工制品可以作为证据，但与其说尼安德特人缺少文化，不如说这极有可能反映了考古记录的薄弱。埃伦说：“他们生活在冰河时期的欧洲，那里的气候比非洲更加潮湿，土壤也不一样。所有这些都对哪些东西能够保存下来存在影响。”我们**已经发现**的东西指出了一些有趣的可能性。考古学家发掘出了一些“蜡笔”，尼安德特人可能是用这些颜料棒给皮肤上色，或是给当作装饰物佩戴的贝壳上色。在西班牙西玛德·拉斯帕洛马斯[①]（Sima de las Palomas）的一处遗址，考古学家在6具尼安德特人遗骸旁边

213

① 即岩鸽洞（Rock-Dove hole），位于西班牙穆尔西亚地区（Murcia region），尼安德特人曾在这里居住了数万年。

发现了2只豹爪，表明这些遗体在下葬时可能举行过某种仪式。

针对尼安德特人没有语言的观点，斯万特·佩博的基因组图谱绘制项目提出了强有力的疑问。在圣克鲁斯分校古基因组学实验室的埃德·格林（Ed Green）及其他研究人员的协助下，佩博发现尼安德特人拥有FOXP2基因，该基因与语言表达能力直接相关，之前一直被视为人类独有的基因。这虽然不能说明尼安德特人的语言能力有多发达，但至少表明他们是有这个能力的。之后，佩博在基因组分析中又发现了一个线索：现代欧洲人和亚洲人的DNA中含有尼安德特人基因组片段。这意味着，在进化史上的某个时刻，人类曾与尼安德特人通婚。

由于缺少证据支持，佩博本人也曾对这种通婚的可能性持怀疑态度。但是，在对比了尼安德特人与5名现代人的基因图谱之后，佩博的团队发现，亚洲人和欧洲人的DNA与尼安德特人的相似度约为1%至4%。现在，任何人都可以将自己的口腔黏膜细胞（口腔拭子）寄到加州23andMe公司（DNA鉴定公司），只需要支付100美元，就能知道自己的DNA中有多高比例的尼安德特人血统。（我做过，占比为2.4%。）现代人类曾经与一直被认为进化程度较低的物种通婚，这一发现颠覆了我们长久以来的古代人类史猜想。至少早在10万年前，我们的祖先和尼安德特人有着相似的技术，他们或许都生活在中东的某个地方，偶然的肌肤相亲让他们开始繁衍后代，绵延至今。进化史上这一非同寻常的交集为我们推开了一扇大门——尼安德特人和我们的祖先之间可能不仅有过交流，而且存在认知上的相似性。

弓腰驼背、毛发浓密的灵长类动物，渐渐成长为类人猿尼安德特人，最终又演化成直立行走、拥有文明的现代人类。我们坚信这样的进化是一种进步：人类拥有如此复杂的意识，必定站在了这条宿命轨迹的顶点。这是我们从小学起就不断被灌输的历史进程概念，这种观念让进化看起来非常直观，而且极其理性。但是，对于这个根深蒂固的观点，才华横溢的科学家兼作家斯蒂芬·杰伊·古尔德（Stephen Jay Gould）不禁发出慨叹。古尔德认为，古生物学记录告诉我们，这种进化观是一个假象。他坚持认为，地球上的生命**并不是**像圆锥体那样螺旋向上延伸的，而是在多样性和复杂性的不断加持下，最终造就了我们。古尔德给出的依据是伯吉斯页岩，一片位于加拿大不列颠哥伦比亚省的化石区，于 1909 年首次被发现。5 亿 3000 多万年前，成千上万的海洋生物在一处石灰岩矿坑里形成了化石，化石里不仅保存了这些生物的骨骼，还有它们所有的软组织，细节保存完好。这些海洋生物诞生于寒武纪生命大爆发[①]期间，当时地球上的生命经历了大规模的多样化演变，几乎所有现代动物的蓝图在那时都已经出现。起初，古生物学家认为这些化石可以按照现有的分类归类，但 20 世纪 70 年代，他

214

① Cambrian Explosion，始于距今 5.41 亿年前的寒武纪时期，化石记录显示绝大多数的动物都在这一时期出现，持续了 2 千万年到 2.5 千万年，是显生宙（显生代，包括古生代、中生代和新生代）的开始。世界各地发现的化石群共同印证了这一生命进化史上的壮观景象，例如在加拿大的伯吉斯页岩，中国的帽天山页岩，清江生物群等。

们意识到自己大错特错。伯吉斯页岩包含了一系列如今见不到的原始形态海洋生物，所呈现的多样性比现代海洋中的全部生物加在一起还要丰富。正如古尔德所说，这些化石证明进化的起点并不低，生命的种类从一开始就很多，进化不一定是一个“不断向上扩展”的过程。相反，“多细胞生命在诞生之初就达到了多样性的巅峰，而后物种不断减少，只留下了一部分”。古尔德指出，如果生命的磁带可以回放，人类在这场大毁灭中幸运获选为进化对象的可能性微乎其微。

在有关尼安德特人灭绝的古老传说中，我们的祖先因为有着更强的认知能力和技术，在进化上占据优势，得以在气候变化中存活下来，生活足迹遍布全球。但正如我们在勒瓦娄哇技术中看到的，尼安德特人的凿石技术同样精密复杂，这项技术让他们拥有了工具，足以适应环境变化。“很难说尼安德特人的技术是加速还是延缓了他们的灭绝，”埃伦说道，“提出这些主张的考古学家纯粹是在冒险。”那么，尼安德特人**究竟**为什么会灭绝呢？

部分学者认为，最后的尼安德特人生活在如今伊比利亚半岛的西班牙或葡萄牙一带。在数万年的极寒和冰川时期，这些南欧地区像一个避难所。更新世晚期，气候再次变冷，那时，动物的数量可能已经有所减少。同一时期，我们的祖先克罗马农人[①]也

215

① Cro-Magnon，指生活在旧石器时代晚期的一群现代人类，是目前已知最早的现代人类，主要分布在欧洲地区。得名于法国南部克罗马农洞穴（Cro-Magnon Cave）遗址。

来到了欧洲，很可能在同一地区狩猎。克罗马农人使用投矛器和鱼钩，族群迅速扩张，在史前欧洲地区，尼安德特人和克罗马农人的比例大约为1∶10。托马斯·永利和弗雷德里克·柯立芝在《如何像尼安德特人一样思考》中写道："在与克罗马农人的直接竞争中，（尼安德特人）本应专注于寻找新食物、发明新技术，但是他们没能做出任何反应。或许因为尼安德特人这两种认知能力都进化得不太好，也或许与认知水平无关。他们领地上的群族小而分散，如果一个群族与其他群族隔绝开来，就很难找到配偶，很快就会灭亡。如此这般，经过几千年之后，尼安德特人的数量减少到了极限，不足以支撑人口复苏。"我本人的线粒体DNA显示，我的母系祖先可能是这段历史中的一部分。部分研究人员认为，我带有的基因群U5b2a2来自一个狩猎采集民族，在尼安德特人灭绝的同一个冰河时期，他们也在南欧避难。15,000年前，冰川开始消退，中石器时代的人可能最早重新定居在了欧洲大陆。最终，U5基因的后代被农民和新移民取代，如今，这类基因在欧洲人线粒体DNA中约占9%。（2014年，考古学家使用改良的碳定年法技术测出，尼安德特人在41,000年至39,000年前，在整个欧洲大陆上彻底绝迹。）

古尔德认为，我们应当努力理解并探索，关于历史本质的新视角能告诉我们什么。如他所说："尼安德特人是我们的近亲，我们出现在非洲时，他们很可能已经生活在欧洲了，对我们的基因遗传没有任何直接贡献。换句话说，我们是一种脆弱

得不可思议的生物，是非洲的一小撮人在经历了不稳定的开
216 局之后，侥幸存活了下来，并非全球演化趋势可预测的最终结果。我们是生物，是历史的一部分，不是一般原理的呈现。”人类的存续与尼安德特人的灭绝之间，没有什么必然的宿命论可言。

我们将来应该复生尼安德特人吗？毋庸赘言，复生的尼安德特人与3万年前的尼安德特人完全不同。我们可以从基因组孕育出生命，但是诞生自人类子宫的生命与原始尼安德特人截然不同，更不用说环境和文化也与当初有着天壤之别。然而，没有人可以否认，我们会从中学到很多，就像我们从所有反灭绝事例中学到的一样。事实上，复活尼安德特人的想法之所以如此诱人，正是因为这样做可以让我们深入理解历史上最根本的问题，而这个问题的答案一直那样难以企及。就像斯万特·佩博写的那样：“为什么有这样一种人属物种能够遍布全球，取代了所有其他的人属物种，而且生生不息，甚至给生物圈带来莫大的影响？”

* * *

2014年夏，《科学》杂志上发表了采集自多尔塞特人的169个古代DNA样本基因分析结果。多尔塞特人生活在北美洲及北极区，700年前从这个世界上消失了。多尔塞特人属于古爱斯基摩人，信奉萨满教，在加拿大东部和格陵兰岛一带靠

狩猎海象和海豹为生。没有人了解当时到底发生了什么，我们不清楚多尔塞特人究竟是被其他爱斯基摩人同化了，还是彻底灭绝了。现在，遗传学为我们提供了一条重要的线索：多尔塞特人的DNA样本显示，他们在与世隔绝的环境中生活了大约4000年，然后在短短几十年内彻底灭绝，可能是近亲繁殖和气候变化影响了他们的生活资源，导致他们生存能力变弱了。

或许尼安德特人的种族灭绝只是悠远地质史中的一道残影，但在20世纪，甚至时至今日，这种灭绝仍在上演。2010年，名为波族①（Bo）的古老部落的最后一个成员在印度去世。这个部落在印度东海岸的安达曼群岛（Andaman Islands）生活了65,000年，被认为是最后一个与史前人类有过接触并且没有被同化的民族。在多尔塞特人和波族人这样真正的灭绝事件中，所有有关世界的说法和概念都变得不再适用。人类世强调人类对物质世界的影响，但随着现代性和全球化席卷并改变了世界上每一寸土地，思想和语言等非物质世界也不能幸免。现代化俨然成了一个文化同化的旋涡，扼杀了人类和动物**原有的生存方式**。有意思的是，现代思维模式让我们相信自己在历史中拥有优越性，处于中心地位。我本人以及本书的绝大多数读者，可能都抱有这样的思维模式。我们无法理解，这个世界上的存

217

① 在印度东南的安达曼群岛上，波族人和另外9个古老的部落组成了“大安达曼人”部族，他们的祖先大约于7万年前从非洲来到这里，堪称世界上最古老的人类文化移民。2010年，波族的最后一个成员85岁的老妇波阿离世。

在和思考有着不同的形式。

荒野的概念史是一个奇妙的角度，可以帮助我们看清这个事实。史前人类是如何看待自然、如何与其他物种建立联系的？事实证明，这个问题我们难以想象。美国哲学家马克斯·奥尔施莱格（Max Oelschlaeger）认为，现代主义阻碍了我们探究史前荒野体验的能力。现代主义是指从文艺复兴直至今日的整个历史时期，科学、资本主义和犹太–基督教的自然观和时间观，塑造着现代主义的主要特征和理念。最有可能的情况是，**史前人类**根本没有思考过这个问题。他们没有“荒野”的概念，对人类领域之外的自然现象和空间缺乏了解。几乎可以肯定，他们与世界的关系并不遵循二元论[①]。在他们的世界里，精神和物质互不分离，人类和自然之间也没有界限，他们混沌一体地感受着世间的一切。

奥尔施莱格说，旧石器时代的思想是不经过介质，是一种先于语言、先于文化的意识形态。他的著作《荒野的理念》（*The Idea of Wilderness*）颇具开创性，书中指出史前人类可能“缺少文化反思，也就是说，他们没有清晰的概念认知，并不理解文化是由人类发起并维系的，而不是本能或自然的行为模式。他们认为自己与动物、植物、河流和森林是一体的，认为自己是一个更大、更包罗万象的整体的一部分（我们称之为自

---

① Dualism，认为世界的本原分为意识和物质两个实体。二元论的概念可以追溯到古希腊时期，典型代表是柏拉图及后来的笛卡尔等。

218 然过程或野生自然)”。农业革命之后，荒野成了阻碍人类生存的敌人，为了满足生存的需求，我们与荒野战斗，努力控制自然。荒野存在于我们的生活之外，它成了荒漠、不毛之地或边陲腹地的代名词。

> 文明人一直认为史前人类渴望进入天堂，那是一个宜居的豪华花园，可以让他们摆脱辛劳和饥饿的困扰。这其实是在假定现代世界的范畴和价值观——事实上也包括现代思维的心理特征——是绝对的真理，这种观点需要解构。以现代视角来看，古代文化和现代文化之间存在二元对立，我们认为原始人想要控制土地、动物以及更广阔的自然，然而无论是从批判主义还是经验主义的角度，这种论调都站不住脚。绝大多数甚至所有的证据都表明这种解读与事实存在矛盾，旧石器时代的人并没有逃离荒野或者寻找文明的概念。我们只有暂时搁置自己的思维定式，才能理解旧石器时代的思维方式。认为旧石器时代的人与我们相比就是稚子幼儿，而我们是人类发展的成熟阶段，这种的论调是值得怀疑的。同样，认为现代思维是人类智慧巅峰的观念也不可信。

我们狂热地笃信现代生存方式具有客观的优越性，这种信念可能会让我们抱有偏见。比如，我们认为尼安德特人没有进化出与我们相同的技术是因为他们不够智慧，我们不愿意相信他们其实找到了让自己存续 30 多万年的可持续生活方式。奥尔施莱格指出，现代主义者很难想象除了自身之外的理想存在形式或人类定义。我们认为史前人类和土著民族的生活极端困苦，始终处于需求得不到满足的状态，并且坚信自己的现代思想源于优越的适应性，而不是所谓统治欲。

219 法国人类学家克洛德·列维·斯特劳斯（Claude Lévi-Strauss）是这种现代优越感的知名批判者。在人们普遍认为土著民族非常原始的时候，列维·斯特劳斯在著作《野性的思维》（*The Savage Mind*）一书中给出了大量证据，表明他们拥有繁杂精密的自然科学知识框架。在列维·斯特劳斯看来，各种本土文化通过系统的观察和假设检验，显然已经在数千年的岁月里形成了杰出的分类体系和系统学。他在书中说，对土著民族而言，动植物并不是因为有用而被知道，是因为了解而变得有用或有趣。

列维·斯特劳斯在书中指出，菲律宾群岛的俾格米矮人① 可以轻松地分辨出 450 种植物、75 种鸟类、20 种蚂蚁，还能说出几乎所有蛇、鱼和昆虫的名字。在菲律宾的皮纳图博（Pinatubo），至少 600 种植物是有名字的。“以前数千名柯威拉印第安人从未用尽过的南加利福尼亚一块沙漠地区里的自然

① 俾格米（Pygmy）并不是一个种族，在人类学中泛指成年男性平均身高不足 150 厘米的人种，稍高一点的被称为“类俾格莫伊人”（Pygmoid）。俾格米人主要包括非洲的尼格利罗人（Negrillo），泰国、印尼、菲律宾等亚洲的尼格利陀人（Negrito）也被认为与俾格米人有些相似之处。

资源，今天却只够少数白人家庭维持生存。他们过着富裕的生活，因为在这块表面上看来非常荒凉的不毛之地里，他们熟知60 多种可食植物和 28 种具有麻醉、兴奋或医疗效用的其他植物。”[①]霍皮族印第安人命名了 350 多种植物，纳瓦霍人[②]命名了至少 500 种。加蓬的一位法国民族植物学家整理了一份植物词汇表，包含了附近 6 个部落使用的 8000 个植物术语。这些并不是相关专家才知道的专业知识，孩童在成长的过程中渐渐习得这些知识，并在部族中世代相传。当一个民族或部落灭绝时，这些关于自然和世界关系的深度认知也会随之消失。物种也是如此，一个物种灭绝时与之相关的文化也会消失。

列维·斯特劳斯的《野性的思维》出版于 1962 年，然而几十年过去了，我们依然抵触这一观点：尽管我们在科学和技术上颇有建树，但现代性并不一定意味着进化和文明的进步。诚然，我们的物质生活优渥、技术水平先进，但是 21 世纪的生态问题告诉我们，我们并不比前人更理解自然，只不过与他们的理解迥然不同。与 100 年前相比，我们的生活比以往任何时候都更远离自然。曾经，地球是我们的历史、生命和赖以生存的源泉；如今，它已经成为一个抽象的概念，沦为我们日常生活的背景板。世界卫生组织的统计数据显示，现今世界人口

220

---

① 译文摘自李幼燕译《野性的思维》（中国人民大学出版社，2006 年，第 7 页）。

② Navajo，又译那伐鹤人，与前面提到的霍皮族（Hopi）同为北美印第安人部族之一。

的54%生活在城市环境中，而20世纪60年代时这个比例仅占总人口的三分之一。我们之中有多少人敢说自己对周围的动植物了如指掌？这个事实或许最能解释，为什么有关物种消失的故事无法引起我们更多的关注。对我们来说，动植物的价值太抽象了。即便是那些口口声声说着非常关心自然的人，物种存续与否也很可能与他们的日常生活和需求毫无关系。

人类与自然的现代关系，源于随农业革命兴起而出现的有神论世界观。上帝为人类创造了地球，作为上帝的仆人，我们的任务是在这片土地上创造一个新的耶路撒冷，即第二次创世。21世纪，许多人摒弃了这种宗教信仰，转而信奉科学主义世俗世界观。但是，科学让人与自然之间出现永久的割裂，虽然我们总是试图了解自然的运作机制，但科学要求我们冷眼旁观，从世界中抽离出来。许多现代环保主义者提出了新的生态世界观，试图修复我们与地球之间已经遗失的古老联系，弥合人类与自然之间的裂痕。然而，奥尔施莱格认为，无论初衷多么美好，他们的呼吁在根本上依然是笛卡尔主义的[①]，属于现代思维的范畴，他们依旧坚信自然是外在环境，与人类泾渭分明。

我不禁开始思考，如果我们的自然观是造成当前众多生态危机的根源之一，那么哲学是否可以帮助我们建立起新的观念？正如霍尔姆斯·罗尔斯顿（Holmes Rolston III）所说，什

① 即二元论的。

么是物种的问题是生物学家需要回答的科学问题，而我们对物种肩负着怎样的责任，这是哲学家需要回答的伦理问题。

*　*　*

221

我对濒危物种了解得越多，对当下正在上演的物种灭绝现象就越感到费解。不论青蛙、乌鸦还是犀牛，每一个案例都独特而复杂，都有特定的背景，没有解决问题的捷径。有些物种灭绝于文化原因，有些是政治、经济、生物方面的原因，而大多数情况下这些因素糅杂在一起，共同加剧了物种面临的挑战和拯救物种的难度。比之先前，我对“第六次物种大灭绝”这个词也变得更为不满。这个说法过于笼统，让人不知所措。每当我试图定义它，把它固定在眼前仔细观察时，它都会像一条永远抓不住的水蛇玩具一样，从我身边溜走。终于有一天，我意识到了问题的所在。原来，我一直在试图抓住一个“超对象”。

超对象（hyperobject）是指在时间和空间维度上跨度巨大的实体，既有的全部关于对象的定义对超对象都不适用。超对象的规模非常庞大，不局限于某一地点，跨越了几代人，甚至亿万年。它延伸到遥远的未来，我们无法看到它的终结，甚至无法真正“看到”它们，只能在某一时刻目睹它的某些方面。全球变暖就是这样的超对象，核辐射和美国佛罗里达州大沼泽地的生态亦然，进化、天气、海洋和鲸鱼都是如此。超对象的特征之一在于其不同部分之间的关联性，我们对各个部分掌握的数据越多，整个事情就变得越复杂。这可能就是为什么几百名研究人员耗时几十年致力于揭开北大西洋露脊鲸的秘密，却一直有新的问题涌现出来。

近年，超对象的概念频频亮相在主流媒体上，特别是有关气候变化的文章中。2014 年，*Vogue*杂志列出了十大必知文化概念，超对象出人意料地位列第一。这个概念起源于一场晦涩的哲学运动，由莱斯大学的英语教授蒂姆·莫顿（Timothy Morton）于 2010 年首次提出。莫顿在哲学、文化和历史方面的论述颇具启示性，2013 年出版了专著《超对象：世界末日之后的哲学与生态》（*Hyperobjects: Philosophy and Ecology After the End of the World*）。这本书内容丰富，对没有系统地接受过哲学教育的人来说或许有一些艰深晦涩。书中传达了一个关于现代生活的惊人现实，这个现实听上去很怪异，却又让人觉得很熟悉。莫顿说，我们生活在一个充满生态危机的时代，这些危机揭示了超对象的存在，诸如全球变暖和第六次物种大灭绝之类的超对象正在向我们的政治、智力和道德水平发起挑战。

这本书出版一年后，我问莫顿，超对象的概念之所以大受欢迎，是不是因为我们终于有了一个词可以描述我们已经经历过的事，而这让大家觉得得到了解脱。莫顿说："给问题命名可以让问题变得直观，确实有助于我们应对问题。我们感知不到也触摸不着超对象的存在，但是它绝不仅仅是一个数据，而是真实地存在着。同样，物种的灭绝也看不见、摸不着，但真实地存在着。”超对象的难题在于，它太庞大、太复杂了，我们无法通过大脑真正地理解。超对象并不是最近才出现的，有些超对象已经存在很久了。不过，今时不同往日，现在我们有了识别它的科学工具。

莫顿的理论深受物导向本体论思想流派的影响。“物导向本体论”[①]（Object-Oriented Ontology，OOO）并不是莫顿发起的，但他是该学派的狂热支持者。2010 年，美国亚特兰大的乔治亚理工大学举办的一次研讨会上，物导向本体论运动正式拉开了帷幕。开罗美国大学教授兼哲学家格拉汉姆·哈曼（Graham Harman）出席了这次研讨会，他在 10 年前首次提出了“面向对象哲学”（object-oriented philosophy）一词。哈曼认为，物导向本体论的支持者坚信两个观点。第一，他所说的“不同尺度的实体”是宇宙的终极物质。“不同尺度的实体”只是事物或实体的另一种表达方式，可以指代任何形式的存在：夸克[②]、岩石、树木、北极熊、星星、铅笔、可乐瓶子、电脑，等等等等。第二，“这些实体永远不会被它们的任何关系或者全部可能关系的总和所穷尽。”[③]想要理解哈曼所说的第二点，　223

① 亦称“面向对象本体论”运动。

② quark，构成物质的基本粒子。夸克结合形成强子，强子中最稳定的是质子和中子，质子和中子构成原子核。

③ 这句话强调了这些实体的深度和超越性，它们不局限于与其他事物的关系中，也不会被它们可能拥有的全部关系所限制。这种观点暗示了一种超越传统人类中心观念的哲学思想，认为实体的本质和存在超出了与人类直接经验相关的所有关系。

我们需要对过去200年间的哲学发展有所了解。哈曼解释说，德国哲学家伊曼努尔·康德（Immanuel Kant）指出，人类无法直接体验事物，只能借助于思想和感官。自那之后，哲学家就一直秉持着这样一个观点：只有人类可以接触的世界才是真实的。

然而，物导向本体论认为，无论人类是否接触得到，物体都是真实存在的。它们存在于与人类的关系之中，存在于与其他物体的关系之中。在一次采访中，哈曼这样说道："树的本质不为我们所知，这并不是因为人类存在无比悲惨的局限性，而是因为我们本质上也是物体。清风与树木之间的关联，不比我们与树木之间的关联更多，也没有更少。"在我的理解中，物导向本体论的观点是，森林里有一棵树倒下了，不论有没有人看到，它都是倒下了。让莫顿来说的话，无论你是否相信全球变暖（一种物体）的存在，海平面都是实打实地在上升。

我好奇的是，哲学家如何运用物导向本体论的思想来建立新的哲学范式，批判我们的现代自然观，提出强有力的非人类中心主义观点。这在很大程度上与摒弃人与自然相割裂的观念有关。格拉汉姆·哈曼在采访中引用了法国哲学家布鲁诺·拉图尔（Bruno Latour）的著作。拉图尔认为，人类世并不意味着自然并入人类文化，因为人类与自然从未分离过。我们只是众多物体中的一个，与其他物体息息相关，物体之间没有高低贵贱之分，也谈不上谁比谁更真实。

其他学科也对非人类中心领域展示出深厚的兴趣。威斯康星大学密尔沃基分校的新媒体学者、编辑理查德·格鲁辛（Richard Grusin）在2015年出版的《非人类转向》（*The Nonhuman Turn*）一书中这样写道：

> 我们在21世纪面临的所有值得注意的问题，几乎都涉及非人类因素。从气候变化、干旱、饥荒，到生物技术、知识产权和隐私，再到种族灭绝、恐怖主义和战争。鉴于此，现在应该是最好的时机，把我们今后的注意力、资源和精力转向被广泛接受的非人类方面。即使是视人类为工业化以来影响气候主要因素的人类世新范式，也在认识上进行了非人类转向。现在，人类应当被视为这颗星球上的一股气候或地质力量，和非人类存在一样发挥着自己的作用，不受人类意志、信仰或欲望的左右。

224

莫顿认为，物导向本体论摆脱了传统的自然观。在过去的观念里，人类几千年来一直统治着自然界，而非人类实体备受轻视。正如他所说："我们要如何转变观念，把所谓的'自然'看作'身边'的物体？应当如何避免'新的、进步的'观念最终与之前殊途同归……而不是仅仅换成了比之前'更酷'、更复杂的方式？当我们意识到一切都是相互关联的，就无法再把'身边'单一、固定、仅存在于当下的东西称作'自然'。"

现代环保主义的表述中往往包含着人与自然相分离的观

念。比尔·麦克基本[①]在《自然的终结》（*The End of Nature*）一书中写道："就像一种动物或一种植物一样，意识、关系都可以消失得净尽。这里所说的意识就是'自然'，与人世隔离的、野生的区域，那远离人们而为人们所适应的世界，它的法则支配着人的生生死死的世界。"就这一点而言，莫顿非常乐于见到"自然的终结"。他想要一个没有自然的生态学，一个没有原始荒野、只有历史的未来。在没有自然的生态学中，我们不再是守在"存在俱乐部"门口的门卫，我们无权决定谁能进来，也无权决定什么东西有价值或谁有权利。莫顿告诉我："自然是人类构建出来的概念，与现实无关。这种思维框架可以追溯到中世纪，我们被荼毒久矣，甚至构建出了虚假的二元

225

对立，诸如自然与文化、现代与后现代……自然**就是**问题的所在。为了追求真实的自然，我们将社会空间与非人类区别开来，而这样做其实是在毁灭地球。"

我问莫顿，没有自然的生态学是否可以为思考人类世的人类工程提供框架，如果有这样的框架，那么它是自然的还是人造的。莫顿说："看待问题和解决问题的方式也是问题的一部分。在没有自然的生态学中，我们会变得非常犹豫，无法判断。我们既不会认为因为一切都是自然的，所以我们怎么样都可以；

---

① Bill Mckibben，全名威廉·欧内斯特·麦克基本（William Ernest McKibben），1960年出生于美国加利福尼亚，著名环境保护主义理论家、作家和活动家，后在纽约工作成为自由撰稿人。他最知名的著作《自然的终结》与梭罗、卡逊等人的作品齐名，对环保运动产生了广泛的影响。下文引用部分的译文摘自孙晓春、马树木译《自然的终结》（吉林人民出版社，1989年，第44页）。

也不会认为因为一切都是人造的，所以我们不能肆意妄为。在经过充分的思考之前，先不要轻举妄动。我们可以尝试多探索生物合成物的方法，对尽可能多的生命负责。多多试错，而且最好不要把地球搞得一团糟。”如今，环境伦理学的目标不应该是努力让人们更关注大自然。环保主义者落入了一个陷阱，他们总是振臂高呼，想让环保事业看起来值得关注，或者非常纯粹。“我们不再试图证明森林的内在价值，”莫顿对我说，“相反，我们会问：‘你喜欢森林吗？你被它迷得神魂颠倒了吗？’”

哲学家试图把西方哲学朝着物导向本体论的方向推进，但是，制定环境政策的时候，这一理念是否必须或者是否合适，目前还是一个问号。在我看来，检验这一理论究竟价值如何的试金石，是它能否引发我们对物种的新思考。物导向本体论促使我们把事物视为自主的存在，正如我们感受到它们一样，它们也感受着我们。我们不仅要承认这一现实，还要深入思考如何与物种互动。一些物导向本体论思想家提出了更进一步的建议，比如作家兼学者伊恩·博格斯特（Ian Bogost），建议我们在实践中了解“异形现象学”（alien phenomenology）①，努力

① “异形现象学”是美国哲学家师伊恩·博格斯特提出的，主要研究作为一个物意味着什么，即一个非人类的实体是如何体验这个世界的，例如新海诚的电影《铃芽之旅》（2022 年）中描绘的猫和椅子的视角，就是异形现象学观念的呈现。这里的“异形”主要具有两层含义，其一是指差异，这与以胡塞尔、海德格尔等为代表经典现象学区别开来，主张物的实在性超越了与人的关系而独立存在；其二是物以不同于人的异形形态存在，人类对此应抱有敬畏与好奇，同时，由此产生的疏离感与陌生感可以驱动人类对世界进行更多元的探索，收获更丰富的体验。

去理解事物难以理解或是难以预料的经验以及内在。佛罗里达美洲狮游过克卢萨哈奇河时心境如何？北大西洋露脊鲸觅食时有着怎样的感受？还有最后一只北白犀，它又是如何？思考这些会让我们的心中萌生好奇，而这份好奇正是对全世界物种抱有尊重和关注的基础。

尾　声

极北之地：世界的尽头

挪威最北端的海岸线以北大约600英里处，北极圈内有一个冰天雪地的群岛，名为斯瓦尔巴群岛（Svalbard）。2007年以来，挪威政府一直希望斯瓦尔巴群岛可以被列入联合国教科文组织世界遗产，努力宣传这里是世界上管理得最好的荒野地区，是原汁原味的大自然。斯匹次卑尔根岛（Spitsbergen）是该群岛中最大的也是唯一一个有人类居住的岛屿。2008年，政府在这个岛上离机场不远的永久冻土层中炸开三个洞，作为地下掩体，建成了斯瓦尔巴全球种子库。这个种子库里储藏着数百万颗种子，代表了全世界农业的遗传物质多样性。据挪威农业和食品部称，最近一批运往斯瓦尔巴群岛的种子样本中包括575种大麦和5964种小麦，以及一些来自得克萨斯州南部的传家宝——红秋葵种子。现在，全球有着数以百计的生物多样性冷冻库，这个种子库只是其中之一，但是它的地理位置十分特别。挪威人世世代代都把斯瓦尔巴群岛称为“极北之地”（ultima thule），意为世界的尽头。我们把人类的群体信念寄托于此，祈求我们对环境造成的影响还不至于太大，不要让世界走向终焉。我从未去过斯瓦尔巴群岛，但看到全球种子库的相关信息时，我发现自己早已对它有所了解。因为我读过一本相当晦涩难懂的书，书名叫《一个女人在北极》（*A Woman in the Polar Night*）。

228 这本小书最早在 1938 年出版于德国，之后几年间被译介为 7 种语言，其中英文版发行于 1954 年。不过，这本书在德国以外的地方几乎没什么知名度，即便在北极旅行和探险类书籍中也并不出名。2010 年，阿拉斯加大学出版社和加拿大灰石出版社联合出版了 50 年来的首个英文版重译，堪堪售出了 1000 册。我在书架上偶然看到了它，随手买了一本。《一个女人在北极》晦涩难懂的内容，掩盖了作者独到而深邃的思想光芒。作者是一位奥地利已婚已育的画家，克里斯蒂安娜·里特（Christiane Ritter）。她在书中记录了在斯瓦尔巴群岛生活的一年。与极北荒野的亲密接触彻底地改变了她，用她自己的话说，这段经历启发了她的“空间意识”。

前往斯瓦尔巴群岛时，里特 36 岁。早在几年前，她的丈夫就放弃了欧洲的生活。1913 年，她的丈夫在船上工作时第一次感受到了北极的孤独和美丽，于是来到斯瓦尔巴群岛，当上了猎人，靠捕兽为生。他写信给住在奥地利的里特，“讲述了水上和冰上的旅行，动物和荒野的魅力，还有在遥远极夜之下的奇妙感悟”。极夜出现在冬季，太阳要消失 4 个多月，群岛会遭受风暴的袭击。里特的丈夫邀请她来看望自己。“你不会太孤单的，在海岸线的东北角，离这里大约 60 英里的地方还住着一个猎人，一位瑞典老人。春天的时候我们可以去拜访他，那时天会再次亮起来，海面和峡湾会结冰。”里特被他的信打动了，决定加入他的行列，一心向往着“在遥远的宁静中读大部头的书，最重要的是，可以一觉睡到自然醒”。

20 世纪初，社会普遍认为荒野不适合女性居住。特别是北极地区，极端气候会对女性的身心造成损害。人们相信，1838 年以前不曾有女性踏上过斯瓦尔巴群岛的土地，也不曾有女性在那里长期居住或过冬。直到里特下定决心前往那里。

229

1934 年 7 月，正值太阳永不落山的时节，里特乘船抵达斯瓦尔巴群岛，那时，熹微的光线、水雾和雨水笼罩着大地。几亿年前，斯瓦尔巴群岛原本位于赤道以南，后来大陆板块漂移把它推向了北方。大约 6000 万年前，群岛来到了今天挪威南部的纬度，被一片沼泽覆盖。几百万年前，冰河时期开启，斯瓦尔巴群岛渐渐变成了现在的样子。群岛的面积和爱尔兰差不多，是地球上最北端的一片陆地。群岛的西部是高山地势，其余部分由平坦的荒原、苔原、峡谷、峡湾、冰川、冰碛以及古老的岩石组成，一些岩石中含有几十亿年前的矿物质。

来到这里的第二年，里特住进了一间小木屋，屋内有喷着煤烟的炉子用来取暖。小木屋建在一个海角上，海岸线绵延入海。小木屋的周围遍布着石头和动物的骸骨，俨然一幅“充满死亡和腐烂气息的干涸图景”。起初，里特无法忍受周围的荒凉，昼夜不分的日子让她觉得难挨。“一天连着一天，你说不出一天在何时结束，不知今夕是何夕。天总是很亮，海水总是在潺潺低语，雾气像墙壁一样围在小屋四周，纹丝不动。我们整天饿了就吃，累了就睡。”混乱的作息和生物钟打破了里特以前的生活模式，促使她调整思维，巧妙地适应着周围不断变化的环境。斯瓦尔巴群岛的荒野并非全然原始。1699 年至 1778 年间，荷兰捕鲸者在这里捕杀了大约 8500 头鲸鱼。19 世纪，弓头鲸几乎被猎杀殆尽，只剩下一些长须鲸、白鲸和虎鲸，海象也几乎灭绝。不过，由于这里地处偏远，环境恶劣，生活在这里的人可能几个月甚至几年都接触不到其他人，也看不到任何文明的迹象。

里特在书中描述道，10 月的某一天，太阳消失了，在之后的 132 天里再也没有出现过。夜幕的降临，给人们的情绪带来了决定性的变化。“现象世界的真实完全消散，人们慢慢丧失了固定参照物的全部感知，失去了来自外部世界的刺激。”几周后，暴风雨来袭，当时里特的丈夫外出打猎，她独自一人留在小木屋里。狂风带来的暴雪在门外堆起了十码宽的雪障。照明用的石蜡烧完了，里特被困在一片漆黑之中。暴风雪的咆哮声震耳欲聋。为了不被冻死，里特必须找到燃料生火。她挖开门前的积雪，在地上匍匐前进，以免被吹进黑夜深处。终于，她捡起煤炭，回到了小屋。暴风雪肆虐了九天九夜，其间她一次又一次地完成了出门捡煤的壮举。“过了一会儿，我的手开始发抖。”她写道，“我发现自己在小屋里蹑手蹑脚地走来走去，慢条斯理地做着所有的工作，仿佛在尽量避免

230

引起正在屋外肆虐的神灵注意。”

暴风雨停下时，里特简直脱胎换骨，她心中充满了对这个世界的谦卑和敬畏。拿上滑雪板，她走进了宁静的雪地：

> 尽管肉体上感知不到，但这股充盈于全世界的平和力量抓住了我的心。即使我变得虚无，不复存在，无限的空间也会穿透我的身体，向外扩张。澎湃的海浪穿过我，曾经的个人意志在坚不可摧的悬崖峭壁之上如云朵般消散。我意识到自己的身边是一片无垠的孤独。没有什么存在像我一样，没有什么生物能让我保持自我意识；我感觉自己融于天地之间，第一次感受到陪伴是何等神圣的馈赠。

里特在书中预言，几个世纪之后人类将前往北极，“就像《圣经》时代的人们遁入沙漠，重新寻找真理一样”。我们要寻找的真理就是人类起源于荒野的事实，以及我们“比所有理性和记忆都更强烈的”野性渴望，渴望回到人类被强大而神秘的力量湮没的地方。里特说，让意识渗透进无限的空间里是我们最终的救赎，这可以让我们从全新的视角审视人类理性。这本书中描绘的许多画面，可以让我们感受到人类在大自然的面前是多么渺小，就像“一块小小的煤炭”，而自然现象又是多么强大，我们必须开拓思想才能理解。里特告诉我们，在斯瓦尔巴群岛，我们可以见证“区区人类与永恒真理之间不可逾越的鸿沟”。

231

里特于2000年去世，享年103岁。她或许永远也无法预料，后来几十年人类造成的气候变化会给北极带来多大的影响，她会对斯瓦尔巴群岛的末日保险库作何感想，我们也只能猜测。北极其他地区都受到了气候变化的极大影响，但直至最近，斯瓦尔巴群岛似乎依然没有受到太大影响。反观邻近的格陵兰岛，近年来，多达97%的冰盖在夏季融化。欧洲地球科学联合会杂志上发表的一份报告称，与格陵兰岛不同，斯瓦尔巴群岛的区域气候模型显示，从20世纪70年代到2012年，该地区的冰盖表面融化速度并没有加快。不过，这可能只是气候变化中的侥幸。这一时期，大气环流发生了变化，夏季出现的偏北气流有助于该岛保持适中的温度。2013年，情况再次发生变化，西南气流流经该岛，导致了创纪录的冰盖融化水平。这并不是斯瓦尔巴群岛发生巨变的唯一迹象。在西面的巴伦支海（Barents Sea），随着浮冰形成时间的延长以及阳光照射导致海水变暖，巨大的浮游植物群落开始在秋季涌现。挪威极地研究所的研究人员注意到了北极熊的行为变化。从20世纪80年代开始，研究人员一直在统计前往斯瓦尔巴群岛东部的卡尔王地群岛（Kongsøya）产崽的雌性北极熊数量。20世纪80年代中期为50只，2009年25只，而2012年减少到了5只。研究员乔恩·阿斯（Jon Aas）在接受挪威发行量最大的报纸《晚邮报》（*Aftenposten*）的采访时说："我们发现，海水冰面面积与雌性北极熊到达冬眠区域的概率之间，存在明显的相关性。"

我希望有一天可以亲自前往斯瓦尔巴群岛，体验一下里特所说的“空间意识”，或许我还能领悟到一些里特在那里发现的真相。无可否认，现在的真相还涉及末日保险库和消失的动物，要比她刚上岛时更复杂了。这是一个关于人类的故事，人类繁殖得如此之快，变得如此巧妙，以至于它有能力影响诞生它的进化过程，或好或坏，并最终决定其他物种的命运。科学技术让我们觉得人类与永恒真理之间已经架起了桥梁，我们可以一窥基因组的究竟，可以在外太空找寻宇宙大爆炸的起点，可以借助谷歌地图穿越科罗拉多大峡谷，可以克隆动物。我还能在网上虚拟参观里特的小屋。但是，即使我们以神话般的上帝视角看待宇宙，大多数现代人依然不清楚我们离开文明之后该如何生存。如果我们独自在北极的夜空下直面大自然的力量，我们能多快恢复对原始的敬畏？我们应该做些什么来拯救这个地方和这里的生灵，拯救它改变我们的能力？

232

近年，专家不断告诉我们，人类世时代已经到来。由于气候变化，我们对大自然的影响无处不在。荒野已然绝迹，地球上三分之二的陆地面积被人类活动占用。野生动物生态学之父奥尔多·利奥波德（Aldo Leopold）早在1933年就预见了这一点，他那时便指出，现在遏制人类对自然的影响已经为时已晚。“每一只仍然活在这个国家的野生生物都已经人工化了，它的存在会受到经济力量的制约……未来的希望不在于遏制人类带来的影响，这已经太晚了，相反，我们要更好地理解这种影响的程度，建立新的治理规范。”

未来的环境保护工作应该更多地管理自然，还是应该采用明确的工程措施或反灭绝举措？在人类决定放弃荒野和野生动物之前，我认为这个问题值得我们慎重思考。在人类主宰自然景观和地球工程的未来，敬畏可能是我们真正会失去的东西，233 进而忘记我们自身的渺小。随着荒野和未受人类影响的野生生物越来越少，大量证据表明，我们绝非进化趋势的顶点，正如斯蒂芬·杰·古尔德（Stephen Jay Gould）所说，我们是幸运的进化副产品。

也许别的什么重要的原因，让我们没有盲目地热衷于通过地球工程创造更美好的未来，而是格外的审慎。我们越是试图控制自然，就越发现地球生物系统之间的关联是多么复杂。我们无法预测我们的尝试会以何种方式、产生怎样意想不到的后果，甚至释放出更极端的力量，比如自然灾害、疾病、生态系统破坏，以及更多的物种灭绝。据我所知，几乎没有哪个反灭绝案例可以给出明确而令人信服的伦理依据，证明我们应该冒这个险。在我看来，许多论证反映出现代性在技术、死亡和末世问题上面临的当务之急。很多时候，有关反灭绝的论点更像是在精神上的否认这样做，因为进化和灭绝是一体两面的，只要我们选择通过开发自然资源来保障我们作为一个物种的生存，灭绝就是我们追求进步的代价。除非我们为地球上的其他物种留出足够的余地，否则无论我们复活多少动物，它们的生存空间都将所剩无几。

鸣 谢

235

首先，我要感谢我的好友汤姆·德·曾戈蒂塔（Tom de Zengotita），这或许会让他意外。如果不是因为参加了他的新书发布会，我可能永远都不会去读研，如果不是他建议我写书，并把他的经纪人介绍给了我，也不会有今天的我。我衷心地感谢了不起的经纪人米歇尔·泰斯勒（Michelle Tessler），她认可了我的初始想法，在她的鼓励和热情帮助下，我不断打磨，让文字变得更有深度。我最要感谢的是伊丽莎白·迪塞加德（Elisabeth Dyssegaard），感谢她很早就看到了这些故事的潜力，感谢她极致周到的编辑工作，还有她无穷的创意和热情。本书的完成得益于斯隆基金会（Alfred P. Sloan Foundation）“促进公众理解科学、技术和经济”的项目支持（Program for the Public Understanding of Science, Technology, & Economics），特别要感谢多隆·韦伯（Doron Weber）的鼎力支持和信任。由衷感谢艾伦·布拉德肖（Alan Bradshaw）对书稿的悉心统筹，感谢比尔·沃霍普（Bill Warhop）和卡罗尔·麦吉利弗雷（Carol McGillivray）的出色校对和耐心编辑，感谢劳拉·阿普森（Laura Apperson）的鼓励和帮助，感谢戴维·巴尔多辛·罗斯坦（David Baldeosingh Rotstein）为本书设计封面。

如果没有众人倾囊相授的信息和专业知识，单凭记者自己什么也做不到。对我来说，尤其如此。在学习环境保护科学及其历史的过程中，我需要很多手把手的指导。看到这么多杰出人士致力于科学、环保和伦理道德事业，我感到非常惭愧。感谢你们愿意抽出宝贵的时间，对我不厌其烦。以下排名不分先后：比尔·纽马克（Bill Newmark）、金·豪威尔（Kim Howell）、珍妮·普拉穆克（Jenny Pramuk）、安迪·奥杜姆（Andy Odum）、查尔斯·姆苏亚（Charles Msuya）、切·韦尔顿（Ché Weldon）、库尔特·布尔曼（Kurt Buhlmann）、埃里克·卡茨（Eric Katz）、布莱恩·诺顿（Bryan Norton）、霍姆斯·罗尔斯顿（Holmes Rolston III）、布拉德·怀特（Brad White）、菲利普·海德里克（Phillip Hedrick）、戴夫·奥诺拉托（Dave Onorato）、达雷尔·兰德（Darrell Land）、内森·格里夫（Nathan Greve）、劳里·麦克唐纳（Laurie Macdonald）、史蒂夫·威廉姆斯（Steve Williams）、克里斯·贝尔登（Chris Belden）、洛基·麦克布莱德（Rocky McBride）、迈克尔·金尼森（Michael Kinnison）、克雷格·斯托克尔（Craig Stockwell）、迈克尔·科利尔（Michael Collyer）、斯科特·卡罗尔（Scott Carroll）、约翰·皮滕杰（John Pittenger）、凯文·赖斯（Kevin Rice）、马乌戈扎塔·奥戈（Magorzata

Ozgo)、迈克尔·巴克姆（Michael Barkham）、安德鲁·潘兴（Andrew Pershing）、鲍勃·肯尼（Bob Kenney）、布拉德·怀特（Brad White）、克莱·乔治（Clay George）、凯蒂·杰克逊（Katie Jackson）、布伦娜·麦克劳德（Brenna McLeod）、汤姆·皮奇福德（Tom Pitchford）、奥利弗·莱德（Oliver Ryder）、特蕾莎·海德灵顿（Tracey Heatherington）、珍妮特·切尔内拉（Janet Chernela）、乔安娜·雷丁（Joanna Radin）、朱莉·范斯坦（Julie Feinstein）、托姆·范·多伦（Thom van Dooren）、苏西·埃利斯（Susie Ellis）、珍妮·洛林（Jeanne Loring）、朱利安·德洛德（Julien Delord）、穆罕默德·多约（Mohammed Doyo）、乔治·丘奇（George Church）、汉克·格里利（Hank Greely）、本·诺瓦克（Ben Novak）、加里·兰德里（Garrie Landry）、乔尔·格林伯格（Joel Greenberg）、梅廷·埃伦（Metin Eren）、约翰·格斯特尔（John Gerstle）、彼得·霍克斯（Peter Hawkes）、克里斯·韦默（Chris Wemmer）、布赖恩·格拉特维克（Brian Gratwicke）、蒂姆·赫尔曼（Tim Herman）、吉姆·海恩（Jim Hain）、埃德·莱尔（Ed Lyle）和蒂姆·莫顿（Tim Morton）。我还要特别感谢罗伊·麦克布莱德（Roy McBride），尽管他对我的工作态度暧昧不明，但还是非常慷慨抽出时间，和我分享了他的见解。此外，我还要感谢乔治·阿马托（George Amato），感谢他的妙语连珠和奇思妙想。我衷心感谢内罗毕的凯斯和弗雷泽·史密斯夫妇（Kes and Frasier Smith），感谢

他们的无私奉献和坦诚相待，感谢他们家的工作人员，特别是教我儿子华金学爬行的露西。

我非常感谢桑德罗·斯蒂尔（Sandro Stille），在他的研究生课程“阐述你的观点”上，我第一次把奇汉西喷雾蟾蜍的故事写了出来，让我坚信表达看法是记者的正当权限，感谢他在我探寻职业方向时给予的支持和友善。还有布鲁斯·波特（Bruce Porter）和比利·戈塔（Billy Gorta），他们指导我如何写报道，特别是关于火灾、骚乱和凶杀案。我还要感谢玛拉·雅克施（Marla Jaksch）给我提供的灵感，感谢瓦切拉·赛义德（Warcheera Said）、穆萨·本扎耶德·侯赛因（Musa Binzayed Hussein）、肯·奥科斯（Ken Okoth）和莫妮卡·奥科斯（Monica Okoth）以及米卡·菲利波（Micah Filipho），感谢你们在达累斯萨拉姆对我的照顾，*Asante sana*[①]。感谢我幽默的老友罗斯·罗伯逊（Ross Robertson），谢谢他在圣克鲁斯的热情款待。向探索荒野的英雄母亲们致敬，她们是：劳拉·斯内尔格罗夫（Laura Snelgrove）、玛丽·凯特·怀斯（Mary Kate Wise）、珍妮尔·威尔逊（Janelle Wilson）、爱丽丝·唐（Alice Tang）、萨拉·露皮塔·奥利瓦雷斯（Sara Lupita Olivares）和珍妮·博尔曼（Jenny Bohrman）。还有我的记者朋友们：丹尼·戈尔德（Danny

① 斯瓦希里语，坦桑尼亚的官方语言之一，意为非常感谢。达累斯萨拉姆为坦桑尼亚原首都。

Gold)、尼尔·蒙希（Neil Munshi)、玛丽·卡德希（Mary Cuddehe)、马特·利西亚克（Matt Lysiak)、鲍勃·麦克唐纳（Bob McDonald)、尼古拉斯·菲利普斯（Nicholas Phillips)、吉安娜·帕尔默（Gianna Palmer)、亚历克斯·哈尔佩林（Alex Halperin)、丹佛·尼克斯（Denver Nicks)、瓦泽尔·贾夫（Warzer Jaff）和比尔·法林顿（Bill Farrington)。感谢凯特琳·贝尔·巴尼特（Kaitlin Bell Barnett)、莉吉娅·纳瓦罗（Lygia Navarro)、黛博拉·简·李（Deborah Jian Lee)、摩根·派克（Morgen Peck）和苏珊娜·费雷拉（Susana Ferreira）的精彩对话和精神支持。衷心感谢香奈尔·伊莱恩（Chanelle Elaine）和吉莉安·坎贝尔（Jillian Cambell)。感谢汤姆·彼得（Tom Peter）和艾玛·皮珀·伯克特（Emma Piper-Burket）在白沙（White Sands）陪我一起公路旅行，还帮我照看小孩，感谢安德森一家在圣达菲的友谊和慷慨。

237

如果没有热情奔放的马尔科姆·怀尔（Malcolm Wyer)，我的生活不会如此精彩——感谢你的建议和无条件的友谊。感谢鲍勃·米勒（Bob Miller）和珍妮特·米勒（Janet Miller)，感谢你们一再地为我在安娜玛丽亚岛（Anna Maria）写作时提供住所，让我在异乡也能找到家的感觉，感谢你们多年以来的关爱和鼓励。我非常感谢我的父亲罗里·奥康纳（Rory O'Connor)，他对这个世界永无止境的、毫不掩饰的好奇，是推动我创作的精神动力。还有我的母亲凯瑟琳·米勒（Katherine Miller)，感谢你无与伦比的人性光辉，谢谢你把你对户外活动的热爱遗传给了我。罗伯特·海因茨曼（Robert Heinzman），感谢你对我母亲的照顾，感谢你在关键时刻对我完成本书提供的鼓励和支持。感谢我住在西雅图的家人们，乔治（George）、玛格丽特（Margaret）、莫琳（Maureen）和苏拉亚·帕克（Suraya Parker），感谢你们温暖的怀抱。还有我美丽的妹妹，住在都柏林的简·奥康纳（Jane O'Connor），我们会一起将家族的荣耀和财富传承下去。

最后，我由衷地感谢布莱恩·帕克（Bryan Parker），是他博大的胸怀和特有的风度促成了本次合作。我希望我们的冒险永不停歇。

注 释

序言

【P3 “extinction, it has been said”】“可以说，保护生物学言必称灭绝” Kent H. Redford et al., “What Does It Mean to Successfully Conserve a (Vertebrate) Species?” *BioScience* 61, no. 1 (January 2011): 39–48, doi:10.1525/ bio.2011.61.1.9.

【P4 “A society that is habituated”】“如果这已经让全社会感到麻木了……” Ronald R. Swaisgood and James K. Sheppard, “The Culture of Conservation Biologists: Show Me the Hope!” *BioScience* 60, no. 8 (September 2010): 626–30, doi:10.1525/bio.2010.60.8.8.

【P4 “extinction debt”】“灭绝债务” Fangliang He and Stephen P. Hubbell, “Species-Area Relationships Always Overestimate Extinction Rates from Habitat Loss,” *Nature* 473, no. 7347 (May 19, 2011): 368–71, doi:10.1038/nature09985.

【P5 “A meeting of conservation biologists”】“在保护生物学家或者生态学家参加的会议上……” M. J. Costello, R. M. May, and N. E. Stork. “Can We Name Earth’s Species Before They Go

Extinct?" *Science* 339, no. 6118 (January 25, 2013): 413. doi:10.1126/science.1230318.

【P5 "10 percent of the earth' s land"】"仅占地球总土地面积的10%" Buckley, Robert M., Patricia Clarke Annez, and Michael Spence, eds. *Urbanization and Growth*. The World Bank, 2008. http://elibrary.worldbank.org/doi/book /10.1596/978-0-8213-7573-0.

【P5 "Caribou have lost"】"北美驯鹿在过去……" Schaefer, James A. "Long-Term Range Recession and the Persistence of Caribou in the Taiga." *Conservation Biology* 17, no. 5 (2003): 1435.

【P8 "not replaceable without depreciation"】"是不可替代的，除非……" Robert Elliot, "Faking Nature," *Inquiry* 25, no. 1 (January 1, 1982): 81–93, doi:10.1080/00201748208601955.

第 1 章　蟾蜍方舟

【P15 "the area to be lost"】"受水利工程影响的区域……" Ekono Energy. *Kihansi Hydroelectric Project Environmental Assessment. Environmental Assessment*. Kihansi Hydroeletric Project. Nordic Development Fund, July 31, 1991.

【P16 "reliable power is so important"】"供电稳定对教育、生产……" Paul Romer, "For Richer, for Poorer," *Prospect Magazine, February* 2010. http://www.prospectmagazine.co.uk/features/for-richer-for-poorer.

【P19 "esthetic, ecological, educational, recreational, and scientific value”】“在审美、生态、教育、娱乐以及科学方面……”“Endangered Species | Laws & Policies | Endangered Species Act,” Signed into law, December 28, 1973. U.S. Fish and Wildlife Service, http://www.fws.gov/endangered/laws-policies/.

【P20 “made to serve”】“天生是为人类服务的……” Bryan G. Norton, *Why Preserve Natural Variety*?. Princeton, N.J.: Princeton University Press, 1990, 195.

【P20 “last man”】“最后一人论证” Richard Sylvan (Routley). “Is There a Need for a New, an Environmental, Ethic?” In *Environmental Ethics: An Anthology*, edited by Andrew Light and Holmes Rolston III, 1 edition., 49. Malden, MA: Wiley-Blackwell, 2002.

【P20 “Human interests and preferences”】“人类的利益也好、偏好也罢……” Ibid., 52.

【P21 “intrinsic value”】“内在价值” 关于环境伦理学对内在价值的讨论和背景知识，请参见J. Baird Callicott. “Rolston on Intrinsic Value: A Deconstruction,” Environmental Ethics, Vol. 14, No. 2 (1992): 129–43, doi:10.5840/enviroethics199214229.

【P20 “the world, we are told”】“人们总说世界是……” John Muir and Peter Jenkins. *A Thousand-Mile Walk to the Gulf*. Boston: Mariner Books, 1998, 136.

【P21 “theoretical quest”】“理论追求” J. Baird Callicott. “Rolston on Intrinsic Value: A Deconstruction.” *Environmental Ethics* 14, no. 2 (1992): 129–43. doi:10.5840/enviroethics199214229., 129.

【P21 “Perhaps there can be no science”】“也许，没有科学家就没有科学……” Holmes Rolston III. “Value in Nature and the Nature of Value.” In Philosophy and the Natural Environment, edited by Robin Attfield and Andrew Belsey :13–30. Royal Institute of Philosophy Supplement. University of Wales, Cardiff: Cambridge University Press, 1994, 29.

【P22 “an adventure in what it means”】“这是一场关于生命意义的冒险……” Holmes Rolston III. “PL: 345 Environmental Ethics,” Fall 2002. http://lamar.colostate.edu/~rolston/345-SYL.htm.

【P22 “Our efforts at conservation”】“如果我们保护生物只是因为……” Stephen Jay Gould, *An Urchin in the Storm: Essays About Books and Ideas* (New York: W. W. Norton, 1988), 21.

【P22 “we shall finally understand”】“我们最终会理解……” Ibid., 21.

【P23 “The species defends a particular form of life,” P21 “Value in Nature and the Nature of Value.”】“一个种系是一个有活力的生命体系……” 出自论文《自然的价值与价值的本质》In Philosophy and the Natural Environment, edited by Robin Attfield and Andrew Belsey: 13–30. Royal Institute of Philosophy Supplement. University of Wales, Cardiff: Cambridge University Press, 1994, 21.

【P23 “form of life is unique, warranting respect” “World Charter for Nature, 48th Plenary Meeting,”】“生命形式都是独一无二的……” 出自联合国第 48 次全体大会上通过的《世界自然宪章》，联合国A/

RES/37/7, 1982年10月28日, http://www.un.org/documents/ga/res/37/a37r007.htm.

【P23 “intrinsic value of biological diversity”】“生物多样性的内在价值”出自《生物多样性公约》的序章，1992年6月5日. http://www.cbd.int/convention/articles/default.shtml?a=cbd-00.

【P23 “he named academic philosophy”】“学术哲学名列首位……” J. Baird Callicott, *Beyond the Land Ethic: More Essays in Environmental Philosophy* (Albany: State University of New York Press, 1999), 42.

【P24 “continue to dance with Cartesian ghosts”】“不论过去还是现在，都在与笛卡尔主义的幽灵共舞……” Bryan G. Norton, “Epistemology and Environmental Values,” Monist, April, 1992, 224.

【P24 “From an environmental professional’s perspective”】“从环境专业的角度来看……” John Lemons. “Nature Diminished or Nature Managed: Applying Rolston’s Environmental Ethics in National Parks.” In *Nature, Value, Duty: Life on Earth with Holmes Rolston, III*, edited by Christopher J. Preston and Wayne Ouderkirk, Springer Netherlands, 2010, 212.

【P28 “There is no evidence for”】“仅仅因为人类的生态足迹……这种假设毫无依据……” Michael Soulé, “The ‘New Conservation,’” *Conservation Biology* 27, no. 5 (October 2013): 895–97, doi:10.111/cobi.12147.

【P31 “Is it worth”】“坦桑尼亚还有……这值得吗？”出自作者的田野笔记，2010年于坦桑尼亚。

第 2 章 在法喀哈契追寻奇美拉

【P44 “The exact range of the form”】“我们现在无法判断该亚种确切的活动范围……” Boston Society of Natural History, *Proceedings of the Boston Society of Natural History*, vol. 28 (Ulan Press, 2011), 235.

【P44 “During his younger days”】“年轻的麦克布莱德……” Donald G. Schueler, *Incident at Eagle Ranch: Predators as Prey in the American West* (Tucson: University of Arizona Press, 1991), 177.

【P45 “The wolf seldom used the same trail twice”】“狼极少从同一条路往返……” Roy T. McBride, The Mexican Wolf (Canis Lupus Baileyi): A Historical Review and Observations on Its Status and Distribution: A Progress Report to the U.S. Fish and Wildlife Service. U.S. Fish and Wildlife Service, 1980, 33.

【P45 “Almost a year had passed”】“过了将近一年……” Ibid., 33.

【P46 “I set a trap”】“我在它猎食的必经之路上设置了陷阱……” Ibid., 33.

【P47 “Not many”】“数量不多……” Roy T. McBride, “Three Decades of Searching South Florida for Panthers,” (presentation at the Proceedings of the Florida Panther Conference, Fort Myers, Florida, November 1, 1994). http://www.panthersociety.org/decades.html.

【P47 “I was amazed to find them”】“这个发现让我非常惊讶……” Ibid.

【P50 “I don’ t like those damn things”】“我讨厌那些该死的东西……” Craig Pittman, “Young Florida Panther Shot Dead on Big Cypress Preserve,” *Tampa Bay Times*, December 9, 2013, http://www.tampabay.com/news/environment/wildlife/panther-shot-dead-on-big-cypress-preserve/2156228.

【P52 “The average sperm count”】“20世纪90年代初，有研究表明80%的雄性佛罗里达美洲狮患有隐睾症……” U.S. Fish and Wildlife Service. *Final Environmental Assessment: Genetic Restoration of the Florida Panther*. Gainesville, Florida, December 20, 1994, 3.

【P54 “classic example of what happens”】“一个典型案例……” David Maehr, *The Florida Panther: Life and Death of a Vanishing Carnivore* (Washington, DC: Island Press, 1997), xi.

【P54 “quick fix to a complex problem”】“快速解决这个复杂的问题……” Ibid., xi.

【P54 “reinstate gene flow”】“恢复因人为隔绝而消失的基因流动……” U.S. Fish and Wildlife Service. *Final Environmental Assessment: Genetic Restoration of the Florida Panther*. Gainesville, Florida, December 20, 1994, 5.

【P54 “genetic augmentation”】“基因扩增” David Maehr, *The Florida Panther: Life and Death of a Vanishing Carnivore* (Washington, DC: Island Press, 1997, 204.

【P54 “genetic restoration”】“基因恢复” Ibid., 204.

【P55 “anthropogenic hybridization”】“人为杂交” Fred W.

Allendorf, Paul A. Hohenlohe, and Gordon Luikart. "Genomics and the Future of Conservation Genetics." *Nature Reviews Genetics* 11, no. 10 (October 2010): 697–709. doi:10.1038/nrg2844.

【P56 "The possibility that a subspecies carries"】"这些亚种可能具有……" Stephen J. O' Brien and Ernst Mayr, "Bureaucratic Mischief: Recognizing Endangered Species and Subspecies," *Science* 251, no. 4998 (March 8, 1991): 1187 (2).

【P57 "thing of immortal make, not human"】"永生之物，并非人类" Matt Kaplan, *The Science of Monsters: The Origins of the Creatures We Love to Fear* (New York: Scribner, 2013), 34.

【P65 "I don' t think ranchers should"】"我认为……不应该把自己的意志强加到牧场主身上……" Murray T. Walton, "Rancher Use of Livestock Protection Collars in Texas," In Proceedings of the Fourteenth Vertebrate Pest Conference 1990, 80, 1990., 277.

【P65 "I' ve done it all"】"'我什么都干过'……" Rick Bass, *The Ninemile Wolves* (1992; repr., Boston: Mariner Books, 2003), 79.

第3章 疯狂进化的沙漠鱼

【P70 "the domestic races of many animals and plants"】"许多动植物的家养品种……" Charles Darwin. *The Origin of Species by Means of Natural Selection, or the Preservation of Favoured Races in the Struggle for Life*, 6th Edition. (New York: Cambridge University Press, 2009),12.

【P70 “The most simple of these is the biological concept”】“其中最容易理解的是生物学概念上的物种……” Ernst Mayr. “What Is a Species, and What Is Not?” *Philosophy of Science* 63, no. 2 (June 1996): 262.

【P71 “the phylogenetic concept”】“系统发育物种概念” Paul-Michael Agapow et al., “The Impact of Species Concept on Biodiversity Studies,” *Quarterly Review of Biology* 79, no. 2 (June 2004): 161, doi:10.1086/383542.

【P72 “In 2004, researchers published”】“2004年，《生物学评论季刊》上刊登了一篇文章……” Ibid., 161.

【P73“lineages of ancestral descent”】“族裔谱系” E. O. Wiley, “The Evolutionary Species Concept Reconsidered,” *Systematic Biology* 27, no. 1 (March 1, 1978): 17–26, doi:10.2307/2412809.

【P73 “Assiduous collecting up cliff faces”】“我们兢兢业业地挖掘岩层……” Niles Eldredge, *Reinventing Darwin: Great Evolutionary Debate* (London: Weidenfeld & Nicolson, 1995), 95.

【P73 “most obvious and gravest objection”】“也许是反对自然选择学说的最明显也是最有力的异议” Charles Darwin. *On the Origin of Species by Means of Natural Selection, or the Preservation of Favoured Races in the Struggle for Life*. (London: W. Clowes and Sons, 1859), 280.

【P74 “rejecting that which is bad”】“去掉差的……除非标志出时代的变迁，岁月的流逝，否则人们很难看出这种缓慢的变化” Ibid., 84.

【P79 “thirty to sixty generations”】“大约经历了 30 代至 60 代” David A. Reznick, Heather Bryga, and John A. Endler. “Experimentally Induced Life-History Evolution in a Natural Population.” *Nature* 346, no. 6282 (1990): 357.

【P81 “a year of fire”】“这个盆地着了‘一年的大火’，其间‘山谷中满是火焰和有毒气体’。” Oscar Edward Meinzer and Raleigh Frederick Hare. *Geology and Water Resources of Tularosa Basin, New Mexico*. 343. (Washington, DC: United States Geological Survey, Department of the Interior, 1915), 23.

【P82 “Because Lost River and Mound Spring populations”】“迷河种群和丘泉种群很可能是从……” Michael L. Collyer et al., “Morphological Divergence of Native and Recently Established Populations of White Sands Pupfish (Cyprinodon tularosa),” *Copeia* 2005, no. 1 (2005), 9.

【P84 “might be too costly a gamble”】“可能是一场代价昂贵的豪赌” Michael L. Collyer, Jeffrey S. Heilveil, and Craig A. Stockwell, “Contemporary Evolutionary Divergence for a Protected Species Following Assisted Colonization,” *PLoS ONE* no. 6(8): e22310. doi:10.1371/journal.pone.0022310. (August 2011), 6.

【P84 “might best be viewed as evolutionary experiments”】“最好被看作一场进化实验” Ibid., 5.

【P85 “preserve species as dynamic entities”】“将物种作为动态

实体加以保护" Richard Frankham, Jonathan D. Ballou, and David A. Briscoe, *Introduction to Conservation Genetics*, 2nd ed. (Cambridge, UK; New York: Cambridge University Press, 2010), 119.

【P87 "the greatest contribution that evolutionary rate"】"估算进化速度最终带给我们的最大贡献……" A. P. Hendry and M. T. Kinnison. "The Pace of Modern Life: Measuring Rates of Contemporary Evolution," *Evolution: International Journal of Organic Evolution* 53, no. 6 (1999): 1650.

【P88 "We challenge conservation biologists"】"我们的这些发现，要求保护生物学家……" Craig A. Stockwell, Andrew P. Hendry, and Michael T. Kinnison, "Contemporary Evolution Meets Conservation Biology," *Trends in Ecology & Evolution* 18, no. 2 (2003): 99.

第4章 鲸鱼1334之谜

【P94 "most whale calves will likely"】"大多数幼鲸的寿命……" Philip K. Hamilton, Amy R. Knowlton, and Marilyn K. Marx, "Right Whales Tell Their Own Stories: The Photo-Identification Catalog," In *The Urban Whale: North Atlantic Right Whales at the Crossroads*, ed. Scott D. Kraus and Rosalind M. Rolland, (Cambridge, MA: Harvard University Press, 2007), 96.

【P98 "And every day we saw whales"】"我们每天都看到鲸鱼 ……" Frederick W. True. "The Whalebone Whales of the Western North Atlantic, Compared with Those Occuring in European Water;

With Some Observations On the Species of the North Pacific." In *Smithsonian Contributions to Knowledge*, Vol. 33. (Washington, DC: The Smithsonian Institution, 1904), 22.

【P107 "Albattrosses appear to challenge"】"传统观点认为，遗传耗竭会给种群带来消极影响，而信天翁似乎推翻了这一观点" E. Milot, H. Weimerskirch, P. Duchesne and L. Bernatchez. "Surviving with Low Genetic Diversity: The Case of Albatrosses." *Proceedings of the Royal Society B: Biological Sciences* 274, no. 1611 (March 22, 2007): 785. doi:10.1098/rspb.2006.0221.

【P112"morning mowers, who side by side"】"清晨的刈草人……" Herman Melville, *Moby Dick: Or the Whale* (London: Modern Library, 1992), 396.

【P113 "The climate-driven changes in ocean"】"通过过去 40 年的观测，我们看到气候带来的洋流变化……" Charles H. Greene et al., "Impact of Climate Variability on the Recovery of Endangered North Atlantic Right Whales, "*Oceanography* 16, no. 4 (2003): 100. doi.org/10.5670/oceanog.2003.16

【P114 "Ultimately, our ability to assess"】"说到底，我们很难判断……" Ibid., 102.

第 5 章　冻住的乌鸦

【P126 "The ability to examine"】"如果可以轻松地一下子检索 ……" Fred W. Allendorf, Paul A. Hohenlohe, and Gordon Luikart.

"Genomics and the Future of Conservation Genetics." *Nature Reviews Genetics* 11, no. 10 (October 2010), 697. doi:10.1038/nrg2844.

【P127 "acquired evolutionary responsibility"】"承担了进化的责任……" L. T. Evans, "Sir Otto Frankel: Biographical Memoirs," Australian Academy of Science, 1999.

【P127 "Neither our pre-agricultural ancestor"】"无论是农业社会之前的人类祖先……" Otto H. Frankel, "Genetic Conservation: Our Evolutionary Responsibility," *Genetics* 78, no. 1 (1974): 54.

【P128 "There is a benefit in maintaining genetic diversity"】"物种间和物种内的遗传多样性都非常重要……" Janet Chernela, "A Species Apart: Ideology, Science, and the End of Life," In *The Anthropology of Extinction: Essays on Culture and Species Death*, ed. Genese Marie Sodikoff (Bloomington and Indianapolis: Indiana University Press, 2012), 30.

【P128 "Cryopreservation of gametes and embryos"】"冷冻保存配子和胚胎……" Professor George Amato, Professor Howard C. Rosenbaum, and Professor Rob DeSalle. *Conservation Genetics in the Age of Genomics*. (New York: Columbia University Press, 2009), 61.

【P130 "It took all one' s scientific ardor"】"我点燃了自己全部的科学热情……" Lyle Rexer et al., Carl E. Akeley. In *Brightest Africa* (Garden City: Doubleday, 1923), 229.

【P131 "the life that the organismic individual has"】"生物体的生命既是个体的内在……" Holmes Rolston III, *Genes, Genesis, and God:*

Values and Their Origins in Natural and Human History (Cambridge, UK: Cambridge University Press, 1999), 42.

【P133 "Cells can be kept frozen"】"在休眠仍保持活性的状态下，细胞可以被冷冻很多年……" Andrea Johnson, "Preserving Hawaiian Bird Cell Lines," *Animals & Plants* (blog), San Diego Zoo, November 7, 2008, http://blogs.sandiegozoo.org/2008/11/07 /preserving-hawaiian-bird-cell-lines/.

【P133 "One of the rewarding things"】"与'冷冻动物园'合作的收获之一……" Ibid.

【P134 "to bawl, bleat, squeal, cry"】"嚎叫、咩咩叫、尖叫、哭泣" US Fish and Wildlife Service, "Revised Recovery Plan for the 'Alala (*Corvus hawaiiensis*)," Portland, Oregon, January 27, 2009. http://www.fws.gov/pacific/eco services/documents/Alala_Revised_Recovery_Plan.pdf

【P134 "It would be difficult to imagine"】"夏威夷乌鸦与常见的美洲乌鸦性格迥异，很难想象有什么鸟类……" Mark Jerome Walters. *Seeking the Sacred Raven: Politics and Extinction on a Hawaiian Island*. 2nd ed. (Washington D.C.: Island Press, 2006) 52.

【P135 "The arrogance implied"】"通过您，野生生物学家傲慢地知会我……" Mark Jerome Walters, *Seeking the Sacred Raven: Politics and Extinction on a Hawaiian Island*, 2nd ed. (Washington, DC: Island Press, 2006), 145.

【P138 "They were kind of like the kings and queens of the

forest"】"它们曾经是森林里的王者……"Thom van Dooren. "Authentic Crows: Identity, Captivity and Emergent Forms of Life." *Theory, Culture and Society*, forthcoming.

【P139 "Conserving species is"】"物种保护至少在一定程度上……" Ibid.

【P139 "delicately interwoven ways of life"】"构造精妙的生活方式" Thom van Dooren. "Banking the Forest: Loss, Hope and Care in Hawaiian Conservation." In *Defrost: New Perspectives on Temperature, Time, and Survival*, edited by Joanna Radin and Emma Kowal, 即将出版。

【P139 "All cryo-technologies"】"所有用于保护濒危物种的低温技术……" Ibid.

【P140 "If the death of a single crow signals"】"一只乌鸦的死亡意味着……" Thom van Dooren, *Flight Ways: Life and Loss at the Edge of Extinction* (New York: Columbia University Press, 2014), 142.

【P141 a quote the Frozen Ark "The Future of the Frozen Ark."】冷冻方舟计划在宣言中引用的"冷冻方舟的未来" *The Frozen Ark: Saving the DNA of Endangered Species*. http://www.frozenark.org/future-frozen-ark. accessed December 6, 2014.

【P141 "With its biblical reference"】"冷冻方舟计划援引了《圣经》……" Tracey Heatherington, "From Ecocide to Genetic Rescue: Can Technoscience Save the Wild?," In *The Anthropology of Extinction: Essays on Culture and Species Death*, ed. Genese Marie Sodikoff

(Bloomington and Indianapolis: Indiana University Press, 2012), 40.

【P142 “Loss of genetic diversity”】“遗传多样性的丧失反映了……” Bryan G. Norton, *Why Preserve Natural Variety*? (Princeton, NJ: Princeton University Press, 1990), 260.

【P143 “keep the endangered forest”】“在记录每一棵树的基因表征时，不要忽视了眼前濒临灭绝的森林” George Amato. “Moving Toward a More Integrated Approach.” In *Conservation Genetics in the Age of Genomics*, edited by George Amato, Howard C. Rosenbaum, Rob DeSalle, and Oliver A. Ryder. (New York: Columbia University Press, 2009), 36.

【P145 “I could not limit myself”】“我没有办法强迫自己……” Walters, Seeking the Sacred Raven, 110.

第 6 章　忒修斯之犀牛

【P149 “two bulls loomed out”】“两头雄犀牛在薄雾中若隐若现 ……” Ian Player. *The White Rhino Saga*. 1st edition. (New York: Stein and Day, 1973), 17.

【P154 “‘real essentialism’ and ‘three-dimensional individualism’”】“真实本质主义”和“三维个人主义” Julien Delord. “Can We Really ReCreate an Extinct Species by Cloning?” In *The Ethics of Animal Re-Creation and Modification: Reviving, Rewilding, Restoring*, edited by Markku Oksanen and Helena Siipi. (New York, Palgrave Macmillan, 2014), 28.

【P158 “pocket-sized Venus”】“时常身穿旧军装和军靴的袖珍维纳斯” Alan Root. *Ivory, Apes & Peacocks: Animals, Adventure and Discovery in the Wild Places of Africa*. (London: Chatto & Windus, 2012), 259.

【P158 “Kes is a formidable woman”】“凯斯是一位令人敬畏的女性……” Douglas Adams and Mark Carwardine, “Last Chance to See,” (repr., New York: Ballantine Books, 1992), 84.

【P162 “huge herds moving across”】“规模巨大的象群在无边无尽的空间中移动着” Kes Smith, ed., *Garamba: Conservation in Peace and War*, forthcoming.

【P174 “has run in parallel with”】“与一场令人心碎的大屠杀相重叠……” Alan Root, *Ivory, Apes & Peacocks: Animals, Adventure and Discovery in the Wild Places of Africa* (London: Chatto & Windus, 2012), 299.

第 7 章 旅鸽的重生

【P177 “feathered tribes”】“羽毛部族” Clark Hunter, ed., *The Life and Letters of Alexander Wilson*, Vol. 154 (Philadelphia: Memoirs of the American Philosophical Society, 1983), 100.

【P177 “While others are immersed”】“别人醉心于……” Ibid., 106.

【P177 “great Author of the Universe”】“不可解的第一因” Ibid., 269.

【P178 “There are such prodigious numbers”】“鸽子的数量太过惊人……” A. W. Schorger, *The Passenger Pigeon: Its History and Extinction* (Caldwell, NJ: Blackburn Press, 2004), 11.

【P178 “unearthly”】“只应天上有的超凡之音” A. W. Schorger, “The Great Wisconsin Passenger Pigeon Nesting of 1871,” *Passenger Pigeon: Monthly Bulletin of the Wisconsin Society of Ornithology* 1, no. 1 (February 1939): 31.

【P178 “When such myriads”】“像野鸽子这样胆小的鸟儿……” Schorger, *Passenger Pigeon*, 54.

【P178 “arose a roar, compared with”】“一阵轰鸣声响起……” Ibid., 189.

【P179 “The slaughter was terrible”】“屠杀的惨烈程度难以言喻” Ibid.

【P179 “The passenger pigeon needs no protection”】“旅鸽不需要保护……” Ibid., 225.

【P179 “If the world will endure”】“我敢打赌，如果地球还能存续一个世纪……” Ibid., 208.

【P180 “In due course, the day will come”】“在未来的某一天……” Mark V. Barrow Jr., *Nature’s Ghosts: Confronting Extinction from the Age of Jefferson to the Age of Ecology* (Chicago: University of Chicago Press, 2009), 127.

【P180 “This species became extinct”】“这个物种灭绝于……” Schorger, *Passenger Pigeon*, 230.

【P180 “culminating effort of Nature”】“大自然的力量巅峰” William Beebe, *The Bird: Its Form and Function* (1906; repr., Ulan Press, 2012), 17.

【P180 “Let us beware of needlessly”】“我们必须小心……” Ibid., 18.

【P184 “Since my childhood days”】“我从小就对旅鸽非常着……” George Landry, “The Final Tale of a Passenger Pigeon Named ‘*George*,” Exotic Dove website, accessed September 2013 www.exoticdove.com/P_pigeon /George_3.html.

【P185 “Like a dodo bird”】“和渡渡鸟一样……” Ben Novak, “Flights of Fancy: A Tiny Tube of Clear Liquid,” Project Passenger Pigeon, n.d., http://passengerpigeon.org/flights.html.

【P188 “deep ecological enrichment”】“深度生态富足” Ryan Phelan, “About TEDxDeExtinction and TED,” Revive & Restore, Long Now Foundation, accessed December 6, 2014, http://longnow.org/revive/events /tedxdeextinction/about/.

【P188 “genetic rescue” “What ‘Genetic Rescue’ Means,”】“基因拯救”“‘基因拯救’的含义” Revive & Restore, Long Now Foundation, accessed December 6, 2014, http://longnow.org/revive/what-we-do/genetic-rescue/.

【P188 “A bit of cloning can”】“我们只需要简单地克隆一下……” Stewart Brand, “Transcript of ‘The Dawn of de-Extinction. Are You Ready?,’” TED, March 2013, accessed December 6, 2014 https://www.

ted.com/talks/stewart _brand_the_dawn_of_de_extinction_are_you_ready/transcript.

【P189 “It was a wonderful movie” “Frequently Asked Questions,”】“这是一部精彩的电影……” “常见问题……” Revive & Restore, Long Now Foundation, accessed December 6, 2014, http://longnow.org/revive/faq/.

【P189 “the de-extinction of animals”】“反灭绝技术……” Antonio Regalado, “De-Extinction Startup, Ark Corporation, Could Engineer Animals, Humans.” *MIT Technology Review*, March 19, 2013. http://www.tech nologyreview.com/view/512671/a-stealthy-de-extinction-startup/.

【P190 “solve death”】“消灭死亡” Antonio Regalado, “Google’s New Company Calico to Try to Cheat Death,” *MIT Technology Review*, September 18, 2013, http://www.technologyreview.com/view/519456/goo gle-to-try-to-solve-death-lol/.

【P190 “The finality of extinction”】“灭绝的终结令人敬畏……” Peter Matthiessen, *The Peter Matthiessen Reader*, ed. Mckay Jenkins (New York: Vintage, 2000), 7.

【P190 “attenuate, even partially”】“缓解，哪怕是部分缓解……” George M. Church and Ed Regis, *Regenesis: How Synthetic Biology Will Reinvent Nature and Ourselves* (New York: Basic Books, 2014), 140.

【P191 “boutique”】“精致” Ibid., 143.

【P191 “We had this meeting”】“我和这些人开了这次会……”

Author interview with Joel Greenberg, July15, 2013.

【P192 "If the definition of 'endangered'"】"'濒危'的定义……" Jamie Rappaport Clark, "Politics of De-Extinction" (conference presentation, "De-Extinction: Ethics, Law & Politics," Stanford Law School, California, May 31, 2013), https://www.law.stanford.edu/event/2013/05/31/de-extinction-ethics-law-politics.

【P192 "Revived species are cool"】"复生的物种很棒……" Ibid.

【P193 "playing God"】"扮演上帝" Jay Odenbaugh, "Hubris and Naturalness" (conference presentation at "De-Extinction: Ethics, Law & Politics," Stanford University, California, May 31, 2013), https://www .law.stanford.edu/event/2013/05/31/de-extinction-ethics-law-politics.

【P193 "Define moral hazard"】"你能马上说出什么是……" "Justice, Hubris, and Moral Issues." Conference presentation, "De-Extinction: Ethics, Law & Politics, Stanford University, California, May 31, 2013. https://www.law .stanford.edu/event/2013/05/31/de-extinction-ethics-law-politics.

【P193 "non-tragic relationship to nature"】"与自然和保护建立起非悲剧的关系……" Jay Odenbaugh. "Justice, Hubris, and Moral Issues." Conference presentation, "De-Extinction: Ethics, Law & Politics, Stanford University, California, May 31, 2013. https://www.law.stanford.edu/event/2013/05/31/de-extinction-ethics-law-politics.

【P195 "Shipment of 100 barrels"】"连续40个工作日，每天运

出 100 桶……” Schorger, “Great Wisconsin Passenger Pigeon Nesting of 1871,” 23. “until the road was dotted” Schorger, Passenger Pigeon, vii.

【P195 “Deep, youthful impressions”】“早年留下的深刻印象……” Ibid.

【P195 “The conclusion is inescapable”】“不可避免的结论是……” Ibid., 229.

【P196 “This species was in danger”】“一个多世纪以来，旅鸽一直面临着灭绝的威胁……” Ibid., 223.

【P197 “social facilitation at low densities”】“低强度的社会促进……” Enrique H. Bucher, “The Causes of Extinction of the Passenger Pigeon,” *Current Ornithology*, volume 9 (New York: Plenum Press, 1992), 2.

【P197 “sucking up the laden fruits”】“它们吞噬着森林和草原上结出的丰硕果实……” Aldo Leopold, *A Sand County Almanac* (New York: Ballantine Books, 1986), 118.

【P199 “As moral agents”】“作为道德行为体……” Eric Katz, *Nature as Subject* (Lanham, Maryland: Rowman & Littlefield, 1996), xxv.

【P202 “interspecific chimeras”】“种间嵌合体” Marie-Cecile Van de Lavoir et al., “Interspecific Germline Transmission of Cultured Primordial Germ Cells,” *PLoS ONE 7*, no. 5 (May 21, 2012): e35664, doi:10.1371/ journal.pone.0035664.

【P202 “After two or three years”】“两三年后……” Ben Novak, “How to Bring Passenger Pigeons All the Way Back,” March 15, 2013. Revive & Restore, Long Now Foundation, accessed December 6, 2014, http:// longnow.org/revive/events/tedxdeextinction/.

【P204 “outbreak population”】“种群爆发” Charles C. Mann, “Unnatural Abundance,” Opinion sec., *New York Times*, November 25, 2004.

第 8 章 你好，穴居人

【P207 “what did happen to your”】“当时究竟发生了……” L. Sprague de Camp, “The Gnarly Man,” *Modern Classics of Fantasy*. edited by Gardner Dozois. (New York: St. Martin’s Press, 1997), 26.

【P208 “They could maybe even create”】“新尼安德特人甚至可能创造一种新的文化……” “George Church Explains How DNA Will Be Construction Material of the Future,” *Spiegel Online*, January 18, 2013, http://www.spiegel.de/inter national/zeitgeist/george-church-explains-how-dna-will-be-construction-material-of-the -future-a-877634.html.

【P208 “the question arises whether”】“问题在于……” George M. Church and Ed Regis, *Regenesis: How Synthetic Biology Will Reinvent Nature and Ourselves* (New York: Basic Books, 2014), 137.

【P209 “Wanted: ‘Adventurous woman’”】“寻人启事：求一位……” Allan Hall and Fiona Macrae, “Wanted: ‘Adventurous Woman’ to Give Birth to Neanderthal Man—Harvard Professor Seeks Mother for Cloned Cave Baby," *Daily Mail*, January 20, 2013. http://www.dailymail.co.uk/news/article-2265402/Adventurous-human-woman-wanted-birth-Neanderthal-man-Harvard-professor.html.

【P209 "Neanderthals were sentient human beings"】"尼安德特人毕竟是有感知能力的人类……" Svante Pääbo, "Neanderthals Are People, Too," *New York Times*, April 24, 2014, http://www.nytimes.com/2014/04/25/opinion/neanderthals -are-people-too.html.

【P214 "constantly expanding upward range"】"不断向上扩展" Stephen Jay Gould, *Wonderful Life: The Burgess Shale and the Nature of History* (New York: W. W. Norton, 1990), 233.

【P215 "In direct competition with Cro-Magnons"】"在与克罗马农人的直接竞争中……" Thomas Wynn and Frederick L. Coolidge, *How To Think Like a Neandertal* (New York: Oxford University Press, 2011), 187.

【P215 "Neanderthal people were"】"尼安德特人是我们的近亲……" Gould, *Wonderful Life*, 233.

【P216 "Why did one type"】"为什么有这样一种……" Pääbo, "Neanderthals Are People, Too."

【P217 "lacked reflective awareness"】"缺少文化反思……" Max Oelschlaeger. *The Idea of Wilderness: From Prehistory to the Age of Ecology*. (New Haven: Yale University Press, 1993), 11.

【P223 "The tree-in-itself"】"树的本质……" Andrew Iliadis, "Interview with Graham Harman (2)," *Figure/Ground: An Open-Source,*

Para-Academic, Inter-Disciplinary Collaboration, October 2, 2013, http://figure ground.org/interview-with-graham-harman-2/.

【P223 “Given that almost every problem”】“我们在 21 世纪面临的所有值得注意的问题……” Richard Grusin, ed., *The Nonhuman Turn* (Minneapolis: University of Minnesota Press, 2015), vii.

【P224 “An idea, a relationship”】“就像一种动物或一种植物一样，意识、关系都可以消失得净尽……” Bill McKibben, *The End of Nature* (New York: Random House Trade, 2006), 41.

尾声

【P228 “consciousness of space”】“空间意识” Christiane Ritter, *A Woman in the Polar Night* (1938; repr., Fairbanks: University of Alaska Press, 2010), 202.

【P228 “told of journeys”】“讲述了水上和冰上的旅行……” Ibid., 12.

【P228 “It won’ t be too lonely”】“你不会太孤单的……” Ibid.,13

【P228 “thick books in the remote quiet”】“在遥远的宁静中读大部头的书……” Ibid., 12

【P229 “arid picture of death”】“充满死亡和腐烂气息的……” Ibid., 30.

【P229 “One day melts into”】“一天连着一天……” Ibid., 41.

【P229 “when the reality of”】“现象世界的真实……” Ibid., 110.

【P230 “After a while my”】“过了一会儿，我的手……” Ibid., 94.

【P230 “The power of this”】“尽管肉体上感知不到……” Ibid., 98.

【P230 “as in biblical times”】“就像圣经时代的……” Ibid., 102.

【P230“stronger than all reason”】“比所有理性和记忆都更强烈的” Ibid., 211.

【P231 “tiny piece of coal”】“一块小小的煤炭” Ibid., 109.

【P231 “unfathomable gulf between”】“区区人类与永恒真理之间……” Ibid., 136.

【P231 “regional climate models”】“区域气候模型” C. Lang, X. Fettweis, and M. Erpicum. “Stable Climate and Surface Mass Balance in Svalbard over 1979—2013 despite the Arctic Warming.” *The Cryosphere* 9, no. 1 (January 8, 2015): 83. doi:10.5194/tc-9-83-2015.

【P231 “We see that there”】“我们发现……” Nilsen Thomas, “No Ice—No Cubs,” Barentsobserver, June 27, 2012, http:// barentsobserver.com/en/nature/no-ice-no-cubs-27-06.

【P232 “Every head of wild life”】“每一只仍然活在这个国家的野生生物……” Aldo Leopold. *Game Management*. (Madison, Univ of Wisconsin Press, 1987) xviii.

参考文献

Adams, Douglas, and Mark Carwardine. *Last Chance to See*. Reprint edition. New York: Ballantine Books, 1992.

Agapow, Paul-Michael, Olaf R. P. Bininda-Emonds, Keith A. Crandall, John L. Gittleman, Georgina M. Mace, Jonathon C. Marshall, and Andy Purvis. "The Impact of Species Concept on Biodiversity Studies." *The Quarterly Review of Biology*, Vol. 79, No. 2, June 2004. doi:10.1086/383542.

Aguilar, A. "A Review of Old Basque Whaling and Its Effect on the Right Whales (Eubalaena Glacialis) of the North Atlantic." *Report of the International Whaling Commission* (Special Issue), Vol. 10, 1986.

Alexander, Helen K., Guillaume Martin, Oliver Y. Martin, and Sebastian Bonhoeffer. "Evolutionary Rescue: Linking Theory for Conservation and Medicine." *Evolutionary Applications*, Vol. 7, Issue 10, December 2014. doi:10.1111/eva.12221.

Allendorf, Fred W., Paul A. Hohenlohe, and Gordon Luikart. "Genomics and the Future of Conservation Genetics." *Nature Reviews*

Genetics, Vol. 11, No. 10, October 2010. doi:10.1038/ nrg2844.

Allendorf, Fred W., Robb F. Leary, Paul Spruell, and John K. Wenburg. "The Problems with Hybrids: Setting Conservation Guidelines." *Trends in Ecology & Evolution*, Vol.16, No. 11 (2001).

Alvarez, Ken. *Twilight of the Panther: Biology, Bureaucracy and Failure in an Endangered Species Program*. Sarasota: Myakka River Publishing, 1993.

Amato, George D. "Species Hybridization and Protection of Endangered Animals." *Science*, Vol. 253, No. 5017, 1991.

Amato, George, Howard C. Rosenbaum, and Rob DeSalle. *Conservation Genetics in the Age of Genomics*. New York: Columbia University Press, 2009.

Anthes, Emily. *Frankenstein's Cat: Cuddling Up to Biotech's Brave New Beasts*. New York: Scientific American/Farrar, Straus and Giroux, 2014.

Arch, Victoria S., Corinne L. Richards-Zawaki, and Albert S. Feng. "Acoustic Communication in the Kihansi Spray Toad (Nectophrynoides Asperginis): Insights from a Captive Population." *Journal of Herpetology*, Vol. 45, No. 1, March 1, 2011. doi:10.1670/10-084.1.

Askins, Robert A. *Restoring North America's Birds: Lessons from Landscape Ecology*. New Haven: Yale University Press, 2000.

Avant, Deborah D. *The Market for Force: The Consequences of Privatizing Security*. Cambridge, UK, and New York: Cambridge

University Press, 2005.

Barkham, Selma Huxley. "The Basque Whaling Establishments in Labrador 1536–1632: A Summary." *Arctic*, Vol. 37, No. 4, December 1984.

Barrow, Mark V. Jr,. *Nature's Ghosts: Confronting Extinction from the Age of Jefferson to the Age of Ecology*. First edition. Chicago and London: University of Chicago Press, 2009.

Bass, Rick. *The Ninemile Wolves*. Boston: Mariner Books, 2003.

Bell, Michael A., and Windsor E. Aguirre. "Contemporary Evolution, Allelic Recycling, and Adaptive Radiation of the Threespine Stickleback." *Evolutionary Ecology Research*, Vol. 15, 2013.

Biermann, Christine, and Becky Mansfield. "Biodiversity, Purity, and Death: Conservation Biology as Biopolitics." *Environment and Planning D: Society and Space*, Vol. 32, No. 2, 2014. doi:10.1068/d13047p.

Blockstein, D. E. "Lyme Disease and the Passenger Pigeon?" *Science*, Vol. 279, No. 5358, March 20, 1998. doi:10.1126/science.279.5358.1831c.

Bogost, Ian. *Alien Phenomenology, or What It's Like to Be a Thing*. Minneapolis: University of Minnesota Press, 2012.

Brand, Stewart. *Whole Earth Discipline: Why Dense Cities, Nuclear Power, Transgenic Crops, Restored Wildlands, and Geoengineering Are Necessary*. New York: Penguin Books, 2010.

Brown, David E., ed. *The Wolf in the Southwest: The Making of an Endangered Species*. Silver City, NM: High Lonesome Books, 2002.

Bruce, Donald, and Ann Bruce. *Engineering Genesis: Ethics of Genetic Engineering in Non-Human Species*. New York: Routledge, 2014.

Bryant, Levi R. *The Democracy of Objects*. Ann Arbor: Open Humanities Press/Michigan Publishing, University of Michigan Library, 2011.

Bucher, Enrique H. "The Causes of Extinction of the Passenger Pigeon." *Current Ornithology*, Vol. 9. Dennis M. Power, ed. New York: Plenum Press, 1992.

Burgess, N. D., T. M. Butynski, N. J. Cordeiro, N. H. Doggart, J. Fjeldså, K. M. Howell, F. B.

Kilahama, et al. "The Biological Importance of the Eastern Arc Mountains of Tanzania and Kenya." *Biological Conservation*, Vol. 134, No. 2, January 2007. doi:10.1016/j. biocon.2006.08.015.

Burgess, N. D., J. Fjeldsa, and R. Botterweg. "Faunal Importance of the Eastern Arc Mountains of Kenya and Tanzania." *Journal of East African Natural History*, Vol. 87, No. 1, January 1, 1998. doi:10.2982/0012-8317(1998)87[37:FIOTEA]2.0.CO;2.

Callicott, J. Baird. *Beyond the Land Ethic: More Essays in Environmental Philosophy*. Albany: State University of New York Press, 1999.

———. “Rolston on Intrinsic Value: A Deconstruction.” *Environmental Ethics*, Vol. 14, No. 2, 1992. doi:10.5840/enviroethics199214229.

Carroll, Scott P., and Charles W. Fox, eds. *Conservation Biology: Evolution in Action*. Oxford, UK, and New York: Oxford University Press, 2008.

Carroll, S. P., P. S. Jorgensen, M. T. Kinnison, C. T. Bergstrom, R. F. Denison, P. Gluckman, T. B. Smith, S. Y. Strauss, and B. E. Tabashnik. “Applying Evolutionary Biology to Address Global Challenges.” *Science*, Vol. 346, No. 6207, October 17, 2014. doi:10.1126/science.1245993.

Chernela, Janet. “A Species Apart: Ideology, Science, and the End of Life.” In *The Anthropology of Extinction: Essays on Culture and Species Death*, edited by Genese Marie Sodikoff. Bloomington: Indiana University Press, 2012.

Church, George M., and Ed Regis. *Regenesis: How Synthetic Biology Will Reinvent Nature and Ourselves*. New York: Basic Books, 2014.

Cole, Timothy V. N., Philip Hamilton, Allison Glass Henry, Peter Duley, Richard M. Pace, Bradley N. White, and Tim Frasier. “Evidence of a North Atlantic Right Whale Eubalaena Glacialis Mating Ground.” *Endangered Species Research*, Vol. 21, No. 1, July 3, 2013. doi:10.3354/esr00507.

Collins, James P., and Andrew Storfer. “Global Amphibian Declines: Sorting the Hypotheses.” *Diversity and Distributions*, Vol. 9, No. 2, March 1, 2003. doi:10.1046/j.1472-4642.2003.00012.x.

Collyer, Michael L., Jeffrey S. Heilveil, and Craig A. Stockwell. “Contemporary Evolutionary Divergence for a Protected Species Following Assisted Colonization.” *PLoS ONE*, Vol. 6, No. 8, e22310, August 31, 2011. doi:10.1371/journal.pone.0022310.

Collyer, Michael L., James M. Novak, Craig A. Stockwell, and M. E. Douglas. “Morphological Divergence of Native and Recently Established Populations of White Sands Pupfish (Cyprinodon Tularosa).” *Copeia*, No. 1, 2005.

Corthals, Angelique, and Rob Desalle. “An Application of Tissue and DNA Banking for Genomics and Conservation: The Ambrose Monell Cryo-Collection (AMCC).” *Systematic Biology*, Vol. 54, No. 5, October 1, 2005. doi:10.1080/10635150590950353.

Costello, M. J., R. M. May, and N. E. Stork. “Can We Name Earth’ s Species Before They Go Extinct?” *Science*, Vol. 339, No. 6118, January 25, 2013. doi:10.1126/science.1230318.

Craig Pittman. “Saga of Florida Panther Is ‘Sordid Story.’” *Tampa Bay Times*, April 16, 2010. http://www.tampabay.com/news/environment/wildlife/saga-of-florida-panther-is-sordid-story/1087965.

Darwin, Charles. *On the Origin of Species by Means of Natural Selection, or the Preservation of Favoured Races in the Struggle for Life*.

London: W. Clowes and Sons, 1859.

Day, J. J., J. L. Bamber, P. J. Valdes, and J. Kohler. "The Impact of a Seasonally Ice Free Arctic Ocean on the Temperature, Precipitation and Surface Mass Balance of Svalbard." *The Cryosphere*, Vol. 6, No. 1, January 10, 2012. doi:10.5194/tc-6-35-2012.

Delord, Julien. "Can We Really Re-Create an Extinct Species by Cloning?" In *The Ethics of Animal Re-Creation and Modification: Reviving, Rewilding*, Restoring, edited by Markku Oksanen and Helena Siipi. New York: Palgrave Macmillan, 2014.

DeSalle, Rob, and George Amato. "The Expansion of Conservation Genetics." *Nature Reviews Genetics*, Vol. 5, No. 9, September 2004. doi:10.1038/nrg1425.

Dolin, Eric Jay. *Leviathan: The History of Whaling in America*. New York: W. W. Norton & Company, 2008.

Eldredge, Niles. *Reinventing Darwin: Great Evolutionary Debate*. London: Weidenfeld & Nicolson, 1995.

Elliot, Robert. "Faking Nature." *Inquiry*, Vol. 25, No. 1, January 1, 1982. doi:10.1080/0020174820 8601955.

Fiege, Mark. *The Republic of Nature: An Environmental History of the United States*. Reprint edition. Seattle: University of Washington Press, 2013.

Fisher, Diana O., and Simon P. Blomberg. "Correlates of Rediscovery and the Detectability of Extinction in Mammals."

Proceedings of the Royal Society of London B: Biological Sciences, Vol. 278, No. 1708 (April 7, 2011). doi:10.1098/rspb.2010.1579.

Fisher, Matthew C., and Trenton W. J. Garner. “The Relationship between the Emergence of Batrachochytrium Dendrobatidis, the International Trade in Amphibians and Introduced Amphibian Species.” *Fungal Biology Reviews*, Vol. 21, No. 1, February 2007. doi:10.1016/j.fbr.2007.02.002.

Fitch, W. M., and F. J. Ayala. “Tempo and Mode in Evolution.” *Proceedings of the National Academy of Sciences of the United States of America*, Vol. 91, No. 15, July 19, 1994.

Fletcher, Amy L. “Mendel’ s Ark: Conservation Genetics and the Future of Extinction.” *Review of Policy Research*, Vol. 25, No. 6, 2008. doi:10.1111/j.1541-1338.2008.00367_1.x.

Folch, J., M. J. Cocero, P. Chesné, J. L. Alabart, V. Domínguez, Y. Cognié, A. Roche, et al. “First Birth of an Animal from an Extinct Subspecies (Capra Pyrenaica Pyrenaica) by Cloning.” *Theriogenology*, Vol. 71, No. 6, April 1, 2009. doi:10.1016/j.theriogenology.2008.11.005.

Frankel, Otto H. “Genetic Conservation: Our Evolutionary Responsibility.” *Genetics*, Vol. 78, No. 1, 1974.

Frankham, Richard, Jonathan D. Ballou, and David A. Briscoe. *Introduction to Conservation Genetics*. 2nd edition. Cambridge: Cambridge University Press, 2010.

Frankham, Richard, Jonathan D. Ballou, Michele R. Dudash, Mark D. B. Eldridge, Charles B. Fenster, Robert C. Lacy, Joseph R. Mendelson, Ingrid J. Porton, Katherine Ralls, and Oliver A. Ryder. "Implications of Different Species Concepts for Conserving Biodiversity." *Biological Conservation*, Vol. 153, September 2012. doi:10.1016/j.biocon.2012.04.034.

Franklin, I. R., and R. Frankham. "How Large Must Populations Be to Retain Evolutionary Potential?" *Animal Conservation*, Vol. 1, No. 1, February 1998. doi:10.1017/S13679430982 11103.

Frasier, T. R., P. K. Hamilton, M. W. Brown, L. A. Conger, A. R. Knowlton, M. K. Marx, C. K. Slay, S. D. Kraus, and B. N. White. "Patterns of Male Reproductive Success in a Highly Promiscuous Whale Species: The Endangered North Atlantic Right Whale." *Molecular Ecology*, Vol. 16, No. 24, December 2007. doi:10.1111/j.1365-294X.2007.03570.x.

Friedrich Ben-Nun, Inbar, Susanne C. Montague, Marlys L. Houck, Ha T. Tran, Ibon Garitaonandia, Trevor R. Leonardo, Yu-Chieh Wang, et al. "Induced Pluripotent Stem Cells from Highly Endangered Species." *Nature Methods*, Vol. 8, No. 10. September 4, 2011. doi:10.1038/nmeth.1706.

Fujiwara, Masami, and Hal Caswell. "Demography of the Endangered North Atlantic Right Whale." *Nature*, Vol. 414, No. 6863, November 29, 2001. doi:10.1038/35107054.

Genome 10K Community of Scientists. "Genome 10K: A Proposal to Obtain Whole-Genome Sequence for 10,000 Vertebrate Species." *Journal of Heredity*, Vol. 100, No. 6, November 1, 2009. doi:10.1093/jhered/esp086.

Ghiselin, Michael T. "A Radical Solution to the Species Problem." *Systematic Biology*, Vol. 23, No. 4, December 1, 1974. doi:10.1093/sysbio/23.4.536.

Gingerich, P. D. "Quantification and Comparison of Evolutionary Rates." *American Journal of Science*, Vol. 293-A, January 1, 1993. doi:10.2475/ajs.293.A.453.

Gonzalez, Andrew, Ophélie Ronce, Regis Ferriere, and Michael E. Hochberg. "Evolutionary Rescue: An Emerging Focus at the Intersection between Ecology and Evolution." *Philosophical Transactions of the Royal Society B: Biological Sciences*, Vol. 368, No. 1610, January 19, 2013. doi:10.1098/rstb.2012.0404.

Gould, Stephen Jay. *An Urchin in the Storm: Essays about Books and Ideas*. New York: W. W. Norton & Company, 1988.

———. *Wonderful Life: The Burgess Shale and the Nature of History*. New York: W. W. Norton & Company, 1990.

———. "Tempo and Mode in the Macroevolutionary Reconstruction of Darwinism." *Proceedings of the National Academy of Sciences of the United States of America*, Vol. 91, No. 15, July 19, 1994.

Greenberg, Joel. A Feathered River *Across the Sky: The Passenger*

Pigeon's Flight to Extinction. New York: Bloomsbury, 2014.

Greene, Charles H., Andrew J. Pershing, Robert D. Kenney, and Jack W. Jossi. "Impact of Climate Variability on the Recovery of Endangered North Atlantic Right Whales." *Oceanography*, Vol 16, No. 4, 2003.

Grenier, Robert. "The Basque Whaling Ship from Red Bay, Labrador: A Treasure Trove of Data on Iberian Atlantic Shipbuilding Design and Techniques in the Mid-16th Century." In *Trabalhos de Arqueologia 18—Proceedings. International Symposium on Archaeology of Medieval and Modern Ships of Iberian-Atlantic Tradition. Hull Remains, Manuscripts and Ethnographic Sources: A Comparative Approach, ed. Francisco Alves*. Lisbon: Centro Nacional de Arqueologia Nautica e Subaquatica/Academia de Marinha, 1998.

Grusin, Richard, ed. *The Nonhuman Turn*. Minneapolis: University of Minnesota Press, 2015.

Halliday, T. R. "The Extinction of the Passenger Pigeon Ectopistes Migratorius and Its Relevance to Contemporary Conservation." *Biological Conservation*, Vol. 17, 1980.

Hambler, Clive, Peter A. Henderson, and Martin R. Speight. "Extinction Rates, ExtinctionProne Habitats, and Indicator Groups in Britain and at Larger Scales." *Biological Conservation*, Vol. 144, No. 2 (February 2011). doi:10.1016/j.biocon.2010.09.004.

Harman, Graham. *Guerrilla Metaphysics: Phenomenology and the*

Carpentry of Things. Chicago: Open Court, 2005.

Harrison, K. David. *When Languages Die: The Extinction of the World's Languages and the Erosion of Human Knowledge*. Oxford: Oxford University Press, 2008.

Heatherington, Tracey. "From Ecocide to Genetic Rescue: Can Technoscience Save the Wild?" In *The Anthropology of Extinction: Essays on Culture and Species Death*, edited by Genese Marie Sodikoff. Bloomington and Indianapolis: Indiana University Press, 2012.

Hedrick, Philip W. "Gene Flow and Genetic Restoration: The Florida Panther as a Case Study." *Conservation Biology*, Vol, 9, No. 5, October 1, 1995. doi:10.1046/j.1523-1739.1995.9050988.x-i1.

Hedrick, Philip W., and Richard Fredrickson. "Genetic Rescue Guidelines with Examples from Mexican Wolves and Florida Panthers." *Conservation Genetics*, Vol. 11, No. 2, April 2010. doi:10.1007/s10592-009-9999-5.

Hedrick, P. W., and R. J. Fredrickson. "Captive Breeding and the Reintroduction of Mexican and Red Wolves." *Molecular Ecology*, Vol. 17, No. 1, January 2008. doi:10.1111/j.1365-294X. 2007.03400.x.

He, Fangliang, and Stephen P. Hubbell. "Species-Area Relationships Always Overestimate Extinction Rates from Habitat Loss." *Nature*, Vol. 473, No. 7347, May 19, 2011. doi:10.1038/nature09985.

Hendry, A. P., and M. T. Kinnison. "An Introduction to

Microevolution: Rate, Pattern, Process." *Genetica*, Vol. 112–113, November 1, 2001. doi:10.1023/A:1013368628607.

———. "The Pace of Modern Life: Measuring Rates of Contemporary Microevolution." *Evolution*, Vol. 53, No. 6, December 1999.

———. "The Pace of Modern Life II: From Rates of Contemporary Microevolution to Pattern and Process." *Genetica*, Vol. 112–113, 2001. doi:10.1023/A:1013375419520.

Hey, Jody. *Genes, Categories, and Species: The Evolutionary and Cognitive Cause of the Species Problem*. Oxford: Oxford University Press, 2001.

Hickey, Joseph J. "In Memoriam: Arlie William Schorger." *The Auk*, Vol. 90, July 1973.

Hillman Smith, Kes, and Fraser Smith. "Conservation Crises and Potential Solutions: Example of Garamba National Park Democratic Republic of Congo." Presented at the Second World Congress of the International Ranger Federation. Costa Rica, September 25, 1997.

Holmberg, Tora, Nete Schwennesen, and Andrew Webster. "Bio-Objects and the Bio-Objectification Process." *Croatian Medical Journal*, Vol. 52, No. 6 (December 2011): 740–42. doi:10.3325/cmj.2011.52.740.

Hostetler, Jeffrey A., David P. Onorato, Deborah Jansen, and Madan K. Oli. "A Cat' s Tale: The Impact of Genetic Restoration on Florida Panther Population Dynamics and Persistence." *Journal of Animal Ecology*, Vol. 82, No. 3, May 2013. doi:10.1111/1365-2656.12033.

Hunter Clark, ed. *The Life and Letters of Alexander Wilson*. Vol. 154. Philadelphia: Memoirs of the American Philosophical Society 1983.

Iliadis, Andrew. "Interview with Graham Harman (2)." *Figure/Ground: An Open-Source, Para-Academic, Inter-Disciplinary Collaboration*, October 2, 2013. http://figureground.org/interview-with-graham-harman-2/.

Johnson, Phillip. "The Extinction of Darwinism: Review of 'Extinction: Bad Gene or Bad Luck' by David M. Raup." *The Atlantic*, February 1992. http://www.arn.org/docs/johnson/raup.htm.

Johnson, W. E., D. P. Onorato, M. E. Roelke, E. D. Land, M. Cunningham, R. C. Belden, R. McBride, et al. "Genetic Restoration of the Florida Panther." *Science*, Vol. 329, No. 5999, September 24, 2010. doi:10.1126/science.1192891.

Kaliszewska, Zofia A., Jon Seger, Victoria J. Rowntree, Susan G. Barco, Rafael Benegas, Peter B. Best, Moira W. Brown, et al. "Population Histories of Right Whales (Cetacea: Eubalaena) Inferred from Mitochondrial Sequence Diversities and Divergences of Their Whale Lice (Amphipoda: Cyamus)." *Molecular Ecology*, Vol. 14, No. 11, October 2005. doi:10.1111/j.1365-294X.2005.02664.x.

Kaplan, Matt. *The Science of Monsters: The Origins of the Creatures*

We Love to Fear. New York: Simon and Schuster, 2013.

Katz, Eric. *Nature as Subject*. Lanham: Rowman & Littlefield Publishers, 1996.

Katz, Eric, and Andrew Light, eds. *Environmental Pragmatism*. London: Routledge, 1996.

Kautz, Randy, Robert Kawula, Thomas Hoctor, Jane Comiskey, Deborah Jansen, Dawn Jennings, John Kasbohm, et al. "How Much Is Enough? Landscape-Scale Conservation for the Florida Panther." *Biological Conservation*, Vol. 130, No. 1, June 2006. doi:10.1016/j.biocon.2005.12.007.

Kosek, Jake. *Understories: The Political Life of Forests in Northern New Mexico*. Durham: Duke University Press Books, 2006.

Kouba, Andrew J., Rhiannon E. Lloyd, Marlys L. Houck, Aimee J. Silla, Natalie Calatayud, Vance L. Trudeau, John Clulow, et al. "Emerging Trends for Biobanking Amphibian Genetic Resources: The Hope, Reality and Challenges for the Next Decade." *Biological Conservation*, Vol. 164, August 2013. doi:10.1016/j.biocon.2013.03.010.

Kraus, Scott D., and Rosalind M. Rolland. *The Urban Whale: North Atlantic Right Whales at the Crossroads*, Cambridge, MA: Harvard University Press, 2010.

Krisch, Joshua A. "New Study Offers Clues to Swift Arctic Extinction." *The New York Times*, August 28, 2014.

Lang, C., X. Fettweis, and M. Erpicum. “Stable Climate and Surface Mass Balance in Svalbard over 1979–2013 despite the Arctic Warming.” *The Cryosphere*, Vol. 9, No. 1 (January 8, 2015): 83–101. doi:10.5194/tc-9-83-2015.

Lee, S., K. Zippel, L. Ramos, and J. Searle. “Captive-Breeding Programme for the Kihansi Spray Toad Nectophrynoides Asperginis at the Wildlife Conservation Society, Bronx, New York.” *International Zoo Yearbook*, Vol. 40, No. 1, July 1, 2006. doi:10.1111/j.1748-1090.2006.00241.x.

Leopold, Aldo. *A Sand County Almanac*. New York: Ballantine Books, 1986.

———. *Game Management. Madison*: University of Wisconsin Press, 1987.

Lestel, Dominique. “The Withering of Shared Life through the Loss of Biodiversity.” *Social Science Information*, Vol. 52, No. 2, June 1, 2013. doi:10.1177/0539018413478325.

Lévi-Strauss, Claude. *The Savage Mind*. Chicago: University of Chicago Press, 1966.

Levy, Sharon. *Once and Future Giants: What Ice Age Extinctions Tell Us About the Fate of Earth's Largest Animals*. Oxford: Oxford University Press, 2011.

Lieberman, Alan. “Alala Egg That Changed the Future.” Hawaiian Birds, San Diego Zoo, January 8, 2013. http://blogs.sandiegozoo.

org/2013/01/08/alala-egg-changed-future/.

Light, Andrew, and Holmes Rolston III, eds. *Environmental Ethics: An Anthology*. Malden: Wiley-Blackwell, 2002.

Lippsett, Lonny. "Diving into the Right Whale Gene Pool." *Oceanus Magazine*, Vol. 44, No. 3, December 3, 2005.

Lopez, Barry. *Arctic Dreams*. New York: Vintage, 2001.

MacPhee, R. D. E. *Extinctions in Near Time*. New York: Springer Science & Business Media, 1999.

Maehr, David. *The Florida Panther: Life and Death of a Vanishing Carnivore*. Washington, DC: Island Press, 1997.

Maehr, D. S., P. Crowley, J. J. Cox, M. J. Lacki, J. L. Larkin, T. S. Hoctor, L. D. Harris, and P. M. Hall. "Of Cats and Haruspices: Genetic Intervention in the Florida Panther. Response to Pimm et al. (2006)." *Animal Conservation*, Vol. 9, No. 2, May 2006. doi:10.1111/j.1469-1795.2005.00019.x.

Mann, Charles C. "Unnatural Abundance." *The New York Times*, November 25, 2004, opinion section.

Marchant, Jo. "Evolution Machine: Genetic Engineering on Fast Forward." *New Scientist*, Issue 2818, June 27, 2011.

Martinelli, Lucia, Markku Oksanen, and Helena Siipi. "De-Extinction: A Novel and Remarkable Case of Bio-Objectification." *Croatian Medical Journal*, Vol. 55, No. 4, August 2014. doi:10.3325/cmj.2014.55.423.

Martínez-Moreno, Jorge, Rafael Mora, and Ignacio de la Torre. "The Middle-to-Upper Palaeolithic Transition in Cova Gran (Catalunya, Spain) and the Extinction of Neanderthals in the Iberian Peninsula." *Journal of Human Evolution*, Vol. 58, No. 3, March 2010. doi:10.1016/j.jhevol.2009.09.002.

Marzluff, John M., Tony Angell, and Paul R. Ehrlich. *In the Company of Crows and Ravens*. New Haven: Yale University Press, 2007.

Matthiessen, Peter. *Wildlife in America*. New York: Penguin Books, 1978.

———. *The Peter Matthiessen Reader*. Edited by McKay Jenkins. New York: Vintage, 2000.

———. *The Snow Leopard*. New York: Penguin Classics, 2008.

———. *African Silences*. New York: Vintage, 2012.

Matthiessen, Peter, and Maurice Hornocker. *Tigers in the Snow.* New York: North Point Press, 2001.

Mayr, Ernst. "What Is a Species, and What Is Not?" *Philosophy of Science*. Vol. 63, No. 2, June 1996.

McBride, Roy T. *The Mexican Wolf (Canis Lupus Baileyi): A Historical Review and Observations on Its Status and Distribution: A Progress Report to the U.S. Fish and Wildlife Service*. U.S. Fish and Wildlife Service, 1980.

———. "Three Decades of Searching South Florida for Panthers."

Presented at the Proceedings of The Florida Panther Conference, Fort Myers, Florida, November 1, 1994.

McCabe, Robert A. "A. W. Schorger: Naturalist and Writer." *The Passenger Pigeon*, Vol. 55, No. 4, Winter 1993.

McCarthy, Cormac. *The Crossing*. New York: Alfred A. Knopf, 1994.

McCarthy, Michael A., Colin J. Thompson, and Stephen T. Garnett. "Optimal Investment in Conservation of Species." *Journal of Applied Ecology*. Vol. 45, No. 5, October 1, 2008. doi:10.1111/j.1365-2664.2008.01521.x.

McKibben, Bill. *The End of Nature*. New York: Random House Trade Paperbacks, 2006.

McLeod, B. A., Moira W. Brown, Michael J. Moore, W. Stevens, Selma H. Barkham, Michael Barkham, and B. N. White. "Bowhead Whales, and Not Right Whales, Were the Primary Target of 16th-to 17th-Century Basque Whalers in the Western North Atlantic." *Arctic*, Vol. 61, No. 1, 2008.

McLeod, Brenna A., Moira W. Brown, Timothy R. Frasier, and Bradley N. White. "DNA Profile of a Sixteenth Century Western North Atlantic Right Whale (Eubalaena Glacialis)." *Conservation Genetics*, Vol. 11, No. 1, February 2010. doi:10.1007/s10592-009-9811-6.

Meinzer, Oscar Edward, and Raleigh Frederick Hare. *Geology and Water Resources of Tularosa Basin, New Mexico*, Vol. 343. Washington,

DC: United States Geological Survey, Department of the Interior, 1915.

Melville, Herman. *Moby Dick: Or the Whale*. London: Modern Library, 1992.

Milledge, Simon A. H. "Illegal Killing of African Rhinos and Horn Trade, 2000–2005: The Era of Resurgent Markets and Emerging Organized Crime." *Pachyderm*, No. 43, 2007.

Miller, Claire. "Great Barrier Reef 'on Ice.'" *Frontiers in Ecology and the Environment*, Vol.10, No. 2, March 2012.

Miller, Robert Rush, and Anthony A. Echelle. "Cyprinodon Tularosa, a New Cyprinodontid Fish from the Tularosa Basin, New Mexico." *The Southwestern Naturalist*. Vol. 19, No. 4, January 20, 1975. doi:10.2307/3670395.

Miller, Webb, Vanessa M. Hayes, Aakrosh Ratan, Desiree C. Petersen, Nicola E. Wittekindt.

Jason Miller, Brian Walenz, et al. "Genetic Diversity and Population Structure of the Endangered Marsupial Sarcophilus Harrisii (Tasmanian Devil)." *Proceedings of the National Academy of Sciences*, Vol. 108, No. 30, July 26, 2011. doi:10.1073/pnas.1102838108.

Milot, E., H. Weimerskirch, P. Duchesne, and L. Bernatchez. "Surviving with Low Genetic Diversity: The Case of Albatrosses." *Proceedings of the Royal Society B: Biological Sciences*, Vol. 274, No. 1611, March 22, 2007. doi:10.1098/rspb.2006.0221.

Minard, Anne. "West Nile Devastated Bird Species." *National*

Geographic News, May 16, 2007.

———. "'Reverse Evolution' Discovered in Seattle Fish." *National Geographic News*, May 20, 2008.

Moore, Michael J. "Rosita Voyage Log." "*Rosita*" —*Voyage of Discovery*, 2004. www.whale.wheelock.edu/Rosita/.

Morton, Timothy. *Ecology without Nature: Rethinking Environmental Aesthetics*. Cambridge: Harvard University Press, 2009.

———. "Here Comes Everything: The Promise of Object-Oriented Ontology." *Qui Parle: Critical Humanities and Social Sciences*, Vol. 19, No. 2, 2011.

———. "Sublime Objects." *Speculations*, Vol. 2, 2011.

———. *Hyperobjects: Philosophy and Ecology after the End of the World*. Minneapolis: University of Minnesota Press, 2013.

Muir, John, and Peter Jenkins. *A Thousand-Mile Walk to the Gulf*. Boston: Mariner Books, 1998.

"Multiplex Automated Genomic Engineering (MAGE): A Machine That Speeds up Evolution Is Revolutionizing Genome Design." *Wyss Institute*. www.wyss.harvard.edu/viewpage/330/.

Myers, Norman. *The Sinking Ark: A New Look at the Problem of Disappearing Species*. Oxford: Pergamon Press, 1979.

Nagel, Thomas. "What Is It Like to Be a Bat?" *The Philosophical Review*, Vol. 83, No. 4, October 1, 1974. doi:10.2307/2183914.

National Resource Council. *The Scientific Bases for the Preservation of the Hawaiian Crow*, 1992. http://www.nap.edu/catalog/2023/the-scientific-bases-for-the-preservation-of-the-hawaiian-crow.

Nelson, Barney, ed. *God's Country or Devil's Playground: The Best Nature Writing from the Big Bend of Texas*. Austin: University of Texas Press, 2002.

Neumann, Thomas W. "Human-Wildlife Competition and the Passenger Pigeon: Population Growth from System Destabilization." *Human Ecology*, Vol. 13, No. 4, December 1985. doi:10.1007/BF01531152.

Newmark, W. D. "Forest Area, Fragmentation, and Loss in the Eastern Arc Mountains: Implications for the Conservation of Biological Diversity." *Journal of East African Natural History*, Vol. 87, No. 1, January 1, 1998. doi:10.2982/0012-8317(1998)87[29:FAFALI]2.0.CO;2.

———. *Conserving Biodiversity in East African Forests: A Study of the Eastern Arc Mountains*. New York: Springer Science & Business Media, 2002.

Norton, Bryan G. "Environmental Ethics and Weak Anthropocentrism." *Environmental Ethics*, Vol. 6, No. 2, 1984. doi:10.5840/enviroethics19846233.

———. *Why Preserve Natural Variety*?. Princeton: Princeton University Press, 1990.

———. "Epistemology and Environmental Values." *Monist*, Vol.

75, No. 2, April 1992.

———. "Why I am Not a Nonanthropocentrist: Callicott and the Failure of Monistic Inherentism." *Environmental Ethics*, Vol. 17, No. 4, 1995. doi:10.5840/enviroethics19951743.

Norton, Bryan G., Michael Hutchins, Elizabeth F. Stevens, and Terry L. Maple, eds. *Ethics on the Ark*. Washington, DC: Smithsonian Books, 1996.

Novak, Ben. "Flights of Fancy: A Tiny Tube of Clear Liquid." Project Passenger Pigeon—Memoirs, Stories, Paintings, Poems. http://passengerpigeon.org/flights.html.

———. "How to Bring Passenger Pigeons All the Way Back." Presentation at the TedX DeExtinction, Washington, DC, March 15, 2013.

O' Brien, Stephen J. *Tears of the Cheetah: The Genetic Secrets of Our Animal Ancestors*. New York: St. Martin' s Griffin, 2005.

O' Brien, Stephen J., and Ernst Mayr. "Bureaucratic Mischief: Recognizing Endangered Species and Subspecies." *Science*, Vol. 51, No. 4998, March 8, 1991.

Oelschlaeger, Max. *The Idea of Wilderness: From Prehistory to the Age of Ecology*. New Haven: Yale University Press, 1993.

Oksanen, Markku, and Helena Siipi, eds. *The Ethics of Animal Re-Creation and Modification: Reviving, Rewilding, Restoring*. New York: Palgrave Macmillan, 2014.

Ozgo, Małgorzata. “Rapid Evolution and the Potential for Evolutionary Rescue in Land Snails.” *Journal of Molluscan Studies*, May 5, 2014. doi:10.1093/mollus/eyu029.

Palkovacs, Eric P., Michael T. Kinnison, Cristian Correa, Christopher M. Dalton, and Andrew P. Hendry. “Fates beyond Traits: Ecological Consequences of Human-Induced Trait Change.” *Evolutionary Applications*, Vol. 5, Mo. 2, February 2012. doi:10.1111/j.1752-4571.2011.00212.x.

Palumbi, Stephen R. *The Evolution Explosion: How Humans Cause Rapid Evolutionary Change*. New York: W. W. Norton & Company, 2002.

Parry, Bronwyn. “The Fate of the Collections: Social Justice and the Annexation of Plant Genetic Resources.” In *People, Plants, and Justice: The Politics of Nature Conservation*, ed. Charles Zerner. New York: Columbia University Press, 2000.

Patenaude, N. J., V. A. Portway, C. M. Schaeff, J. L. Bannister, P. B. Best, R. S. Payne, V. J. Rowntree, M. Rivarola, and C. S. Baker. “Mitochondrial DNA Diversity and Population Structure among Southern Right Whales (Eubalaena Australis).” *Journal of Heredity*, Vol. 98, No. 2, January 6, 2007. doi:10.1093/jhered/esm005.

Pershing, Andrew J. and Charles H. Greene. “Climate and the Conservation Biology of North Atlantic Right Whales: Being a Right Whale at the Wrong Time?” Accessed December 4,

2014. http://oceandata.gmri.org/environmentalprediction/docs/FrontiersinEcologyand theEnvironment_2_29-34.pdf.

Pigliucci, Massimo. "Wittgenstein Solves (Posthumously) the Species Problem." *Philosophy Now*, No. 51, March/April, 2005.

Pimm, S. L., L. Dollar, and O. L. Bass. "The Genetic Rescue of the Florida Panther." *Animal Conservation*, Vol. 9, No. 2, May 2006. doi:10.1111/j.1469-1795.2005.00010.x.

Pittenger, John S., and Craig L. Springer. "Native Range and Conservation of the White Sands Pupfish (Cyprinodon Tularosa)." *The Southwestern Naturalist*, Vol. 44, No. 2, June 1999.

Player, Ian, and Alan Paton. *The White Rhino Saga*. New York: Stein and Day, 1973.

Pond, David W., and Geraint A. Tarling. "Phase Transitions of Wax Esters Adjust Buoyancy in Diapausing Calanoides Acutus." *Limnology and Oceanography*, Vol. 56, No. 4, 2011. doi:10.4319/lo.2011.56.4.1310.

Pounds, J. Alan. "Climate and Amphibian Declines." *Nature*, Vol. 410, No. 6829, April 5, 2001. doi:10.1038/35070683.

Pounds, J. Alan, Martín R. Bustamante, Luis A. Coloma, Jamie A. Consuegra, Michael P. L. Fogden, Pru N. Foster, Enrique La Marca, et al. "Widespread Amphibian Extinctions from Epidemic Disease Driven by Global Warming." *Nature*, Vol. 439, No. 7073, January 12, 2006. doi:10.1038/nature04246.

Powell, Alvin. *The Race to Save the World's Rarest Bird: The Discovery and Death of the Po'ouli*. Mechanicsburg, PA: Stackpole Books, 2008.

Poynton, John C., Kim M. Howell, Barry T. Clarke, and Jon C. Lovett. "A Critically Endangered New Species of Nectophrynoides (Anura: Bufonidae) from the Kihansi Gorge, Udzungwa Mountains, Tanzania." *African Journal of Herpetology*, Vol. 47, No. 2, January 1, 1998. doi: 10.1080/21564574.1998.9650003.

Pratt, Thane K., Carter T. Atkinson, Paul Christian Banko, James D. Jacobi, and Bethany Lee Woodworth, eds. *Conservation Biology of Hawaiian Forest Birds: Implications for Island Avifauna*. New Haven: Yale University Press, 2009.

Preston, Christopher J., and Wayne Ouderkirk, eds. *Nature, Value, Duty: Life on Earth with Holmes Rolston, III*. The International Library of Environmental, Agricultural and Food Ethics. Houten: Springer Netherlands, 2010.

Preston, Douglas J. *Dinosaurs in the Attic: An Excursion into the American Museum of Natural History*. New York: St. Martin' s Griffin, 1993.

Proença, Vânia, and Henrique Miguel Pereira. "Comparing Extinction Rates: Past, Present, and Future." In *Encyclopedia of Biodiversity*. Elsevier, 2013.

Quammen, David. *The Song of the Dodo: Island Biogeography in an Age of Extinction*. New York: Scribner, 1997.

Radin, J. "Latent Life: Concepts and Practices of Human Tissue Preservation in the International Biological Program." *Social Studies of Science*, Vol. 43, No. 4, August 1, 2013. doi:10.1177/0306312713476131.

Rastogi, Toolika, Moira W. Brown, Brenna A. McLeod, Timothy R. Frasier, Robert Grenier, Stephen L. Cumbaa, Jeya Nadarajah, and Bradley N. White. "Genetic Analysis of 16thCentury Whale Bones Prompts a Revision of the Impact of Basque Whaling on Right and Bowhead Whales in the Western North Atlantic." *Canadian Journal of Zoology*, Vol. 82, No. 10, October 2004. doi:10.1139/z04-146.

Redford, Kent H., George Amato, Jonathan Baillie, Pablo Beldomenico, Elizabeth L. Bennett, Nancy Clum, Robert Cook, et al. "What Does It Mean to Successfully Conserve a (Vertebrate) Species?" *BioScience*, Vol. 61, No. 1, January 2011. doi:10.1525/bio.2011.61.1.9.

Reed, D. H. "Albatrosses, Eagles and Newts, Oh My!: Exceptions to the Prevailing Paradigm Concerning Genetic Diversity and Population Viability?: Genetic Diversity and Extinction." *Animal Conservation*, Vol. 13, No. 5, June 1, 2010. doi:10.1111/j.1469-1795.2010.00353.x.

Regalado, Antonio. "De-Extinction Startup, Ark Corporation, Could Engineer Animals, Humans." *MIT Technology Review*, March 19, 2013. http://www.technologyreview.com/view/512671/a-stealthy-de-extinction-startup/.

———. "Google' s New Company Calico to Try to Cheat Death." *MIT Technology Review*, September 18, 2013. http://www.technologyreview.com/view/519456/google-to-try-to-solve-death-lol/.

Revised Recovery Plan for the 'Alala (Corvus Hawaiiensis). Portland, Oregon: U.S. Fish and Wildlife Service, January 27, 2009.

Rexer, Lyle, Rachel Klein, Edward O. Wilson, and American Museum of Natural History. *American Museum of Natural History: 125 Years of Expedition and Discovery*. New York: Harry N. Abrams, 1995.

Reygondeau, Gabriel, and Grégory Beaugrand. "Future Climate-Driven Shifts in Distribution of Calanus Finmarchicus." *Global Change Biology*, Vol. 17, No. 2, February 2011. doi:10.1111/j.1365-2486.2010.02310.x.

Reznick, David A., Heather Bryga, and John A. Endler. "Experimentally Induced Life-History Evolution in a Natural Population." *Nature*, Vol. 346, No. 6282, 1990.

Rice, Kevin J., and Nancy C. Emery. "Managing Microevolution: Restoration in the Face of Global Change." *Frontiers in Ecology and the Environment*, Vol. 1, No. 9, November 2003. doi:10.2307/3868114.

Ridley, Matt. "Counting Species Out." www.rationaloptimist.com, August 27, 2011.

Ritter, Christiane. *A Woman in the Polar Night*. Fairbanks: University of Alaska Press, 2010.

Robert, Jason Scott, and Françoise Baylis. "Crossing Species Boundaries." *American Journal of Bioethics*, Vol, 3, No. 3, 2003.

Rödder, D., J. Kielgast, and S. Lötters. "Future Potential Distribution of the Emerging Amphibian Chytrid Fungus under Anthropogenic Climate Change." *Diseases of Aquatic Organisms*, Vol. 92, No. 3, April 7, 2010. doi:10.3354/dao02197.

Rolston III, Holmes. *Environmental Ethics: Duties to and Values in the Natural World*. Philadelphia: Temple University Press, 1989.

———. "Value in Nature and the Nature of Value." In *Philosophy and the Natural Environment*, edited by Robin Attfield and Andrew Belsey. Royal Institutc of Philosophy Supplement, Vol. 36. Cambridge: Cambridge University Press, 1994.

———. *Genes, Genesis, and God: Values and Their Origins in Natural and Human History*. Cambridge: Cambridge University Press, 1999.

———. "What Is a Gene? From Molecules to Metaphysics." *Theoretical Medicine and Bioethics*. Vol. 27, No. 6, December 2006. doi:10.1007/s11017-006-9022-9.

Romer, Paul. "For Richer, for Poorer." *Prospect Magazine: The Leading Magazine of Ideas*, February 2010. http://www.prospectmagazine.co.uk/features/for-richer-for-poorer.

Root, Alan. *Ivory, Apes & Peacocks: Animals, Adventure and Discovery in the Wild Places of Africa*. London: Chatto & Windus, 2012.

Rosen, Rebecca J. "The Climate Is Set to Change 'Orders of Magnitude' Faster Than at Any Other Time in the Past 65 Million Years." *The Atlantic*, August 2, 2013.

Ryder, O. A. "DNA Banks for Endangered Animal Species." *Science*, Vol. 288, No. 5464, April 14, 2000. doi:10.1126/science.288.5464.275.

Sagoff, Mark. "On Preserving the Natural Environment." *Yale Law Journal*, Vol. 84, No. 2, December 1974.

Schaeff, Catherine M., Scott D. Kraus, Moira W. Brown, and Bradley N. White. "Assessment of the Population Structure of Western North Atlantic Right Whales (Eubalaena Glacialis) Based on Sighting and mtDNA Data." *Canadian Journal of Zoology*, Vol. 71, No. 2, February 1, 1993. doi:10.1139/z93-047.

Schorger, A. W. *The Chemistry of Cellulose and Wood*. New York: McGraw-Hill, 1926.

———. "The Great Wisconsin Passenger Pigeon Nesting of 1871." *The Passenger Pigeon: Monthly Bulletin of the Wisconsin Society of Ornithology*, Vol. 1, No. 1, February 1939.

———. *The Passenger Pigeon: Its Natural History and Extinction.* Madison: University of Wisconsin Press, 1955.

Schueler, Donald G. *Incident at Eagle Ranch: Predators as Prey in the American West*. Tucson: University of Arizona Press, 1991.

Seddon, Philip J., Axel Moehrenschlager, and John Ewen.

"Reintroducing Resurrected Species: Selecting DeExtinction Candidates." *Trends in Ecology & Evolution*, Vol. 29, No. 3, March 2014. doi:10.1016/j.tree.2014.01.007.

Seto, Sonia J. "North Atlantic Right Whale DNA." *Right Whale News*, Vol. 17, No. 4, November 2009.

Shaffer, Mark L. "Minimum Population Sizes for Species Conservation." *BioScience*, Vol. 31, No. 2, February 1, 1981. doi:10.2307/1308256.

Simpson, George Gaylord. *Tempo and Mode in Evolution*. New York: Columbia University Press, 1944.

Smith, Thomas B., Michael T. Kinnison, Sharon Y. Strauss, Trevon L. Fuller, and Scott P. Carroll. "Prescriptive Evolution to Conserve and Manage Biodiversity." *Annual Review of Ecology, Evolution, and Systematics*, Vol. 45, No. 1, November 23, 2014. doi:10.1146/annurev-ecolsys-120213-091747.

Sodikoff, Genese Marie, ed. *The Anthropology of Extinction: Essays on Culture and Species Death*. Bloomington: Indiana University Press, 2011.

Soulé, Michael E. "Thresholds for Survival: Maintaining Fitness and Evolutionary Potential." *Conservation Biology: An Evolutionary-Ecological Perspective*, Vol. 111, 1980.

———. "What Is Conservation Biology?" *BioScience*, Vol. 35, No. 11, December 1985. doi: 10.2307/1310054.

———. “The ‘New Conservation.’” *Conservation Biology*, Vol. 27, No. 5, October 2013. doi:10.111/cobi.12147.

Soulé, Michael E, and Bruce A. Wilcox, eds. “Conservation Biology. An Evolutionary-Ecological Perspective.” Sunderland: Sinauer Associates, 1980.

Steiner, Cynthia. “Looking at Alala Genome.” San Diego Zoo. *Wildlife Field Notes: Firsthand Experiences With Saving Endangered Species*, December 6, 2013. http://blog.sandiegozooglobal.org/2013/12/06/looking-at-alala-genomes/.

Stelkens, Rike B., Michael A. Brockhurst, Gregory D. D. Hurst, and Duncan Greig. “Hybridization Facilitates Evolutionary Rescue.” Evolutionary Applications, Vol. 7, Issue. 10, September 1, 2014. doi:10.1111/eva.12214.

Stewart, G., K. Mengersen, G. M. Mace, J. A. McNeely, J. Pitchforth, and B. Collen. “To Fund or Not to Fund: Using Bayesian Networks to Make Decisions about Conserving Our World’ s Endangered Species.” *Chance: Magazine of the American Statistical Association*, 2013.

Stockwell, Craig A., Jeffrey S. Heilveil, and Kevin Purcell. “Estimating Divergence Time for Two Evolutionarily Significant Units of a Protected Fish Species.” *Conservation Genetics*, Vol. 14, No. 1, February 2013. doi:10.1007/s10592-013-0447-1.

Stockwell, Craig A., Andrew P. Hendry, and Michael T. Kinnison.

"Contemporary Evolution Meets Conservation Biology." *Trends in Ecology & Evolution*, Vol. 18, No. 2, 2003.

Stockwell, Craig A., and Paul L. Leberg. "Ecological Genetics and the Translocation of Native Fishes: Emerging Experimental Approaches." *Western North American Naturalist,* Vol. 62, No. 1, 2002.

Stockwell, Craig A., Margaret Mulvey, and Adam G. Jones. "Genetic Evidence for Two Evolutionarily Significant Units of White Sands Pupfish." *Animal Conservation*, Vol. 1, No. 3, August 1, 1998. doi:10.1111/j.1469-1795.1998.tb00031.x.

Stockwell, Craig A., and Stephen C. Weeks. "Translocations and Rapid Evolutionary Responses in Recently Established Populations of Western Mosquitofish (Gambusia Affinis)." *Animal Conservation*, Vol. 2, No. 02 (1999): 103–10.

"Surviving Climate Change May Be Genetic According to Trent University Research." *Trent University*, April 25, 2012. http://www.trentu.ca/newsevents/newsDetail.php?newsID =2485.

Swaisgood, Ronald R., and James K. Sheppard. "The Culture of Conservation Biologists: Show Me the Hope!" *BioScience*, Vol. 60, No. 8, September 1, 2010. doi:10.1525/bio.2010.60.8.8.

Sylvan (formerly Routley), Richard. "Is There a Need for a New, an Environmental, Ethic?" In *XVth World Congress of Philosophy*, No. 1.Varna, Bulgaria: Sofia Press, 1973.

Thatcher, Cindy A., Frank T. van Manen, and J. D. Clark. "An

Assessment of Habitat North of the Caloosahatchee River for Florida Panthers." University of Tennessee and US Geological Survey, Knoxville, TN. Final Report to US Fish and Wildlife Service, Vero Beach, FL, 2006.

Thomas, Nilsen. "No Ice—No Cubs." *Barents Observer*, June 27, 2012. http://barentsobserver.com/en/nature/no-ice-no-cubs-27-06.

Tonnesen, Gail. "Mitochondrial DNA Haplogroup U5: Description of mtDNA Haplogroup U5." *Family Tree DNA*, July 18, 2014. https://www.familytreedna.com/public/u5b/default.aspx?section=results.

"TRAFFIC—Wildlife Trade News—Pioneering Research Reveals New Insights into the Consumers behind Rhino Poaching." *Traffic: The Wildlife Trade Monitoring Network*, September 17, 2013. http://www.traffic.org/home/2013/9/17/pioneering-research-reveals-new-insights-into-the-consumers.html.

Tuck, Robert A., and Robert Grenier. "A 16th-Century Basque Whaling Station in Labrador." *Scientific American*, Vol. 245, No. 5, 1981.

Umbreit, Andreas Dr. *Svalbard: Spitzbergen, Jan Mayen, Frank Josef Land*. Fifth edition. Buckinghamshire, UK: Bradt Travel Guides, 2013.

U.S. Fish and Wildlife Service. *Final Environmental Assessment: Genetic Restoration of the Florida Panther*. Gainesville, Florida, December 20, 1994.

U.S. Seal and the Workshop Participants. Genetic Management Strategy and Population Viability *of the Florida Panther (Felis Concolor Coryi)*. National Zoological Park, Washington, DC and White Oak Plantation Conservation Center, Yulee, Florida: Captive Breeding Specialist Group SSC/IUCN, May 30, 1991.

Van de Lavoir, Marie-Cecile, Ellen J. Collarini, Philip A. Leighton, Jeffrey Fesler, Daniel R. Lu, William D. Harriman, T. S. Thiyagasundaram, and Robert J. Etches. "Interspecific Germline Transmission of Cultured Primordial Germ Cells." Edited by Osman El-Maarri. PLoS ONE, Vol. 7, No. 5, e35664, May 21, 2012. doi:10.1371/ journal.pone.0035664.

Vander Wal, E., D. Garant, M. Festa-Bianchet, and F. Pelletier. "Evolutionary Rescue in Vertebrates: Evidence, Applications and Uncertainty." *Philosophical Transactions of the Royal Society B: Biological Sciences*, Vol. 368, No. 1610, December 3, 2012. doi:10.1098/ rstb.2012.0090.

Van Dooren, T. *Flight Ways: Life and Loss at the Edge of Extinction*. New York: Columbia University Press, 2014.

———. "Authentic Crows: Identity, Captivity and Emergent Forms of Life." *Theory, Culture and Society*, forthcoming.

———. "Banking the Forest: Loss, Hope and Care in Hawaiian Conservation." In *Defrost: New Perspectives on Temperature, Time, and Survival*, edited by Joanna Radin and Emma Kowal, forthcoming.

Walters, Mark Jerome. *Seeking the Sacred Raven: Politics and Extinction on a Hawaiian Island*. Washington, DC: Island Press, 2006.

Walton, Murray T. "Rancher Use of Livestock Protection Collars in Texas." In *Proceedings of the Fourteenth Vertebrate Pest Conference 1990*, 80, 1990.

Weidensaul, Scott. *The Ghost with Trembling Wings: Science, Wishful Thinking and the Search for Lost Species*. New York: North Point Press, 2003.

Weldon, Ché. "Chytridiomycosis, an Emerging Infectious Disease of Amphibians in South Africa." Thesis, North-West University, 2005. http://dspace.nwu.ac.za/handle/10394/860.

Weldon, Ché, Louis H. du Preez, Alex D. Hyatt, Reinhold Muller, and Rick Speare. "Origin of the Amphibian Chytrid Fungus." *Emerging Infectious Diseases*, Vol. 10, No. 12, December 2004. doi:10.3201/eid1012.030804.

West, Paige. *Conservation Is Our Government Now: The Politics of Ecology in Papua New Guinea*. Durham: Duke University Press Books, 2006.

White, Lynn Jr. "The Historical Roots of Our Ecological Crisis." *Environmental Ethics: Readings in Theory and Application*, Belmont: Wadsworth Company, 1998.

Wiley, E. O. "The Evolutionary Species Concept Reconsidered." *Systematic Biology*, Vol. 27, No. 1, March 1, 1978.

doi:10.2307/2412809.

Williams, Nigel. "Fears Grow for Amphibians." *Current Biology,* Vol. 14, No. 23, December 14, 2004. doi:10.1016/j.cub.2004.11.016.

Wynn, Thomas, and Frederick L. Coolidge. *How To Think Like a Neandertal*. New York: Oxford University Press, 2011.

Young, S. P., and E. A. Goldman. "*Puma, Mysterious American Cat: Part I: History, Life Habits, Economic Status, and Control.*" American Wilderness Institution, Washington DC, 1946.

Zippel, Kevin, Kevin Johnson, Ron Gagliardo, Richard Gibson, Michael McFadden, Robert Browne, Carlos Martinez, and Elizabeth Townsend. "The Amphibian Ark: A Global Community for Ex Situ Conservation of Amphibians." *Herpetological Conservation and Biology*, Vol. 6, No. 3, December 2011.

索　引